电网工程建设技术
应知应会

国网安徽省电力有限公司　组编

中国电力出版社
CHINA ELECTRIC POWER PRESS

内 容 提 要

为贯彻落实国家电网有限公司、国网安徽省电力有限公司（简称国网安徽电力）关于电网高质量发展的要求，深化巩固基建"六精四化"三年行动成果，全面提升电网工程管理和技术人员的技术水平，国网安徽电力组织编制了《电网工程建设技术应知应会》。

本书包括总论、变电工程篇、线路工程篇和工程案例篇共4篇，其中第1篇～第3篇为技术知识部分，包括概述、文件依据、变电一次、二次系统、变电土建、架空线路、电缆线路共7章；第4篇为典型案例部分，包括综合规划案例、变电一次案例、二次系统案例、变电土建案例、架空线路案例、电缆线路案例共6章。同时本书还附有名词释义、通用设计方案组合和常见问题清单3个附录供大家参考使用。

本书可供从事电网工程建设的技术人员、管理人员，以及从事工程设计的技术人员学习使用。

图书在版编目（CIP）数据

电网工程建设技术应知应会 / 国网安徽省电力有限

公司组编． -- 北京 ： 中国电力出版社，2025．1．

ISBN 978-7-5198-9648-5

Ⅰ．TM727

中国国家版本馆CIP数据核字第2024K4F122号

出版发行：中国电力出版社

地　　址：北京市东城区北京站西街19号（邮政编码100005）

网　　址：http://www.cepp.sgcc.com.cn

责任编辑：翟巧珍（010-63412351）

责任校对：黄　蓓　李　楠

装帧设计：赵丽媛

责任印制：石　雷

印　　刷：三河市航远印刷有限公司

版　　次：2025年1月第一版

印　　次：2025年1月北京第一次印刷

开　　本：787毫米×1092毫米　16开本

印　　张：18.5

字　　数：329千字

定　　价：95.00元

《电网工程建设技术应知应会》
编 委 会

前 言 PREFACE

为贯彻落实国家电网有限公司（简称国家电网公司）、国网安徽省电力有限公司（简称国网安徽电力）关于电网高质量发展的要求，深化巩固基建"六精四化"三年行动成果，全面提升基建工程管理人员和技术人员水平，国网安徽电力建设部组织建设管理、工程设计领域的专家，依据国家现行法律法规、行业规程规范及国家电网公司相关标准、文件，结合国家电网公司基建技术最新管理制度和专业管理要求，编制本书。

本书侧重于基建工程管理中的应知应会技术，分为总论、变电工程篇、线路工程篇和工程案例篇共4篇，第1篇～第3篇为技术知识部分，偏重于理论兼顾安徽省电网实际，主要为基建工程各专业技术基础知识点及规程规范、技术管理文件的相关要求；第4篇为典型案例部分，偏重于实践，分专业编制基建工程常见的典型问题及优化案例，通过案例更加生动形象对第1篇～第3篇知识部分进行解读和应用。

本书突出"基础性""实用性"，适用于35～500kV输变电工程技术管理工作，是基建工程管理人员的工作手册，也可作为勘察设计、评审咨询、施工监理等单位技术人员参考书。

由于作者水平有限，书中难免存在不足之处，敬请各位读者批评指正。

编者

2024年10月

目 录 CONTENTS

第4篇　工程案例篇

附录

第 1 篇

总　论

第1章 概　述

基建技术管理应遵循"依法合规、科学高效、精耕细作、创新驱动、以人为本"原则，以实现标准化、机械化、绿色化、智能化为方向，以设计、施工技术创新及成果转化为驱动，坚持"产学研用"一体化系统思维，全方位提升基建技术水平，全力服务输变电工程高质量建设。

当前，为满足电网高质量发展需求，贯彻落实国家电网有限公司（简称国家电网公司）基建技术管理要求，对输变电工程建设参与人员的技术能力与专业水平的要求逐步提高。本书全面梳理各专业技术关键点，为一线人员提供技术指导和工作参考，为国网安徽省电力有限公司（简称国网安徽电力）基建技术管理水平提升夯实基础。为便于学用结合，本书各知识点均结合安徽省的工程案例讲述。

本书第1篇～第3篇是在基建技术管理原则的指导下，对各专业的技术知识内容进行了较为详尽的阐述，重点对强条反措、规程规范、三通一标等重要文件的要求解读，旨在为基建工程管理人员提供快速有效的技术指引。第4篇分为综合规划及专业案例，每一个案例均包括案例背景、技术方案、案例分析、调整措施及提升建议，从技术方案、存在问题、原因分析、文件依据、隐患分析等方面开展详细剖析，内容全面，图文并茂、深入浅出，内容均参考最新的技术标准、规程规范和文件要求，具有全面性、可靠性、易理解性和可操作性。

第2章　文件依据

2.1　规程规范

《继电保护和安全自动装置技术规程》（GB/T 14285—2023）

《智能变电站技术导则》（GB/T 30155—2013）

《建筑地基基础设计规范》（GB 50007—2011）

《建筑结构荷载规范》（GB 50009—2012）

《混凝土结构设计标准（2024 年版）》（GB/T 50010—2010）

《建筑抗震设计标准（2024 年版）》（GB/T 50011—2010）

《钢结构设计标准》（GB 50017—2017）

《66kV 及以下架空电力线路设计规范》（GB 50061—2010）

《交流电气装置的过电压保护和绝缘配合设计规范》（GB/T 50064—2014）

《交流电气装置的接地设计规范》（GB/T 50065—2011）

《火力发电厂与变电站设计防火标准》（GB 50229—2019）

《电力设施抗震设计规范》（GB 50260—2013）

《110kV～750kV 架空输电线路设计规范》（GB 50545—2010）

《工程结构通用规范》（GB 55001—2021）

《建筑与市政工程抗震通用规范》（GB 55002—2021）

《建筑与市政工程地基基础通用规范》（GB 55003—2021）

《钢结构通用规范》（GB 55006—2021）

《砌体结构通用规范》（GB 55007—2021）

《混凝土结构通用规范》（GB 55008—2021）

《建筑节能与可再生能源利用通用规范》（GB 55015—2021）

《建筑环境通用规范》（GB 55016—2021）

《建筑给水排水与节水通用规范》（GB 55020—2021）

《建筑电气与智能化通用规范》（GB 55024—2021）

《建筑与市政工程防水通用规范》（GB 55030—2022）

《消防设施通用规范》（GB 55036—2021）

《建筑防火通用规范》（GB 55037—2021）

《电力用直流和交流一体化不间断电源》（DL/T 1074—2019）

《变电站辅助监控系统技术及接口规范》（DL/T 1893—2018）

《电力工程直流电源系统设计技术规程》（DL/T 5044—2014）

《变电站总布置设计技术规程》（DL/T 5056—2007）

《火力发电厂、变电站二次接线设计技术规程》（DL/T 5136—2012）

《变电站监控系统设计规程》（DL/T 5149—2020）

《220kV～1000kV 变电站站用电设计技术规程》（DL/T 5155—2016）

《220kV～750kV 变电站设计技术规程》（DL/T 5218—2012）

《架空输电线路基础设计规程》（DL/T 5219—2023）

《导体和电器选择设计规程》（DL/T 5222—2021）

《35kV～220kV 变电站无功补偿装置设计技术规定》（DL/T 5242—2010）

《高压配电装置设计规范》（DL/T 5352—2018）

《重覆冰架空输电线路设计技术规程》（DL/T 5440—2020）

《输电线路杆塔制图和构造规定》（DL/T 5442—2020）

《变电站建筑结构设计技术规程》（DL/T 5457—2012）

《架空输电线路杆塔结构设计技术规程》（DL/T 5486—2020）

《架空输电线路荷载规范》（DL/T 5551—2018）

《架空输电线路电气设计规程》（DL/T 5582—2020）

《架空输电线路防舞设计规程》（NB/T 11165—2023）

《建筑地基处理技术规范》（JGJ 79—2012）

《国家电网有限公司差异化规划设计导则》（Q/GDW 11721—2022）

2.2 技术标准文件

《国家电网有限公司关于印发十八项电网重大反事故措施（修订版）的通知》（国

家电网设备〔2018〕979号）

《国网基建部关于输变电工程通用设计通用设备应用目录（2024版）的通知》（基建技术〔2023〕71号）

《国家电网有限公司关于强化通用设备"四统一"应用的意见》（国家电网基建〔2020〕655号）

2.3 管理类文件

2.3.1 基建通用制度

《国家电网有限公司基建管理通则》〔国网（基建/1）92—2021〕

《国家电网有限公司基建技术管理规定》〔国网（基建/2）174—2023〕

《国家电网有限公司输变电工程设计质量管理办法》〔国网（基建/3）117—2023〕

《国家电网有限公司基建技术创新管理办法》〔国网（基建/3）178—2023〕

《国家电网有限公司输变电工程初步设计审批管理办法》〔国网（基建/3）115—2021〕

2.3.2 技术管理类文件

《国家电网有限公司关于强化设计评价强化创新引领全面提升输变电工程设计质量和技术水平的通知》（国家电网基建〔2024〕124号）

《国网基建部关于切实抓好输变电工程防汛防台抗冰防舞工作的通知》（基建技术〔2024〕31号）

《国网基建部关于发布输变电工程设计阶段常见问题清册（2023年版）的通知》（基建技术〔2023〕25号）

《国家电网有限公司关于在输变电工程建设中全面推进机械化施工的实施意见》（国家电网基建〔2023〕6号）

《国网基建部关于发布基建技术应用目录的通知》（基建技术〔2022〕14号）

《国家电网有限公司关于全面推进输变电工程绿色建造的指导意见》（国家电网基建〔2021〕367号）

《国网基建部关于发布35～750kV输变电工程设计质量控制"一单一册"（2019年版）的通知》（基建技术〔2019〕20号）

第 2 篇

变电工程篇

第3章　变电一次

3.1　电气主接线

3.1.1　总体原则

电气主接线是由电气设备通过连接线按其功能要求组成接收和分配电能的电路，成为传输强电流、高电压的网络。电气主接线设计应综合考虑供电可靠性、运行灵活性、操作检修方便、节省投资、便于过渡或扩建等要求，根据变电站的规划容量，线路、变压器连接元件总数，设备特点等条件确定。

对于终端变电站，当满足运行可靠性要求时，应简化接线型式，采用线变组或桥型接线。对于气体绝缘金属封闭开关设备（gas insulated switchgear，GIS）、复合式组合电器（hybrid gas insulated switchgear，HGIS）等设备，宜简化接线型式，减少元件数量。下面以国网安徽省电力有限公司（简称国网安徽电力）省内电网情况为例进行说明。

3.1.2　通用设计主接线方案

安徽省内各电压等级通用设计主接线实施方案汇总表见表3.1-1。

表3.1-1　安徽省内各电压等级通用设计主接线实施方案汇总表

序号	省公司实施方案编号	接线型式
1	AH-500-B-4	500kV：本期及远期一个半断路器接线； 220kV：本期及远期双母线双分段接线 35kV：本期及远期单母线单元制接线，设总回路断路器
2	AH-220-A2-3	220kV：本期及远期双母线单分段接线； 110kV：本期及远期双母线单分段； 10kV：本期单母线三分段接线，远期单母线四分段接线
		220kV：本期及远期双母线单分段接线； 110kV：本期及远期双母线单分段； 35kV：本期单母线三分段接线，远期单母线四分段接线

序号	省公司实施方案编号	接线型式
3	AH-220-A3-1	220kV：双母线单分段； 110kV：双母线单分段； 35kV：单母线三分段
4	AH-220-A3-2	220kV：双母线单分段； 110kV：双母线单分段； 10kV：单母线三分段
5	AH-220-B-2（35/10）	220kV：双母线单分段； 110kV：双母线接线； 35kV：单母线分段+单元制接线； （10kV：单母线三分段）
6	AH-110-A2-6	110kV：本期及远期单母线分段接线； 10kV：本期单母线三分段接线，远期单母线四分段接线
7	AH-110-A3-4	110kV：本期及远期单母线分段接线； 35kV：本期及远期单母线分段接线； 10kV：本期单母线分段接线，远期单母线三分段接线
8	AH-35-E3-1	35kV：本期及远期单母线分段接线； 10kV：本期及远期单母线分段接线

3.1.2.1 500kV变电站通用设计接线型式

（1）500kV电气接线。

1）技术原则：采用一个半断路器接线时，宜将电源回路与负荷回路配对成串，同名回路配置在不同串内，同名回路可接于同一侧母线。初期为1~2组主变压器时，主变压器应全部进串；当主变压器超过2组时，其中2组主变压器进串，其他变压器可不进串，直接经断路器接入母线。

2）省内常用方案：省内通用设计方案采用500-B-4，500kV配电装置采用一个半断路器接线。

（2）220kV电气接线。

1）技术原则：出线回路数在4回及以上时，宜采用双母线接线；当出线和变压器等连接元件总数为10回以上时，采用双母线分段接线。

2）省内常用方案：省内通用设计方案采用500-B-4，220kV配电装置采用双母线双分段接线。

（3）主变压器35kV回路及35kV电气主接线。省内常用方案：500-B-4，35kV配电装置采用单母线单元制接线。

3.1.2.2 220kV变电站通用设计接线型式

（1）220kV电气接线。

1）技术原则：当出线回路数在4回及以上时，宜采用双母线接线；当出线和变压器等连接元件总数为10～14回时，宜采用双母线单分段接线；当出线和变压器等连接元件总数为15回及以上时，可采用双母线双分段接线也可根据系统需要将母线分段。

2）省内常用方案：省内通用设计方案220－A2－3、220－A3－1、220－A3－2、220－B2中，220kV配电装置均采用双母线单分段接线。

（2）110kV电气接线。

1）技术原则：220kV变电站中的110kV配电装置，当出线回路数为12～18回时，户内GIS宜采用双母线单分段接线，户外HGIS宜采用双母线接线。当出线回路数在11回及以下时，可采用单母线分段接线。

2）省内常用方案：省内通用设计方案220－A2－3、220－A3－1、220－A3－2中，110kV配电装置均采用双母线单分段接线；省内通用设计方案220－B2中，110kV配电装置采用双母线接线。

（3）35（10）kV电气接线。

1）技术原则：220kV变电站中的35（10）kV配电装置宜采用单母线分段接线，并根据主变压器台数和负荷的重要性确定母线分段数量。

2）省内常用方案：省内通用设计方案220－A2－3、220－A3－1、220－A3－2、220－B2中，35（10）kV配电装置均采用单母线三分段或单母线四分段接线。

3.1.2.3 110kV变电站通用设计接线型式

（1）110kV电气接线。

1）技术原则：出线回路数为3回时，采用内桥＋线变组接线或扩大内桥接线；出线回路数为4回时，3台主变压器时采用单母线分段接线，4台主变压器时采用线变组或单母线分段接线；出线回路数为6回时，采用单母线分段接线、扩大内桥接线或单母线单元接线；采用单母线分段接线时，可根据主变压器台数和负荷的重要性确定母线分段数量。

2）省内常用方案：省内通用设计110－A2－6、110－A3－4中，110kV配电装置采用单母线分段接线。

（2）35kV电气接线。

1）技术原则：35kV配电装置采用单母线分段接线，并根据工程实际情况确定母线型式及分段数量。

2）省内常用方案：省内通用设计方案110-A2-6中，35kV配电装置采用单母线分段接线。

（3）10kV电气接线。

1）技术原则：10kV配电装置采用单母线分段接线，并根据主变压器台数和负荷的重要性确定母线分段数量。采用3台变压器，每台变压器出线回路数12回以下时，宜采用单母线三分段接线；出线回路数12回及以上时，中间变压器可采用双分支接线。当每台主变压器出线回路数16回及以上时，每台主变压器宜采用双分支接线。

2）省内常用方案：省内通用设计方案110-A2-6、110-A3-4中，10kV配电装置采用单母线四分段或单母线三分段接线。

3.1.2.4　35kV变电站通用设计接线型式

（1）35kV电气接线。

1）技术原则：出线回路数为2回时，可采用线变组、桥形或单母线接线；出线回路数为4回时，宜采用单母线分段接线。

2）省内常用方案：省内通用设计方案35-E3-1中，35kV配电装置采用单母线分段接线。

（2）10kV电气接线。

1）技术原则：10kV配电装置宜采用单母线或单母线分段接线，并根据主变压器台数和负荷的重要性确定母线分段数量。

2）省内常用方案：省内通用设计方案35-E3-1中，10kV配电装置采用单母线分段接线。

3.2　主要电气设备及导体选择

3.2.1　选型总体原则

正确选择电气设备的目的是在正常情况或短路等故障情况下，变电站均能安全可靠运行。在进行设备选择时，应根据工程实际情况，在保证安全、可靠的前提下稳妥地采用新技术，并注意节约投资。电气设备选择的一般要求：

（1）满足工作要求。应满足正常运行、检修以及短路和过电压情况下的工作要求，并按短路条件来校热稳定和动稳定性。

（2）适应环境条件。应按当地环境条件进行校核。

（3）先进合理。应力求技术先进和经济合理。

（4）适应发展。应适当考虑发展，留有一定的裕量。

电气设备选择还需注意：

（1）从《国家电网公司标准化建设成果（通用设计、通用设备）应用目录》中选择，并按照《国家电网有限公司输变电工程通用设备》要求统一技术参数、电气接口、二次接口、土建接口。

（2）一次设备应综合考虑测量数字化、状态可视化、功能一体化和信息互动化，采用"一次设备本体+智能组件"形式，采用一体化设计，优化安装结构，保证设备运行的可靠性及安全性。

3.2.2 主要电气设备介绍

3.2.2.1 开关类设备

结合安徽省内主要通用设计方案，开关类设备主要有 GIS、HGIS、高压开关柜等型式，分别介绍如下。

（1）GIS。GIS 是由断路器、隔离/接地开关、互感器、避雷器、母线、连接件和出线终端等组成，这些设备或部件全部封闭在金属外壳中，并在其内部充有一定压力的 SF_6 绝缘气体，故也称 SF_6 全封闭组合电器。GIS 布置图见图 3.2-1。

图 3.2-1　GIS 布置图

GIS 特点为：小型化、封闭化和大幅度节省占地面积；封闭电器带电部分密封在壳内，电气绝缘不受外界环境影响，运行安全，可靠性高；日常维护工作量少，安装方便。

GIS 主要适用于土地昂贵或外界条件限制，站址选择困难的地区，也适用于严重大气污染、高地震烈度等特殊位置地区。

（2）HGIS。HGIS 综合了敞开式和封闭式开关设备的优点。其结构与 GIS 基本相同，但不包括主母线，母线为外露布置，因而具有结构简洁、紧凑，安装及维护检修方便，运行可靠性高的特点。HGIS布置图见图3.2-2。

图3.2-2　HGIS布置图

以500kV组合电器设备为例，HGIS和GIS特点对比表见表3.2-1。

表3.2-1　HGIS和GIS特点对比表

项目	GIS	HGIS
运行和维护	主要设备及母线均密封在SF_6气体中，绝缘子和套管较少。主要设备位于户外，设备维护量较小；检修周期较长，工作量小	主要设备密封于SF_6气体内，母线外露，绝缘子及套管较多，设备维护量不大；检修周期较长，工作量小。检修跨线或母线时，需上下层进出跨线或母线停电
施工安装	气室单元在工厂组装、调试和密封，设备现场安装需设置防尘棚；建设周期较短。构架、管形母线和上层跨线的安装工程量小	气室单元在工厂组装、调试和密封，设备现场安装需设置防尘棚；建设周期较短。构架、管形母线和上层跨线的安装工程量大，安装风险大
扩建便利性	扩建过程中，母线或串内设备停电时间较长	扩建母线或串内设备停电时间较短，一般不涉及双母线全停
耐污和抗震	母线、设备均封闭在壳体中，主要设备位于户外，受环境影响较小，抗震能力好	母线、跨线外露，受环境影响较大，抗震能力一般
地基处理和构架	地基处理简单，一般为筏板基础，构架为单榀构架，钢材用量较少	地基处理简单，构架为联合构架，钢材用量较多

（3）高压开关柜。高压开关柜属于金属封闭开关设备，是按特定回路方案将有关电气设备组装在封闭金属外壳内的成套配电装置。根据结构和绝缘介质分类，目前开关柜主要有金属铠装空气柜、气体绝缘开关柜、纵旋移开式开关柜等类型。

金属铠装空气柜宽度及深度较大，电网中应用广泛；气体绝缘开关柜采用不锈钢薄板焊接低压方箱型气体绝缘开关柜体，具有体积小、质量轻、免维护特点，适合用地紧张的场所，小容量变电站及预制式变电站应用；纵旋移开式开关柜采用断路器纵向布置，节省安装空间，具有断口可视、隔离简单可靠等优势。

以10kV馈线柜为例，10kV各类型开关柜特点对比表见表3.2-2。

表3.2-2　10kV各类型开关柜特点对比表

主要参数	纵旋移开式开关柜	空气柜	气体绝缘开关柜
尺寸（W×D×H，m）	0.65（0.8）×1.4×2.3	0.8×1.5×2.3	0.6×1.23×2.41
技术特点	隔离断路器断口可视，柜体尺寸较小，开关柜可单面维护	柜体尺寸较大，断口不可视	柜体尺寸较小，绝缘水平高，气体泄漏率小

以上各柜体结构可分别参见图3.2-3～图3.2-5。

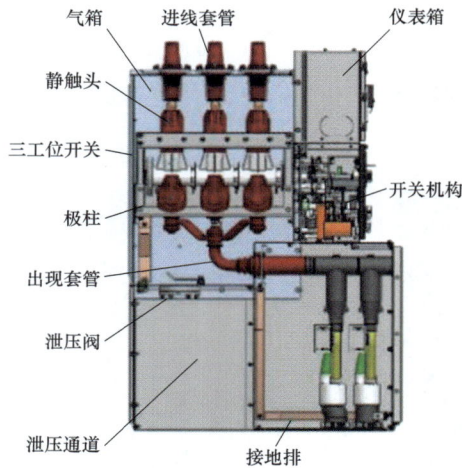

图3.2-3　气体绝缘开关柜结构图

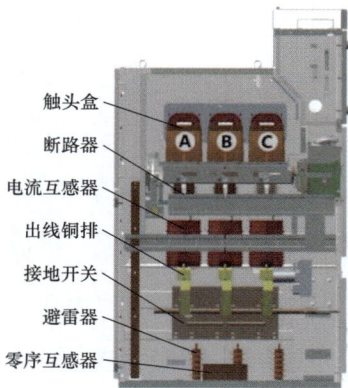

图3.2-4　纵旋移开式开关柜结构图

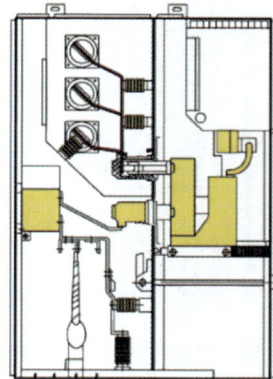

图3.2-5　金属铠装空气柜结构图

220～500kV开关设备采用户外布置时，采用HGIS；采用户内布置时，采用GIS。

220～500kV GIS的母线、隔离开关等气室宜采用混合气体，对环保要求较高的工程，母线可采用环保气体绝缘。35（10）kV开关柜宜采用户内空气绝缘开关柜。经济技术比选后，也可采用充气柜。

预制舱式35kV开关柜采用充气式高压开关柜，10kV开关柜采用充气式高压开关柜或纵旋移式开关柜。配电装置室内35（10）kV开关柜宜采用空气绝缘开关柜，经济技术比选后，也可采用充气柜。

通用设备中各电压等级开关类设备的技术参数见表3.2-3和表3.2-4。

表3.2-3　气体绝缘金属封闭开关设备通用设备一览表

电压等级（kV）	通用设备编号	额定短路开断电流（kA）	额定电流（A）	适用海拔（m）
一、GIS				
500	5GIS-5000/63	63	5000	≤4000
220	2GIS-4000/50	50	4000	≤5000
	2GIS-5000/50		5000	
二、HGIS				
500	5HGIS-5000/63	63	5000	≤3500
220	2HGIS-4000/50	50	4000	≤2500
	2HGIS-5000/50		5000	
	2HGIS-4000/63	63	4000	
	2HGIS-5000/63		5000	
110	1HGIS-3150/40	40	3150	≤5000

表3.2-4　开关柜通用设备一览表

电压等级（kV）	通用设备编号	额定短路开断电流（kA）	额定电流（A）	灭弧介质	绝缘介质	适用海拔（m）
35	BKG-A-1250/31.5	31.5	1250	真空/SF₆	空气	≤1000
	BKG-G-1250/31.5			真空	气体	≤5000
	BKG-A-2500/31.5		2500	真空/SF₆	空气	≤1000
	BKG-G-2500/31.5			真空	气体	≤5000
10	AKG-A-1250/31.5	31.5	1250	真空/SF₆	空气	≤2000
	AKG-G-1250/31.5				气体	≤5000
	AKG-A-3150/40	40	3150		空气	≤2000
	AKG-G-3150/40				气体	≤5000
	AKG-A-4100/40		4000		空气	≤2000

注　气体绝缘可采用SF_6气体、N_2气体、混合气体或干燥压缩空气。

3.2.2.2 变压器

（1）功能作用：利用电磁感应作用改变交流电压、电流的电气设备。利用升压变压器将电能升高电压进行远距离输送；利用降压变压器把电压降低，以供给电户使用，并满足电网的安全经济运行。变压器主要分类见表3.2-5。

表3.2-5　变压器主要分类

分类	类别	代表符号
绕组耦合方式	自耦	O
相数	单相	D
	三相	S
绕组外绝缘介质	变压器油	—
	空气	G
	成型固体	C
冷却方式	油浸自冷式	J（可不表示）
	空气自冷式	G（可不表示）
	风冷式	F
	水冷式	W（S）
油循环方式	自然循环	—
	强迫油导向循环	D
	强迫油循环	P
绕组数	双绕组（双卷）	—
	三绕组（三卷）	S
调压方式	无励磁调压	—
	有载调压	Z

（2）主要结构。变压器的主要组成部分见图3.2-6，变压器的结构图见图3.2-7。

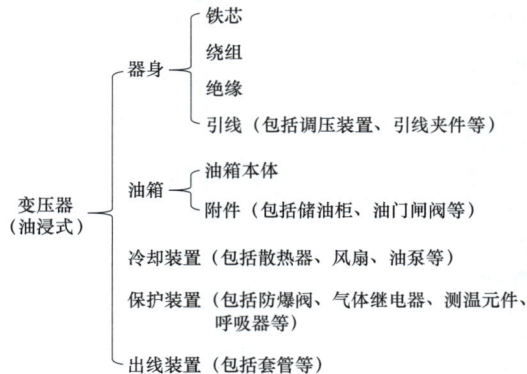

图3.2-6　变压器结构及主要组成部分

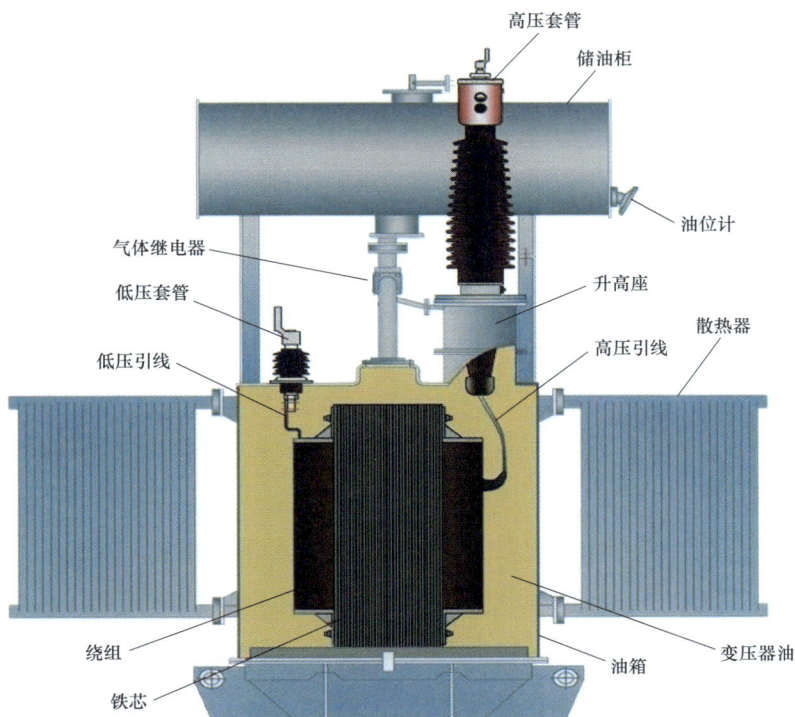

图3.2-7 变压器结构图

1）铁芯：铁芯是变压器的磁路部分，铁芯通常用表面绝缘的硅钢片制成。铁芯分铁芯柱和铁轭两部分，铁芯柱上套绕组，铁轭将铁芯连接起来，使之形成闭合磁路。

2）绕组：绕组是变压器的电路部分，一般用绝缘纸包裹的铜线或者铝线绕成。接到高压电网的绕组为高压绕组，接到低压电网的绕组为低压绕组。

3）绝缘材料及结构：变压器的绝缘材料主要是电瓷、电工层压木板及绝缘纸板。变压器绝缘结构分为外绝缘和内绝缘两种：外绝缘指的是油箱外部的绝缘主要是一次、二次绕组引出线的瓷套管；内绝缘指的是油箱内部的绝缘，主要是绕组绝缘和内部引线的绝缘等。

4）分接开关（调压装置）：变压器的调压方式分无载调压和有载调压两种。

5）油箱：油箱是油浸式变压器的外壳，变压器的铁芯和绕组置于油箱内，箱内注满变压器油。常见油箱有箱式油箱（一般用于中小型变压器）和钟罩式油箱（用于大型变压器）。

6）储油柜：储油柜也称作油枕，有常规油枕和波纹油枕之分，当变压器油的体积随油温的升降而膨胀或缩小时，油枕就起着储油和补油的作用。

7）冷却装置：变压器运行时产生的铜损、铁损等损耗都会转变成热量，使变压器的有关部分温度升高。变压器的冷却方式有油浸自冷式（ONAN）、油浸风冷式（ONAF）、强迫油循环风冷式（OFAF）、强迫油循环水冷式（OFWF）。

8）气体继电器：气体继电器是变压器的主要保护装置，当变压器内部故障时，由于油的分解产生的油气流，冲击继电器下挡板，使接点闭合，跳开变压器各侧断路器。若空气进入变压器或内部有轻微故障时，可使继电器上接点动作发出预报信号。

结合制造条件、可靠性要求及运输条件等因素，500kV主变压器一般选用单相变压器，运输条件满足时，也可选用三相变压器，并应选用高效节能变压器。单相变压器冷却方式采用油浸风冷或油浸自冷，三相变压器冷却方式采用强迫导向油循环风冷或强迫油循环风冷。

220kV主变压器采用有载调压三相三绕组/双绕组变压器，并选用节能变压器。180MVA及以下容量主变压器宜采用ONAN方式，240MVA容量主变压器可采用ONAN或ONAN＋ONAF的冷却方式。当低压侧为10kV时，宜采用高阻抗变压器。

110kV户外布置的主变压器宜采用本体、散热器一体式布置型式；户内布置的主变压器宜采用本体、散热器分体式布置型式。

35kV主变压器采用三相双绕组变压器，并选用节能变压器。主变压器冷却方式宜采用ONAN方式。

各电压等级变压器设备的技术参数见表3.2－6。

表3.2－6　各电压等级变压器设备的技术参数

电压等级（kV）	通用设备编号	电压比		额定容量（MVA）	联结组编号
500	5T－DS－2B/250	$\dfrac{525(505,515)}{\sqrt{3}}/\dfrac{230}{\sqrt{3}}\pm 2\times 2.5\%/36$		250/250/80	Ia0i0
	5T－DS－2B/334			334/334/110	
220	2T－SS－1B/180	$230（220）\pm 8\times 1.25\%/121（115）/38.5（37）$		180/180/90	YNynod11 YNaOyn0＋d11 YNynOyn0＋d11
	2T－SS－1B/240			240/240/120	
	2T－SS－1A/180	$230（220）\pm 8\times 1.25\%/121（115）/10.5$		180/180/90	YNyn0d11 YNa0d11
	2T－SS－1A/240			240/240/120	
110	1T－S－A/31.5	$110（115）\pm 8\times 1.25\%/10.5$		31.5/31.5	YNd11
	1T－S－A/50			50/50	YNd11 YNyn＋d1
	1T－S－A/63			63/63	
	1T－S－A/80			80/80	

电压等级（kV）	通用设备编号	电压比	额定容量（MVA）	联结组编号
110	1T－SS－BA/31.5	110（115）±8×1.25%/38.5±2×2.5%/10.5	31.5/31.5/31.5	YNyn0d11
	1T－SS－BA/50		50/50/50	
	1T－SS－BA/63		63/63/63	
35	BT－S－A/6.3	35±3×2.5%/10.5	6.3	Yd11
	BT－S－A/10		10	YNd11
	BT－S－A/20		20	YNd11
	BT－S－A/31.5		31.5	Dyn11

3.2.2.3 互感器

结合安徽省内主要通用设计方案，互感器类设备主要有电压互感器和电流互感器，分别介绍如下。

（1）电压互感器。电压互感器是一种特殊的变压器，主要用于将高电压按比例转换为低电压，以便于测量仪表、继电器和其他控制设备使用。以下是对电压互感器的结构、工作原理和分类的详细介绍：

1）结构。电压互感器的基本结构包括：

a.一次绕组：连接到高压电路中，接收输入的高电压。

b.二次绕组：提供较低的输出电压，通常为100V或110V，连接至测量仪表或保护设备。

c.铁芯：通常由硅钢片叠合而成，用来集中磁场并减少涡流损耗。

d.绝缘：确保一次绕组和二次绕组之间的电气隔离，防止短路。

电压互感器结构图见图3.2－8。

2）工作原理。电压互感器的工作原理基于电磁感应定律：当一次绕组上施加电压时，会在铁芯中产生一个交变的磁通。这个磁通在二次绕组中感应出电压。根据变压器的变压比（匝数比），二次绕组的电压与一次绕组的电压成比例。

3）分类。电压互感器主要有以下几种类型：

a.电磁式电压互感器：使用电磁感应原理。

b.电容式电压互感器：利用电容分压原理，内部包含电容器组和电磁单元。

c.电子式电压互感器：使用传感器和电子电路来测量电压，常用于数字电网系统。

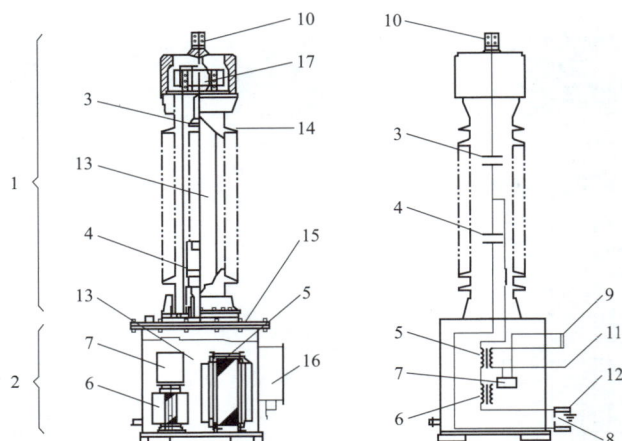

图3.2-8 电压互感器结构图

1—电容分压器；2—电磁单元；3—高压电容；4—中压电容；5—中间变压器；6—补偿电抗器；7—阻尼器；
8—电容分压器低压端对地保护间隙；9—阻尼器连接片；10——次接线端；11—二次输出端；12—接地端；
13—绝缘油；14—电容分压器套管；15—电磁单元箱体；16—端子箱；17—外置式金属膨胀器

（2）电流互感器。电流互感器是将一次侧的大电流，按比例变为适合通过测量仪表或保护装置的变换设备。

电流互感器的主要作用：把大电流按一定比例变为小电流，提供给各种仪表、继电保护及自动装置用，并将二次系统与高电压隔离。

电流互感器的分类：主要分为正立式电流互感器和倒立式电流互感器分别见图3.2-9和图3.2-10。

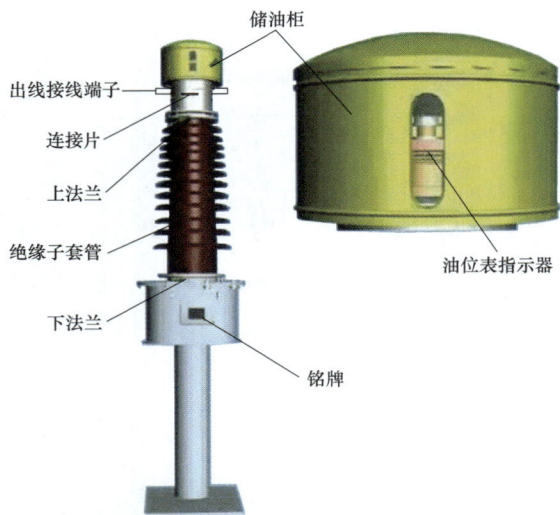

图3.2-9 正立式电流互感器结构图

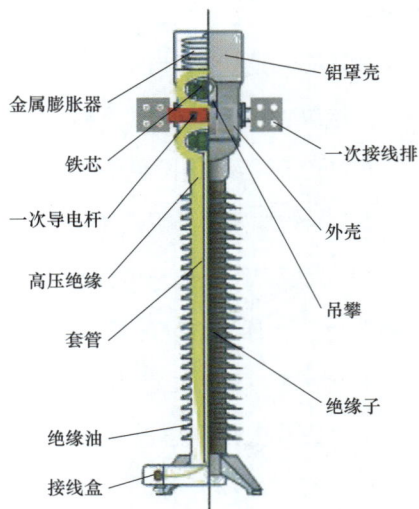

图3.2-10 倒立式电流互感器结构图

独立电压互感器采用电容式电压互感器。内置于组合电器的电压互感器采用电磁式电压互感器。各电压等级母线均装设三相电压互感器。500、220kV进出线均装设三相电压互感器。

HGIS进出线间隔宜选用独立式电压互感器，当GIS户内布置时，为节省空间，进出线间隔的线路电压互感器可采用内置结构。

开关柜内电压互感器宜选用电磁式电压互感器。各电压等级母线均宜装设三相电压互感器。

当500kV变电站开关设备选用GIS、HGIS时，电流互感器与开关设备集成。低压侧开关设备选用敞开式时，低压电流互感器独立配置，采用油浸式。

选择电流互感器时需要考虑如下的因素：

1）额定一次电流：选择电流互感器时，需确保其额定一次电流大于或等于变电站中可能出现的最大工作电流。一般而言，为了防止互感器在过载时饱和，额定一次电流应是预期最大负荷电流的1.2～1.5倍。

2）准确度等级：根据互感器的用途（保护、测量或计量），选择合适的准确度等级。保护用互感器通常需要较高的容量和较快的暂态响应，准确度等级可能为5P或10P级别；而计量和测量用互感器则要求更高的精度，如0.2S、0.5级。

3）额定二次电流：二次侧额定电流通常为5A或1A。

4）热稳定性和动稳定性：互感器应能承受预期的短路电流而不损坏。热稳定性校验需根据DL/T 866—2015进行，确保互感器在短路情况下的热耐受能力。动稳定性则是指互感器承受短路电流冲击的能力。

5）二次负荷：需要根据二次回路中的总阻抗来选择互感器，确保其在满负荷下仍能满足准确度要求。二次负荷过大可能导致互感器误差增大。

各电压等级电压互感器、电流互感器设备技术参数分别见表3.2-7和表3.2-8。

表3.2-7 各电压等级电压互感器技术参数

电压等级 （kV）	通用设备编号	电压比（kV）	额定容量 （MVA）	联结组编号
500	5T－DS－2B/250	$\dfrac{525(505,515)}{\sqrt{3}}/\dfrac{230}{\sqrt{3}}\pm 2\times 2.5\%/36$	250/250/80	Ia0i0
	5T－DS－2B/334		334/334/110	
220	2T－SS－1B/180	$230（220）\pm 8\times 1.25\%/121（115）/38.5（37）$	180/180/90	YNynod11 YNaOyn0+d11
	2T－SS－1B/240		240/240/120	YNynOyn0+ d11

电压等级 （kV）	通用设备编号	电压比（kV）	额定容量 （MVA）	联结组编号
220	2T-SS-1A/180	230（220）±8×1.25%/121（115）/10.5	180/180/90	YNyn0d11
	2T-SS-1A/240		240/240/120	YNa0d11
110	1T-S-A/31.5	110（115）±8×1.25%/10.5	31.5/31.5	YNd11
	1T-S-A/50		50/50	YNd11
	1T-S-A/63		63/63	YNyn+d1
	1T-S-A/80		80/80	
	1T-SS-BA/31.5	110（115）±8×1.25%/38.5±2×2.5%/10.5	31.5/31.5/31.5	YNyn0d11
	1T-SS-BA/50		50/50/50	
	1T-SS-BA/63		63/63/63	
35	BT-S-A/6.3	35±3×2.5%/10.5	6.3	Yd11
	BT-S-A/10		10	YNd11
	BT-S-A/20		20	YNd11
	BT-S-A/31.5		31.5	Dyn11

表3.2-8　各电压等级电流互感器技术参数

电压等级 （kV）	通用设备编号	额定短时耐受电流 （kA）	绝缘介质	结构型式	额定二次电流 （A）
66	CTA-O-40	40	绝缘油	倒立 正立	1/5
	CTA-O-50	50			1/5
35	BTA-O-40	40	绝缘油		1/5

3.2.2.4　并联电容器

电容器属于无功补偿设备。其主要作用是向电力系统提供容性无功功率，改善功率因数。采用就地无功补偿的方式，可以减少输电线路输送电流，起到减少线路能量损耗和压降，改善电能质量和提高设备利用率的重要作用。

变电站并联电容器组主要由断路器、隔离开关、串联电抗器、电容器、熔断器、接地开关、避雷器、放电TV、零序TA、电缆、母排等组成。

35（66）kV并联电容器一般采用框架式，经技术经济比选，也可采用集合式。对土地资源稀缺、布置受限地区可选用集合式并联电容器。

35（66）kV串联电抗器户外布置时，采用干式空心式；10kV低压并联电容器宜选用组合框架式。

并联电容器成套装置通用设备一览表见表3.2-9。

表3.2-9　并联电容器成套装置通用设备一览表

电压等级（kV）	通用设备编号	单组容量（Mvar）	单台容量（Mvar）	额定电抗率（%）	结构型式
35	BC-K-10	10	417	5/12	框架式
	BC-K-15	15	417		
	BC-K-20	20	417		
	BC-K-30	30	500		
	BC-K-40	40	417		
	BC-K-60	60	500		
	BC-H-60	60	20000		集合式
10	AC-K-1	1	334	1/5/12	框架式
	AC-K-2	2	334		
	AC-K-3	3	334		
	AC-K-4	4	334		

3.2.2.5　并联电抗器

低压并联电抗器通过提供感性负载，来补偿电容性负载对电压稳定性的影响；还可通过改变感性负载的大小和相位来消减电流谐波，从而减少对其他设备的影响，见图3.2-11。

并联电抗器的工作原理基于电磁感应。当交流电通过线圈时，会产生一个交变的磁场，这个磁场又会在同一线圈内感应出一个反向电动势，这个电动势称为反电动势。电抗器的电感值决定了这个反电动势的大小，从而限制了通过电抗器的电流。在并联配置中，电抗器与系统中的容性负载并联，可以抵消这些负载产生的容性电流，从而稳定系统电压和提高功率因数。

低压并联电抗器的结构主要包括线圈、铁芯、框架、冷却系统、绝缘材料等。

低压并联电抗器根据不同的设计和应用可以分为干式电抗器、油浸式电抗器、铁芯电抗器、空心电抗器。

10~66kV并联电抗器一般选用干式空心、干式铁芯或油浸铁芯并联电抗器。低压并联电抗器通用设备一览表见表3.2-10。

户外布置时，一般选用干式空心并联电抗器，受场地限制或重污秽、强紫外线、高湿度等地区，可选用油浸铁芯并联电抗器。

户内布置时，10、35kV并联电抗器一般选用干式铁芯并联电抗器，可选用油浸铁芯并联电抗器。户内布置时，电抗器布置应考虑噪声环境、振动影响和发热影响等因素。油浸铁芯、干式铁芯式并联电抗器户内布置时宜布置在一层，设置独立基础，可考虑隔振垫或减振弹簧等隔震措施。

图3.2-11　低压并联电抗器

表3.2-10　低压并联电抗器通用设备一览表

电压等级（kV）	通用设备编号	额度容量（Mvar）	结构型式
35	BL-DN1-3	3.33	单相干式空心
	BL-DN1-20	20	
	BL-OF3-10	10	三相油浸式
	BL-OF3-20	20	
	BL-OF3-45	45	
	BL-OF3-60	60	
10	AL-DF3-3	3	三相干式铁芯
	AL-DF3-6	6	
	AL-DF3-10	10	
	AL-DN1-3	3.33	单相干式空心
	AL-OF3-5	5	三相油浸式
	AL-OF3-6	6	

3.2.2.6　避雷器

（1）避雷器的作用。当雷电过电压沿架空线路侵入变（配）电所或其他建筑物内时，将发生闪络，甚至将电气设备的绝缘击穿。因此，假如在电气设备的电源进线端并联一种保护设备即避雷器，见图3.2-12，当过电压值达到规定的动作电压时，避雷器立即动作，流过电荷，限制过电压幅值，保护设备绝缘；电压值正常后，避雷器又迅速恢复原状，以保证系统正常供电。

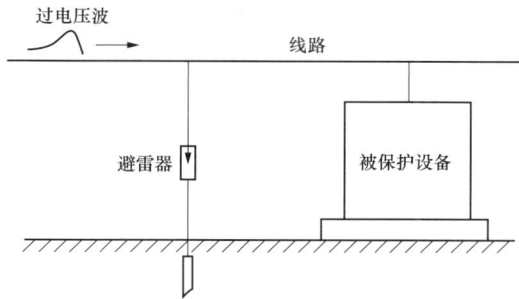

图3.2-12　避雷器作用原理图

（2）避雷器的保护要求。

1）伏秒特性与被保护绝缘的伏秒特性有良好的配合。

2）保证其残压低于被保护绝缘的冲击电气强度。

3）被保护绝缘必须处于该避雷器的保护距离之内。

4）正常运行时不放电，过电压时放电正确动作。

5）放电后要有自恢复功能。

（3）目前变电站中基本选用无间隙氧化锌避雷器（见图3.2-13），主要原因有以下几点：

1）优异的保护特性：氧化锌避雷器利用了氧化锌阀片的非线性伏安特性，这意味着在正常工作电压下，它呈现出高阻抗，仅允许微安级别的泄漏电流通过，几乎不影

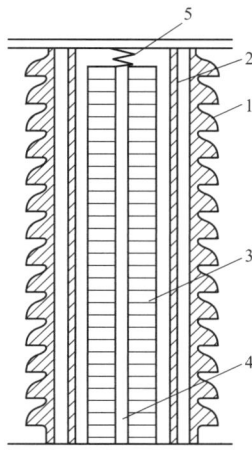

图3.2-13　无间隙氧化锌避雷器单元结构示意图

1—外绝缘瓷套；2—绝缘筒；3—氧化锌阀片；4—内绝缘杆；5—压力弹簧

响系统运行。而当系统遭受过电压冲击时，其阻抗迅速下降，能有效导通大电流，将过电压限制在设备承受范围内，保护电气设备不受损害。

2）无续流效应：与传统的碳化硅避雷器相比，氧化锌避雷器在过电压泄放后，能够迅速恢复到高阻状态，避免了续流现象，减少了对避雷器本身的热应力和电应力，延长了使用寿命。

3）宽频带保护：氧化锌避雷器不仅能防护雷电引起的过电压，还能有效抑制工频暂态过电压和操作过电压，保护范围广。

选择避雷器时，相关参数要求如下：

（1）持续运行电压：即允许长期工作电压。它应等于或大于系统的最高相电压。

（2）额定电压（kV）：即允许短时最大工频电压（灭弧电压）。避雷器能在此工频电压下动作放电并熄弧，但不能在此电压下长期运行。它是避雷器特性和结构的基本参数，也是设计的依据。

（3）工频耐受伏秒特性：表明氧化锌避雷器在规定条件下，耐受过电压的能力。

（4）标称放电电流（kA）：用于划分避雷器等级的放电电流峰值。220kV及以下系统不应超过5kA。

3.2.2.7 导体与电缆

（1）软导线：一般是指圆形截面、以铝及铝合金材质制成的裸导线。广泛用在变电站各电压等级配电装置中的电气设备和相应配电装置的连接。按材质一般分为铝绞线、钢芯铝绞线、扩径导线等几种。

（2）钢芯铝绞线：由单层或多层铝股线绞合，形成加强型导线。钢芯主要起增加强度的作用，而铝绞线则主要起传送电能的作用。这种结构使得钢芯铝绞线具有结构简单、架设与维护方便、线路造价低、传输容量大等优点。

（3）扩径导线：指将铝绞线缠绕在空心金属软管支撑结构的外面，从而使导线外径扩大的导线。采用这种结构的导线其特点为：减少导线表面的电场强度，避免电晕放电，减少对无线电的干扰；结构重量轻，减少了安装敷设后的塑蠕伸长，减少导线的永久变形；具有高强度、耐腐蚀、使用寿命长特点。

（4）硬导线：按材质一般分为带形母线、槽形母线、管形母线等几种。

1）带形母线：是一种截面为矩形的硬母线，按其材质主要分为铜、铝两大类。矩形母线一般使用于主变压器至配电室内，其优点是施工安装方便，运行中变化小，载流量大。

2）管形母线：是一种截面为圆环的硬母线，其材质一般为空心铜管或铝合金管。相对常规矩形母线，管形母线具有载流量大、机械强度高、散热好、温升低、损耗低等特点，见图3.2－14。

3）绝缘母线：近年来随着变电站主变压器容量的加大，变压器低压侧母线额定电流不断增加，采用绝缘母线代替矩形母线的方法来改善母线材料的有效利用率，提高母线机械强度，防止人身触及带电母线及金属物落到母线上产生相间短路等，见图3.2－15。

图3.2－14　管形母线

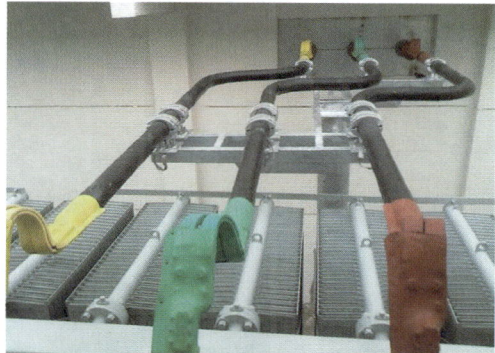

图3.2－15　绝缘母线

4）电缆：包括线芯材料，电缆绝缘型式、密封层、保护层，见图3.2－16和图3.2－17。

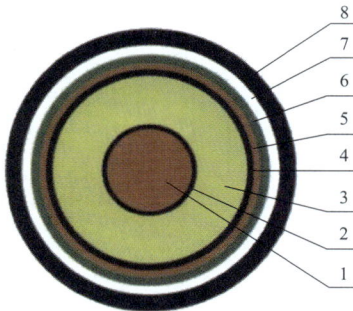

图3.2－16　单芯电缆

1—导体线芯；2—内半导电屏蔽；3—绝缘层；
4—外半导电屏蔽；5—金属屏蔽；6—内护层；
7—钢丝饱装；8—外护层

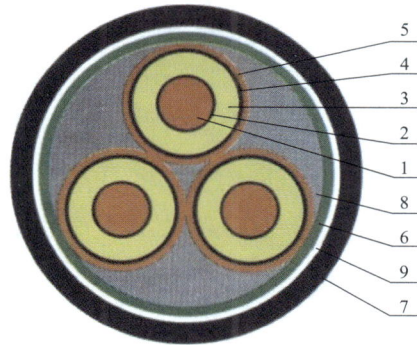

图3.2－17　三芯电缆

1—导体线芯；2—内半导电屏蔽；3—绝缘层；
4—外半导电屏蔽；5—金属屏蔽；6—内护层；
7—外护层；8—填充料；9—金属铠装

（5）导体截面选择。

1）载流量计算：首先，需要计算导体需要承载的最大持续电流（即负荷电流），并考虑一定的安全裕度。这通常基于变电站内设备的额定电流、预期的最大负荷及未来负荷增长的可能性。

2）电压降限制：确保导体在满负荷运行时的电压降在允许范围内，以免影响设备正常工作。电压降的计算需考虑导体材质、长度、截面积及预期的最大电流。

3）经济电流密度：根据经济性原则，选择一个既满足载流量要求又经济合理的导体截面。经济电流密度是指在考虑初期投资和运行费用（如能耗和维护成本）后的最优电流密度。

4）热稳定性和动稳定校验：确保所选导体在短路情况下能够承受热效应和机械应力，不发生损坏。这需要根据短路电流计算导体的热稳定性和动稳定性。

（6）导线选择基本原则。

1）母线载流量按最大穿越功率考虑，按发热条件校验。

2）出线回路的导体截面积按最大工作电流考虑。

3）110、220、500kV导线截面积应进行电晕校验。

4）主变压器高、中压侧回路导体载流量按不小于主变压器额定容量1.05倍计算，实际工程可根据需要考虑承担另一台主变压器事故或检修时转移的负荷，导体截面积同时应考虑经济电流密度；主变压器低压侧回路导体载流量按实际最大可能输送的负荷或无功容量考虑；110、220kV母联断路器导线载流量须按不小于接于母线上的最大元件的回路额定电流考虑，110、220kV分段载流量须按系统规划要求的最大通流容量考虑。

（7）电缆选择基本原则。

1）年最低温度在-15℃以下低温环境，应按低温条件和绝缘类型要求，选用交联聚乙烯、聚乙烯绝缘、耐寒橡皮绝缘电缆。低温环境不宜选用聚氯乙烯绝缘电缆。除-15℃以下低温环境或药用化学液体浸泡场所，以及有毒难燃性要求的电缆挤塑外护层宜用聚乙烯外，其他可选用聚氯乙烯外护层。

2）变电站火灾自动报警系统的供电线路、消防联动控制线路应采用燃烧性能不低于B2的耐火铜芯电线电缆。报警总线、消防应急广播和消防专用电话等传输线路应采用燃烧性能不低于B2级的铜芯电线电缆。

3）消防水泵、消防系统回路、蓄电池直流电源等重要回路电缆应使用耐火电缆。

3.2.2.8 预制舱式一次设备

预制舱式一次设备主要应用于变电站的一次设备集成，包括断路器、隔离开关、电流互感器、电压互感器、避雷器等一次电气设备，它们被预先安装在一个或多个标准化的模块化舱体内，形成完整功能单元。

（1）特点。

1）预装性：所有设备在工厂内完成组装和调试，减少了现场施工的工作量，提高了安装质量和效率。

2）模块化设计：设备按照一定的标准进行设计，可以根据不同的需求灵活组合，易于扩展和维护。

3）紧凑型结构：由于采用了集成化的设计思想，使得整个系统的占地面积大大减小，适合于土地资源紧张的城市区域使用。

4）环境适应性强：具有良好的防护性能，能够抵御恶劣天气和其他外部因素的影响。

（2）应用场景。预制舱式一次设备广泛应用于新建或扩建的变电站项目中，特别是在城市中心或者空间有限的场所。

3.2.3 基建新技术设备简介

为推进新型电力系统建设，推动成熟适用技术成果转化应用，不断提升电网建设技术水平，国家电网公司基建部（简称国网基建部）组织编制了《国家电网有限公司基建技术应用目录（2022年版）》。其中新技术中涉及设备类详见表3.2-11。

表3.2-11　国家电网公司基建新技术一览表

技术名称	技术特点	技术指标（参数）	适用条件
节能型变压器	（1）通过降低空载电流和短路阻抗，降低变压器运行时的无功功率损耗，实现节能。 （2）每年可减少电能损耗约5%	变压器空载损耗、负载损耗不高于2级能效损耗值	适用于500kV及以下全部新建及改扩建变电站
220kV GIS双断口母线隔离开关	（1）双断口母线隔离开关包括动触头座、一对动触头和一对静触头。两个断口分别能满足单断口的绝缘要求，即任何一个断口均能满足运行电压或试验电压的耐压要求，其两个断口组合，能满足其断口间承受最极端的电压情况，即运行电压和试验电压之和。 （2）扩建安装及耐压试验时不需要对双母线进行停电处理	（1）双断口隔离开关及中置式接地开关额定电流为4000A，额定短时耐受电流（有效值）为50kA，额定短路持续时间3s，额定峰值耐受电流（峰值）为125kA。 （2）额定雷电冲击耐受电压（峰值）为1050kV，额定短时工频耐受电压（有效值）为460kV。 （3）额环境温度-30～+55℃。 （4）机械寿命10000次，中置式接地开关机械寿命为5000次	（1）适用于满足现行通用设计要求的户内/户外220kV变电站高压侧、500kV及以上变电站220kV侧。 （2）适用于220kV组合电器中新建出线、新建主变压器进线、备用出线回路、分段回路

技术名称	技术特点	技术指标（参数）	适用条件
中压相控断路器	（1）以电网电压或电流为参考信号，根据分合闸命令时电网信息和开关负荷类型，控制开关触头在最佳相位关合或分离，以减少开关合闸操作的涌流和过电压，消除分闸重燃过电压。 （2）采用永磁机构真空断路器，三相独立操动，满足分相投切和控制精度要求	（1）采用永磁机构真空断路器，三相独立操动，分合闸时间离散性控制在±0.5ms以内，机械寿命达3万次。 （2）将投切无功设备暂态过程中的过电压、涌流分别限制在1.5（标幺值）和2.0（标幺值）以下。 （3）可靠切除8Mvar容量及以上无功设备	（1）适用于投切10～35kV并联电抗器、35kV并联电容器组、8Mvar及以上容量的10kV并联电容器组。 （2）尤其适用于无功设备投切频繁的应用场景，可有效延长断路器及无功设备的使用寿命，减少运维工作量
10kV纵旋式开关柜	（1）在柜体结构上进行创新，主回路设备纵向布置，各舱室垂直布置，结构紧凑合理，解决了常规手车柜内部带电距离紧张的问题。 （2）断路器可以中部为轴，旋转90°至水平位置，并可通过观察窗从柜体外部观察，实现了隔离开关提供可见断口的功能，提高了隔离操作的安全性	（1）柜内带电距离均大于125mm，不需要设置绝缘隔板。 （2）纵旋柜1250A柜体宽度优化0.65m，可以靠墙布置，缩小柜后通道1～1.5m	（1）适用于220、110kV变电站户内10kV配电装置。 （2）尤其适用于用地受限、需要优化变电站面积的工程
GIS不停电扩建技术	通过在GIS母线的待扩建处增加一个位于独立封闭气室（即过渡气室）内的隔离开关，使二期扩建或试验设备与一期在运设备之间能形成有效的电气隔离，并通过一期设备原有的接地开关进行接地保护，以达到在一期设备不停电的同时，安全可靠地扩建施工二期设备的目的		特别适用于220kV双母线接线形式的变电站，能实现不停电扩建，扩建对接和耐压试验中不需要母线全停；适用于各种单母线接线（单母带分段）形式，能实现不停电扩建；适用于单母线和双母线接线形式的变电站的断路器不停电检修，在检修（更换）后送电试验不需要停母线
一体化集合式电容器	（1）相较于框架式电容器，一体化集合式电容器具有占地面积小、便于安装、可靠性高、使用寿命长、抗震性能好的特点。 （2）但一体化集合式电容器出现故障，需要返厂或就近厂房内解体集合式供油箱，检修难度较大，周期较长		（1）对于66kV和35kV的无功电容器组，推荐选用框架式电容器或集合式电容器。 （2）对于10kV的无功电容器组，技术经济比较后也可考虑是否选用一体化集合式电容器

3.3 电气平面布置

3.3.1 电气平面布置设计原则

电气总平面布置应结合地区电网接线现状、电网规划、近远期进出线、电气主接线、间隔排列及扩建过渡等因素，确保各电压等级线路出线顺畅，避免线路交叉。

在满足安全可靠、技术先进、经济合理、运维方便的前提下，配电装置的设计应坚持节约用地的原则，配电装置应紧凑合理，主要电气设备、装配式建（构）筑物及预制式二次组合设备的布置应便于安装、扩建、运维、检修及试验工作，并且需要满足消防要求。

配电装置相互间的相对位置应使主变压器、无功补偿装置至各配电装置的连接导线顺直短捷、站内道路和电缆的长度较短。

户内配电装置在装配式建筑内时，应考虑安装、试验、检修、起吊、运行巡视及气体回收装置所需的空间和通道。优先选用可靠性高、维护量小的GIS、HGIS等集成式设备。

3.3.2 通用设计电气平面布置方案

以安徽省为例，变电站配电装置布置原则：

（1）对于500kV变电站，站址不受限制地区原则上采用户外HGIS方案（高、中压侧均采用户外HGIS）；城市中心区、站址用地受限等特殊条件地区，经专题论证后可采用半户内方案（高、中压侧均采用户内GIS）或者全户内方案。

（2）对于220kV变电站，站址不受限制地区，优先采用户外HGIS方案（高、中压侧均采用户外HGIS）；其他区域推荐采用半户内GIS方案，在城市中心区可采用全户内GIS方案。

（3）对于110kV变电站，有35kV电压等级时采用半户内GIS方案，其中35kV宜选用空气柜型式；仅有10kV电压等级时，采用全户内GIS方案。

3.3.2.1 500kV变电站

安徽省500kV变电站通用设计实施方案为户外HGIS方案（编号：500-B-4），平面布置简介如下。

（1）500kV配电装置。500kV配电装置采用户外悬吊管形母线中型、HGIS半C形布置，不设置间隔道路。500kV配电装置布置出线型式为局部双层，500kV母线和串内跨线一次上齐。

（2）220kV配电装置。220kV配电装置采用户外悬吊管形母线中型、断路器双列布置，出线型式为单层。

（3）主变压器及35kV配电装置。主变压器构架与500kV母线平行布置。35kV采用户外支持管形母线中型、柱式断路器或HGIS双列式布置，出线型式为单层，35kV主母线平行于主变压器场地"一"字形布置。站用电、主变压器及35kV继电器小室布置在主变压器场地内。

3.3.2.2 220kV 变电站

安徽省 220kV 变电站通用设计实施方案主要为全户内 GIS 方案（编号 220-A2-3）、半户内方案（编号 220-A3-1、220-A3-2）及户外 HGIS 方案［编号 220-B-2（10）、220-B-2（35）］，平面布置简介如下。

（1）220-A2-3（10）、220-A2-3（35）。

1）220kV 和 110kV 配电装置。220kV 和 110kV GIS 布置在一个配电装置室内，220kV 和 110kV 配电装置均为户内 GIS，电缆进出线。户内 GIS 间隔为方便检修并避开梁柱，母联断路器、母设间隔和进出线间隔交错布置。

2）10kV 配电装置。10kV 配电装置采用中置式开关柜户内双列布置，主变压器进线部分采用母线桥方式连接。户内接地变压器及消弧线圈成套装置与 10kV 开关柜共室布置。

3）35kV 配电装置。35kV 配电装置采用中置式开关柜户内双列布置，主变压器进线部分采用母线桥方式连接（母线采用绝缘化处理），主变压器进线户内部分、母线跨线采用架空封闭母线桥方式，其余出线均采用电缆。户内接地变压器及消弧线圈成套装置与 35kV 开关柜共室布置。

4）主变压器及无功补偿设备。220-A2-3（10）：3 间主变压器室和 3 间散热器室一字排列。主变压器本体户内布置，本体与散热器水平分体布置。无功设备室与主变压器室相邻布置，分别布置有 3 台干式铁芯电抗器和 12 台电容器组。

220-A2-3（35）：3 间主变压器室和 3 间散热器室一字排列。主变压器本体户内布置，本体与散热器水平分体布置。主变压器高、中压侧采用油—空气套管连接电缆头出线，低压侧采用油—空气套管连接铜排母线桥出线。35kV 电抗器室布置在配电装置楼的西侧，布置 3 台油浸铁芯电抗器，35kV 电容器室布置在配电装置楼一层、二层，布置 6 组框架式电容器组。

5）电气总平面布置实例。

a. 220-A2-3（10）。全站共设配电装置楼 1 幢，一共有 3 层，其中地下 1 层，地上 2 层。每一层平面布置如下。

（a）地下电缆夹层：为便于 220、110、10kV 出线以及全站的电缆联系，在地下设电缆夹层。220、110kV 出线电缆经电缆隧道引至站外；10kV 出线电缆引入电缆夹层，经电缆沟引至站外。地下电缆夹层布置有 220kV 电缆、110kV 电缆、10kV 电力电缆及控制电缆。

（b）0m层：该层布置有3间主变压器室、3间变压器散热器室、1间220kV及110kV配电装置室、1间10kV配电装置室及无功设备室、二次设备室、蓄电池室及消防控制室等。220、110、10kV出线电缆直接引入电缆夹层，经电缆隧道（沟）引至站外。

b. 220-A2-3（35）。全站共设配电装置楼1幢，一共有3层，其中地下1层，地上2层。每一层的平面布置如下。

（a）地下电缆夹层：为便于220、110、35kV出线以及全站的电缆联系，在地下设电缆夹层。220、110kV出线电缆经电缆隧道引至站外；35kV出线电缆引入电缆夹层，经电缆沟引至站外。

（b）地上一层：该层布置有3间主变压器室、3间变压器散热器室、1间220kV配电装置室、1间110kV配电装置室、1间35kV配电装置室及6间电抗器室、二次设备小室。220、110、35kV出线电缆直接引入电缆夹层，经电缆隧道（沟）引至站外。

（c）地上二层：该层设有电容器室、二次设备室、蓄电池室及排烟机房、防汛器材室、安全工具间、资料室等多间功能小室。

（2）220-A3-1。

1）220kV配电装置。220kV配电装置户内GIS，采用架空电缆混合出线，主变压器架空进线方式；出线侧避雷器户外布置。

2）110kV配电装置。110kV配电装置户内GIS，采用架空电缆混合出线、主变压器架空进线方式；出线侧避雷器户外布置。

3）35kV配电装置。本方案35kV配电装置采用中置式开关柜户内双列布置，主变压器进线部分采用母线桥方式连接，主变压器进线户内部分、母线跨线采用架空封闭母线桥方式，其余出线均采用电缆。户内接地变压器及消弧线圈成套装置集中布置在35kV配电装置室。无功设备室、功能房间均布置于220kV配电装置楼一楼。

4）电气总平面。全站采用半户内布置，220kV配电装置、二次设备小室、功能用房及无功补偿装置采用户内上下层布置，位于变电站北侧220kV配电装置楼；110kV配电装置、二次设备室及蓄电池室、35kV配电装置采用户内上下层布置，位于南侧110kV配电装置楼。形成的两座建筑布置在站区的南北两侧平行布置；主变压器露天布置在两座建筑之间。

（3）220-A3-2。

1）220kV配电装置。220kV配电装置户内GIS，采用架空电缆混合出线，主变压器架空进线方式；户内GIS为方便检修并避开梁柱，母联断路器、母设间隔和进出线间隔交错布置；出线侧避雷器户外布置。

2）110kV配电装置。110kV配电装置户内GIS，采用架空电缆混合出线、主变压器架空进线方式；户内GIS为方便检修并避开梁柱，母联断路器、母设间隔和进出线间隔交错布置；出线侧避雷器户外布置。

3）10kV配电装置。本方案10kV配电装置采用中置式开关柜户内双列布置，主变压器进线部分采用母线桥方式连接（母线采用绝缘化处理），主变压器进线户内部分、母线跨线采用架空封闭母线桥方式，其余出线均采用电缆。户内接地变压器及消弧线圈成套装置集中布置在10kV配电装置室。无功设备室与10kV配电装置室相邻布置。

4）电气总平面。全站采用半户内布置，220kV配电装置户内布置，位于变电站北侧220kV配电装置室。110kV配电装置、二次设备室及功能用房、10kV配电装置、无功补偿装置采用户内上下层布置，位于变电站南侧110kV配电装置楼。形成的两座建筑布置在站区的南北两侧平行布置，主变压器露天布置在两座建筑之间。

（4）220-B-2（10）、220-B-2（35）。

1）220kV配电装置。220kV配电装置采用户外悬吊式管形母线、HGIS双列布置，架空向北出线；出线架构采用双回出线共用方式。

2）110kV配电装置。110kV配电装置采用户外悬吊式管形母线、HGIS单列布置，架空向南出线；出线架构采用双回出线共用方式。

3）10kV配电装置。10kV配电装置采用手车式开关柜单列布置。

4）35kV配电装置。35kV配电装置采用手车式开关柜单列布置，35kV电容器采用框架式户外布置。

3.3.2.3 110kV变电站

（1）110-A2-6。

1）110kV配电装置。110kV GIS布置于110kV配电装置室内，110kV配电装置采用户内GIS，电缆进出线。110kV户内GIS为方便检修并避开梁柱，主变压器、母设间隔和出线间隔交错布置。

2）10kV配电装置。本方案10kV配电装置采用金属铠装中置式开关柜户内双列布置，主变压器进线部分采用母线桥方式连接，主变压器进线户内部分、母线跨线采用架空封闭母线桥方式，其余出线均采用电缆。

3）主变压器及无功补偿设备。本站3间主变压器室和3间散热器室一字排列。主变压器本体户内布置，本体与散热器水平分体布置。主变压器高压侧采用油—空气套管连接电缆头出线，低压侧采用油—空气套管连接铜排母线桥出线。

10kV电容器室布置在配电装置楼东西两端，布置6组框架式电容器组。

4）电气总平面。全站中部设配电装置楼1幢，一共有1层，为地上层。平面布置为该层设有主变压器室、散热器室、电容器室、110kV GIS室、10kV配电装置室、二次设备室、资料室等。

（2）110-A3-4。

1）110kV配电装置。110kV GIS布置于110kV配电装置室内，110kV配电装置采用户内GIS，架空进出线。110kV户内GIS为方便检修并避开梁柱，主变压器、母设间隔和出线间隔交错布置。

2）35kV配电装置。本方案35kV配电装置采用金属铠装移开式开关柜户内单列布置，主变压器进线部分采用母线桥方式连接，主变压器进线户内部分采用架空封闭母线桥方式，其余出线均采用电缆。

3）10kV配电装置。本方案10kV配电装置采用金属铠装中置式开关柜户内双列布置，主变压器进线部分采用母线桥方式连接（母线采用绝缘化处理），主变压器进线户内部分、母线跨线采用架空封闭母线桥方式，其余出线均采用电缆。

4）主变压器及无功补偿设备。3台主变压器户外布置，本体与散热器一体化布置。主变压器高压侧采用油—空气套管连接钢绞线出线，中、低压侧采用油—空气套管连接铜排母线桥出线。10kV电容器室布置在配电装置楼一楼、二楼的西侧，布置6组框架式电容器组。

5）电气总平面。全站设配电装置楼1幢，一共有2层，均为地上层。每一层的平面布置为：

a.地上一层：该层布置有1间10/35kV配电装置室、2间电容器室、1间安全工具间。10、35kV出线电缆直接引入电缆沟引至站外。

b.地上二层：该层设有电容器室、110kV GIS室、二次设备室、资料室等。

主变压器位于配电装置楼南侧户外布置，10kV接地变压器消弧线圈布置于主变压器西侧，35kV消弧线圈布置于主变压器东侧。

3.3.2.4 35kV变电站

35-E3-1方案介绍：本方案采用半户内布置。

（1）35kV配电装置。本方案35kV配电装置采用金属铠装移开式高压开关柜，单列布置，主变压器进线、出线均采用电缆。10、35kV开关设备布置于同一配电装置室。

（2）10kV配电装置。本方案10kV配电装置采用金属铠装中置式高压开关柜，双列布置，10、35kV开关设备布置于同一配电装置室。接地变压器及消弧线圈成套装置户外布置。电容器布置4组户外框架式电容器组。

（3）10kV无功补偿装置。采用户外框架式并联电容器装置，电缆进线。

（4）电气总平面。全站采用半户内方式，变电站设置环形车道，10、35kV配电装置室布置于站区北侧，主变压器布置于配电装置室南侧。附属厂房与电容器并排布置于变电站东侧。

3.3.3 配电装置基建新技术

配电装置基建新技术清单见表3.3-1。

表3.3-1 配电装置基建新技术清单

技术名称	技术特点	技术指标（参数）	适用条件
"品"字形出线的GIS配电装置	该技术通过将220kV GIS配电装置的出线横梁设置为上、下两层，A、C相出线通过下层横梁引出，B相出线通过绝缘子将引线过渡到上层横梁引出，使得三相出线在空间上呈品字型排列，利用导线空间排列的方式达到压缩出线构架宽度的效果，将220kV GIS出线构架宽度由通用设计的24m/2回减小到19m/2回	采用"品"字形出线方式的GIS配电装置较通用设计方案可节省占地约19%，减少GIS主母线筒用量约21%	适用于220kV户外架空出线的GIS配电装置
城市户内小型化变电站设计优化技术	（1）优化电气主接线，采用简洁、可靠的主接线型式。 （2）采用性能可靠的小型化设备，减少配电装置室的建筑面积和整个变电站的占地面积，110、220kV采用小型化GIS，10、35kV采用小型化开关柜，采用大容量分体式变压器，采用成套设备。 （3）采用布置优化技术，采用主变压器本体和散热器分体式侧上方布置形式。 （4）将小型化GIS布置于楼层上。 （5）采用智能化设备，将二次设备就地下放布置在一次设备汇控柜或二次继电小室内，减少控制室屏柜数量和控制室大小，进而进行一二次设备整合为智能设备。 （6）提出1个220kV城市户内小型化变电站设计方案，1个110kV城市户内小型化变电站设计方案，作为通用设计的补充	220kV城市小型化变电站采用3台240MVA变压器，容量较通用设计（3台180MVA）增加，建筑面积较通用设计减少12.9%，占地面积减少39.1%，节约投资； 110kV城市小型化变电站采用3台80MVA变压器，容量较通用设计（3台50MVA）增加，建筑面积较通用设计减少0.89%，占地面积减少13.3%，节约投资	适用于负荷大、站址面积小的城市110、220kV变电站

技术名称	技术特点	技术指标（参数）	适用条件
220kV HGIS配电装置紧凑布置	该技术充分发挥HGIS设备的结构特点和自身优势，结合布置、运行要求，优化设备本体尺寸；在常规HGIS方案基础上，采用设备双列布置，管形母线下方布置检修道路，进出线及母线构架联合，提出了一种新型紧凑型HGIS设备的布置方案	采用该紧凑型HGIS布置方案时，相比传统HGIS方案220kV变电站可节省占地约35%	适用于二线城市郊区、城镇工业区等地价较高或丘陵等地基处理量较大的场合
基于垂直出线的220kV"风帆联合式"GIS配电装置	该技术改变传统水平"一"字形出线方式，提出一种基于垂直出线的"风帆联合式"配电装置布置形式，即将GIS出线套管垂直于GIS母线水平排列，门型出线构架设置斜向布置的三层出线梁，由出线套管引出的A、B、C三相导线分别引接到不同出线梁，形成A、B、C三相垂直出线，与线路终端塔无缝对接。该配电装置型式可显著压缩出线间隔宽度，缩减母线筒长度，节约用地，降低工程造价	同常规GIS布置方案相比，220kV"风帆联合式"GIS配电装置布置型式在保证进出线间隔纵向尺寸26m不变的情况下，间隔宽度由12m优化至6m，节省占地50%	适用于220kV户外架空出线的GIS配电装置。工程应用中，220kV GIS进、出线间隔避雷器、TV需内置；应注意终端塔位置及高度与站内出线相匹配，出线偏角控制在15°以内

3.3.4 特殊地区变电站总平面布置

3.3.4.1 特殊大气环境地区

大气腐蚀等级C1、C2、C3、C4、C5和CX是按照GB/T 19292.1的规定划分的。C1～C3腐蚀等级的环境为一般腐蚀环境，C4及以上腐蚀等级的环境为重腐蚀环境。

当设备所在地区5km范围内存在如化工、钢铁、火电、焦化、冶金、水泥、平板玻璃、陶瓷、砖瓦、集中供热企业等腐蚀源时，应将相应的大气腐蚀等级提高1个等级。确定设备所在地区的大气腐蚀等级后，其所在地区室内的腐蚀等级至少降低1个等级。

位于重污秽e级、沿海d级地区、周边有重污染源（如钢厂、化工厂、水泥厂等）或大气腐蚀环境等级C4及以上的变电站，330kV及以下GIS配电装置应采用户内布置方式，500kV及以上GIS配电装置型式经充分论证后确定布置方式。

3.3.4.2 土壤腐蚀性高的地区

土壤腐蚀性等级是按照Q/GDW 12015—2019规定分为微、弱、中、强、特强五个等级，其中含盐量不小于1.5%的特殊重腐蚀地区评价为特强等级。应根据接地材料现场土壤埋片试验的腐蚀数据进行土壤腐蚀环境分级。当无腐蚀数据或不具备现场埋片试验条件时，可采用土壤特性进行土壤腐蚀性分级，具体可参考GB/T 39637—2020中

"6基于土壤环境数据的腐蚀性评估"执行。接地装置防腐蚀设计前，应考虑交直流电流干扰对腐蚀的影响，并选择合适的排流措施或防护措施。

3.3.4.3 洪涝灾害频繁地区

考虑到洪水对变电工程的潜在威胁，应在设计过程中采取防洪涝措施。这包括合理设置排水系统、提高设备基础高度、采用防水材料等，以确保变电站在洪水发生时能够正常运行。位于易受洪涝灾害影响地区的变电站，220kV及以上变电站应按百年一遇防洪（涝）标准设计；220kV城市变电站，应优先考虑建设全户内站。

3.3.4.4 常年覆冰地区

部分地区常年或者大多时间覆冰，不仅会增加结构负荷，还会使电气性能下降，也会造成机械损伤。为保证变电站安全，提出直流融冰方案。

直流融冰基本原理：直流融冰是指利用交流电源（如35kV电源），通过直流融冰装置将交流转化为直流，对输电线路导线施加直流电流进行短路发热融冰的方法。线路阻抗中电抗分量较电阻分量大得多，直流融冰时可不考虑电抗分量，可明显降低融冰时的电压和容量。

直流融冰时，在线路末端进行三相短接，直流侧可采用两种方式接线进行融冰：

（1）一去一回接线方式（见图3.3－1）：融冰电源正极接A相，负极接B相，直流电流由A相接入，B相流回构成融冰回路，可对A、B相同时融冰，融完之后再切换成A相和C相或者B相和C相连接，对C相进行融冰。

（2）一去两回接线方式（见图3.3－2）：融冰电源正极同时接A、B两相线路，负极接C相，直流电流由A、B两相同时流入，由C相流回，A、B两相电流仅为C相的一半，此时仅能对C相融冰，融冰完成后再切换接线方式对A、B相融冰。

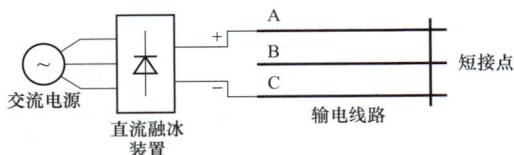

图3.3－1 两相串联融冰方式（一去一回）　　图3.3－2 两并一串融冰方式（一去两回）

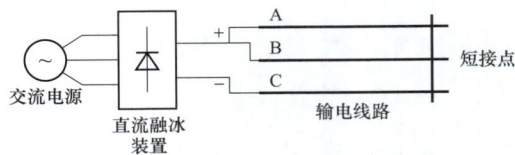

3.4 站用电系统

3.4.1 交流系统接线方式

35、110、220、500kV变电站站用电低压系统的额定电压为220/380V，接线形式为单母线接线，相邻段母线同时供电分列运行。

3.4.2 交流负荷统计及供电网络

（1）Ⅰ类负荷，指短时停电可能影响人身或设备安全，使生产运行停顿或主变压器减载的负荷。

（2）Ⅱ类负荷，指允许短时停电，但停电时间过长，有可能影响正高生产运行的负荷。

（3）Ⅲ类负荷，指长时间停电不会直接影响生产运行的负荷。

3.4.3 站用变压器选择及布置

3.4.3.1 500kV变电站站用变压器

（1）500kV变电站远期站用电源按3回，即2回容量相同、可互为备用的工作电源和1回站用备用电源。2回工作电源分别从2组主变压器的低压侧母线引接。1回站用备用电源考虑从站外可靠电源引接。当初期只有1组主变压器时，除从其引接1回电源外，还应从站外引接1回可靠的电源。

（2）站用变压器容量采用800、1250kVA，实际工程需具体核算。

（3）站用电低压配电应采用TN系统。对于户内和半户内变电站，应采用TN-S系统；对于户外变电站可采用TN-C-S系统；系统的中性点直接接地。系统额定电压380/220V。站用电母线采用按工作变压器划分的单母线接线，相邻两段工作母线同时供电分列运行。

（4）站内应安装应急电源接入箱，容量应满足应急电源接入需要。

（5）站用电源采用交直流一体化电源系统。

（6）户外变电站，应优化站用变压器和站用电室布置，站用变压器与站用电室宜紧邻布置且布置在靠近站区中心位置，以减少动力电缆长度及动力电缆和控制电缆的并行距离。

3.4.3.2 220kV变电站站用变压器

（1）220kV变电站全站配置两台站用变压器，每台站用变压器容量按全站计算负荷选择；当全站初期只有1台主变压器时，站用变压器除从其引接1回电源外，还应从站外引接1回可靠的电源。当没有条件从站外引接可靠电源时，可配置应急电源。

（2）站用变压器容量根据主变压器容量和台数、配电装置形式和规模、建筑通风采暖方式、消防水泵启动电流等情况计算确定，寒冷地区需考虑户外设备或建筑室内电热负荷。推荐容量为500、630、800kVA。

（3）站用电低压配电应采用TN系统。对于全户内、半户内变电站，应采用TN-S系统；对于户外变电站可采用TN-C-S系统，其中央配电屏后为TN-S系统，中央配电屏后N线不应重复接地。

（4）系统额定电压380/220V。站用电母线采用按工作变压器划分的单母线接线，相邻两段工作母线同时供电分列运行。两段工作母线间不应装设自动投入装置。

（5）站用电源采用交直流一体化电源系统。

（6）户外变电站，应优化电气总平面站用变压器和站用电室布置，具备条件时，站用变压器与站用电室宜紧邻布置且布置在靠近站区中心位置，以减少动力电缆长度及动力电缆和控制电缆的并行距离。

3.4.3.3 110kV变电站站用变压器

（1）110kV变电站全站配置两台站用变压器，每台站用变压器容量按全站计算负荷选择；当全站初期只有1台主变压器时，站用变压器除从其引接1回电源外，还应从站外引接1回可靠的电源。当没有条件从站外引接可靠电源时，可配置应急电源。

（2）站用变压器容量根据主变压器容量和台数、配电装置形式和规模、建筑通风采暖方式、消防水泵启动电流等情况计算确定。

（3）站用电低压配电应采用TN系统。对于全户内、半户内变电站，应采用TN-S系统；对于户外变电站可采用TN-C-S系统，其中央配电屏后为TN-S系统，中央配电屏后N线不应重复接地。

（4）系统额定电压380/220V。站用电母线采用按工作变压器划分的单母线接线，相邻两段工作母线同时供电分列运行。两段工作母线间不应装设自动投入装置。

（5）站用电源采用交直流一体化电源系统。

（6）户外变电站，应优化电气总平面站用变压器和站用电室布置。具备条件时，站用变压器与站用电室宜紧邻布置且布置在靠近站区中心位置，以减少动力电缆长度及动力电缆和控制电缆的并行距离。

3.4.3.4 35kV变电站站用变压器

（1）35kV变电站全站配置两台站用变压器，每台站用变压器容量按全站计算负荷选择；当全站初期只有1台主变压器时，站用变压器除从其引接1回电源外，还应从站外引接1回可靠的电源。当没有条件从站外引接可靠电源时，可配置应急电源。

（2）站用变压器容量根据主变压器容量和台数、配电装置形式和规模、建筑通风采暖方式、消防水泵启动电流等情况计算确定，寒冷地区需考虑户外设备或建筑室内电热负荷。推荐容量为100、200kVA。

（3）站用电低压配电应采用TN-S系统，系统的中性点直接接地。

（4）系统额定电压380/220V。站用电母线采用按工作变压器划分的单母线接线，相邻两段工作母线同时供电分列运行。两段工作母线间不应装设自动投入装置。

（5）站用电源采用交直流一体化电源系统。

（6）半户内变电站，应优化电气总平面站用变压器和站用电室布置，具备条件时，站用变压器与站用电室宜紧邻布置且布置在靠近站区中心位置，以减少动力电缆长度及动力电缆和控制电缆的并行距离。

3.4.3.5 启动电源

在变电站设备安装完毕，处于启动前阶段，需要考虑引入外部电源为变电站提供启动电源，启动期间通常可利用施工现场的临时变压器，通过变电站应急电源接入箱接入站内交流母线，并供给控制系统和保护设备、通信设备、消防设备、环网操作电源等负荷使用。

3.4.4 检修电源设置

变电站设置固定的交流低压检修供电网络，并在各检修现场装设专用检修电源箱，供电焊机、电动工具和试验设备等使用。检修电源的容量应按电焊机的负荷确定。

检修供电网络一般采用三相四线制按配电装置区域划分的单回路分支供电方式。

主变压器、高压并联电抗器附近和屋内外配电装置设置固定的检修电源。站内各处（包括屋内配电装置）适当多设检修电源，分布要合理，考虑到电源箱引出的电焊机的最大引线长度一般为50m，所以检修电源的供电半径不宜达到50m。

专用检修电源箱宜符合下列要求：

（1）配电装置内的检修电源箱至少设置三相馈线两路、单相馈线两路。内设三相及单相各一路供三相或单相电焊机使用，容量可按21kVA配置或按超高压架空送电线路的参数测试，按三相电源容量（约为60A）考虑。另设三相、单相各一路，其容量可以较小，以供其他检修负荷用。

（2）主变压器、高压并联电抗器附近检修电源箱的回路及容量宜满足滤、注油的需要。主变压器等在就地检修注油时，用电容量大，接用的回路也较多，故检修电源箱内回路容量及回路数宜予以考虑。

（3）检修网络装设漏电保护。检修网络装设漏电保护是保证安全运行的基本条件，为确保人身安全宜装设漏电保护。供电给手持式电气设备和移动式电气设备的末端线路或插座回路，切断故障回路的时间不应大于0.4s。

（4）主控楼、综合楼各层、继电器室等配电屏、二次保护屏和用电设备集中的区域应考虑设置检修电源。

3.5 过电压保护及绝缘配合

3.5.1 防雷保护

3.5.1.1 防直击雷保护

（1）为保护其他设备而装设的避雷针，不宜装在独立的主控制室和35kV及以下的高压屋内配电装置室的顶上。

（2）主控楼（室）或配电装置室和35kV及以下变电站的屋顶上直击雷的保护措施：

1）若有金属屋顶或屋顶上有金属结构，将金属部分接地。

2）若屋顶为钢筋混凝土结构，应将其钢筋焊接成网并接地。

3）若结构为非导电的屋顶，采用避雷带保护，该避雷带的网格为8～10m，每隔10～20m设引下线接地。

上述的接地可与主接地网连接，并在连接处加装集中接地装置。

（3）建筑物屋顶上的设备金属外壳、电缆外皮和建筑物金属构件均应接地。

（4）需装设直击雷保护装置的设施，其接地可利用变电站的主接地网，但应在直击雷保护装置附近装设集中接地装置。

3.5.1.2 变电站雷电侵入波防护

配电装置雷电侵入波的过电压保护采用的是金属氧化物避雷器及与避雷器相配合的进线保护段等保护措施。

装设避雷器是变电站限制雷电侵入波过电压的主要措施。要使变电站内的电气设备得到有效地保护，配电装置电气设备绝缘与避雷器通过雷电流后的残压进行配合。

进线保护段是指临近变电站的1～2km的这段线路上加强防雷保护措施。进线保护段的作用在于利用其阻抗来限制雷电流幅值和利用其电晕衰耗来降低雷电波陡度，并通过避雷器的作用，使之不超过绝缘配合所要求的数值。

当线路全线没有避雷线时，线路必须架设避雷线。

3.5.2 过电压的限制

3.5.2.1 工频过电压的限制

工频过电压是指由于电网运行方式的突然改变，引起某些电网工频电压的升高，主要包括突然甩负荷引起的工频电压升高、空载线路末端的电压升高、发电机自励磁、系统不对称短路时的电压升高等。

220kV及以下电网一般不考虑工频过电压的限制措施，但在设计时应避免110kV及220kV有效接地系统中偶然形成局部不接地系统产生较高的工频过电压，其措施应符合下列要求：

（1）当形成局部不接地系统，且继电保护装置不能在一定时间内切除110kV及220kV变压器的低、中压电源时，不接地的变压器中性点应装设间隙。当因接地故障形成局部不接地系统时，该间隙应动作；系统以有效接地系统运行发生单相接地故障时，间隙不应动作。间隙距离还应兼顾雷电过电压下保护变压器中性点标准分级绝缘的要求。

（2）当形成局部不接地系统，且继电保护装置设有失地保护可在一定时间内切除110kV及220kV变压器的三次、二次绕组电源时，不接地的中性点可装设无间隙金属氧化物避雷器。

330kV及以上超高压电网一般可以采取装设并联电抗器、降低电网的零序电抗等措施限制工频过电压。

3.5.2.2 操作过电压的限制

操作过电压指在电力系统操作过程中，如开关的分合、线路的投切等，由于系统参数的突变或电磁能量的转换与积累，导致变电站二次回路中出现的电压超过正常工作电压的现象。这种过电压通常是瞬时的或暂态的，其幅值可能远超系统额定电压，一般以1.1倍额定电压为界限来定义操作过电压的起点。

常见的操作过电压有切除空载线路引起的过电压、空载变压器的过电压、电弧接地过电压、电感性负载的拉闸过电压、空载线路合闸时的过电压等。限制操作过电压的方式主要有：

（1）选用灭弧能力强的高压断路器：高质量的断路器可以在分断电路时更迅速、更有效地熄灭电弧，从而减少操作过电压的产生。

（2）断路器断口加装并联电阻：在断路器触头间并联电阻，可以在分闸瞬间提供一个放电路径，从而降低操作过电压的幅值，包括合空线（线路充电）和切空线（线路开断）操作时的过电压限制。

（3）采用高性能避雷器：如氧化锌避雷器，快速响应并吸收过电压能量，保护设备免受过电压损害。

3.5.2.3 谐振过电压的限制

电力系统中具有许多非线性铁芯电感元件，它们和系统中的电容元件组成许多复杂的振荡回路，可能激发起持续时间较长的铁磁谐振过电压。铁磁谐振过电压可以在3～500kV的任何系统中甚至在有载长线的情况下发生，过电压幅值一般不超过1.5～2.5倍的系统最高运行相电压，个别可达3.5倍。谐振过电压持续时间可达十分之几秒以上，不能用避雷器限制。

常见的发生铁磁谐振过电压的情况有各相不对称断开时的过电压、配在中性点绝缘系统中，电磁式电压互感器引起的铁磁谐振过电压、开关断口电容与母线TV之间的串联谐振过电压、传递过电压等。

限制谐振过电压的方式主要有：

（1）改善设备结构与参数。使用氧化锌避雷器：在高电压、大容量变压器内安装氧化锌避雷器，以有效限制谐振过电压。调整电容器与电抗器参数：通过调整无功补偿设备的参数，如电容器容量和电抗器感抗，改变系统谐振特性，避免谐振条件形成。

（2）采用消谐与阻尼技术。在电磁式电压互感器的开口三角绕组中加装阻尼电阻，消除各种谐振现象。提高系统谐振阻尼：通过分析计算，调整电网参数，提高谐振阻尼，减小谐振过电压的幅度和持续时间。

3.5.3 电力系统绝缘配合

3.5.3.1 500kV电气设备的绝缘配合

绝缘配合的原则：参照GB/T 50064—2014确定的原则进行。

（1）电网额定电压为500kV；500kV工频过电压的标幺值如下：

工频过电压的1.0（标幺值）$= U_\mathrm{m}/\sqrt{3} = 550/\sqrt{3} = 317.5$（kV），其中$U_\mathrm{m}$为系统最高运行电压。

（2）工频过电压：线路断路器的变电站侧为1.3（标幺值），线路断路器的线路侧为1.4（标幺值）。

（3）变压器内、外绝缘的全波额定雷电冲击耐压与变电站避雷器标称电流下的残压间的配合系数取1.4。

（4）电流互感器、单独试验的套管、母线支持绝缘子等的全波额定雷电冲击耐压与避雷器标称电流下的残压间的配合系数取1.4。

（5）变压器、电流互感器截波额定雷电冲击耐压取相应设备全波额定雷电冲击耐压的 1.1 倍。

（6）电气设备内绝缘相对地额定操作冲击耐压与避雷器操作过电压保护水平间的配合系数不应小于 1.15。

（7）电气设备外绝缘相对地干态额定操作冲击耐压与相应设备的内绝缘额定操作冲击耐压相同，淋雨时耐压值可低 5%。变压器外绝缘相间干态额定操作冲击耐压与其内绝缘相间额定操作冲击耐压相同。

（8）关于电气设备同极断口间的额定绝缘水平，参照 GB/T 50064—2014 确定，雷电冲击耐压（峰值）为 1550 + 315（kV）；操作冲击耐压（峰值）为 1050 + 450（kV）；1min 工频耐压（有效值）为 790（kV）。

3.5.3.2 220kV 电气设备的绝缘配合

220kV 系统以雷电过电压决定设备的绝缘水平，在此条件下一般都能耐受操作过电压的作用。所以，在绝缘配合中不考虑操作波试验电压的配合。雷电冲击的配合，以雷电冲击 10kA 残压为基准，配合系数按不小于 1.4 选取，配合系数为 1.77，裕度较大。

3.5.3.3 110kV 电气设备的绝缘配合

110kV 系统以雷电冲击耐压决定电气设备的绝缘水平，在此条件下一般都能耐受操作过电压的作用，故在绝缘配合中不考虑操作波试验电压的配合。

3.5.3.4 35kV 电气设备及主变压器中性点的绝缘配合

绝缘水平按《绝缘配合 第 2 部分：使用导则》（GB 311.2—2013）选取，根据 GB/T 50064—2014，配合系数取 1.25，考虑到远期为限制单相接地短路电流，主变压器中性点可能经小阻抗接地运行，因此其绝缘水平按此情况考虑。

3.6 接地

3.6.1 接地设计一般要求

（1）电力系统、装置或设备应按规定接地。接地装置应充分利用自然接地极接地，但应校验自然接地极的热稳定性。接地按功能可分为系统接地、保护接地、雷电保护接地和防静电接地。系统接地是指电力系统的一点或多点的功能性接地；保护接地是指为电气安全，将系统、装置或设备的一点或多点接地；雷电保护接地是为雷电保护装置（避雷针、避雷线或避雷器等）向大地泄放雷电流而设的接地；防静电接地为防止静电对易燃油、天然气贮罐和管道等的危险作用而设的接地。

（2）设计接地装置应计及土壤干燥或降雨和冻结等季节变化的影响，接地电阻、接触电位差和跨步电位差在四季中均应符合相关规范的要求。

（3）确定变电站接地装置的型式和布置时，应降低接触电位差和跨步电位差，使其不超过允许值。

3.6.2 高压侧中性点接地方式

（1）小电阻接地。该接地方式的优点在于能够提高供电可靠性、限制故障点的电压升高，并易于检测故障。缺点是对绝缘水平要求不高的系统可能会引发新的故障，且在某些情况下可能导致供电可靠性下降（如频繁跳闸）。

（2）经消弧线圈接地。该接地方式的优点在于能够提高电力系统的供电可靠性、对全网电力设备有保护作用，且电磁兼容性好。缺点在于故障定位较难、消弧线圈调节不便。

（3）中性点直接接地。该接地方式的优点在于简单可靠、故障电流大，继电保护能迅速动作于跳闸，切除故障，系统设备承受过电压时间较短。缺点是供电可靠性相对较低，因为故障会导致大面积停电。

（4）中性点不接地。该接地方式的优点在于中性点没有与大地连接，系统发生单相接地时，不构成短路回路，故障电流小，供电可靠性较高。缺点是单相接地故障时，非故障相的对地电压会升高，过电压风险较高，且由于故障电流较小，继电保护装置难以准确检测故障。

（5）安徽省新建变电站10kV系统中性点接地方式选取。

1）系统电容电流不超过10A推荐采用不接地方式，预留消弧线圈并小电阻间隔。

2）系统电容电流大于10A不超过150A，电缆（绝缘）化率不超过80%，可采用消弧线圈并小电阻接地方式；当电缆化率达到80%及以上、站外多电缆采用共沟槽/共隧道敷设方式、需要在故障情况下直接跳闸，采用小电阻接地方式。

3）当系统电容电流超过150A，推荐采用小电阻接地方式。

4）供电区域内所带变电站及重要用户已实现双电源供电或主变压器及线路按照 $N-1$ 原则配置的系统可采用经小电阻接地方式。

5）系统电容电流变化不确定性较大，电容电流增长快速的工业园区、科技园区、经济技术开发区等区域可选择小电阻接地方式。

6）为提升高阻接地及小电阻故障退出时接地故障选线能力，宜同步配置采用暂态法原理的小电流选线装置，具备选线跳闸功能。

3.6.3 低压系统接地型式

（1）TN系统。TN系统有一点直接接地，装置的外露导电部分用保护线与该接地点连接。按照中性线与保护线的组合情况，TN系统有以下3种型式：

1）TN-S系统，整个系统的中性线与保护线是分开的。

2）TN-C-S系统，系统中有一部分中性线与保护线是合一的。

3）TN-C系统，整个系统的中性线与保护线是合一的。所有用电设备的金属外壳都应和电源变压器保护接地线连接。

（2）TT系统。TT系统有一个直接接地点，电气装置的外露导电部分接至电气上与低压系统的接地点无关的接地装置。

（3）系统的电源侧中性点不直接接地或通过高阻抗接地，而电气设备的外露可导电部分直接接地。这种系统常用于对连续供电可靠性要求极高且需要防止接地故障引起停电的场合。

3.6.4 接地网设计

（1）水平接地网应利用下列直接埋入地中或水中的自然接地极：

1）埋设在地下的金属管道（易燃和有爆炸介质的管道除外）。

2）金属井管。

3）与大地有可靠连接的建筑物及构筑物的金属结构和钢筋混凝土基础。

4）建筑物的金属结构和钢筋混凝土基础。

5）穿线的钢管、电缆的金属外皮。

6）非绝缘的架空地线。

（2）当利用自然接地极和外引接地装置时，应采用不少于两根导线在不同地点与水平接地网相连接。

（3）在利用自然接地极后，接地电阻尚不能满足要求时，应装设人工接地极。对于大接地短路电流系统的变电站，不论自然接地极的情况如何，还应敷设人工接地极。

（4）对于变电站，不论采用何种形式的人工接地极，如井式接地体、深钻式接地、引外接地等，都应敷设以水平接地体为主的人工接地网。对面积较大的接地网，降低接地电阻主要靠大面积水平接地极。它既有均压、减小接触电势和跨步电势的作用，又有散流的作用。

一般情况下，变电站接地网中的垂直接地极对工频电流散流作用不大。防雷接地装置可采用垂直接地极，用于避雷针、避雷线和避雷器附近加强集中接地和泄雷电流。

人工接地网的外缘应闭合，外缘各角应做成圆弧形，圆弧的半径不宜小于均压带间距的1/2，接地网内应敷设水平均压带，接地网的埋设深度不宜小于0.8m。

（5）35kV及以上变电站接地网边缘经常有人出入的走道处，应铺设砾石、沥青路面或在地下装设两条与接地网相连的均压带。可采用"帽檐式"均压带；但在经常有人出入的地方，结合交通道路的施工，采用高电阻率的路面结构层作为安全措施，要比埋设"帽式"辅助均压带方便；具体采用哪种方式应因地制宜。

（6）配电变压器的接地装置宜敷设闭合环形，以防止因接地网流过中性线的不平衡电流在雨后地面积水或泥泞时造成接地装置附近的跨步电位差引起行人和牲畜的触电事故。

（7）变电站的接地网应与110kV及以上架空线路的地线直接相连，并应有便于分开的连接点。土壤电阻率不大于500Ω·m的地区，35kV和66kV架空线路的地线允许与发电厂和变电站的构架相连接，但应设集中接地装置。

（8）电气设备的人工接地极（管子、角钢、扁钢和圆钢等）应尽可能使在电气设备所在地点附近对地电压分布均匀。大接地短路电流电气设备，一定要装设环形接地网，并加装均压带。

3.6.5 接地装置的材质

（1）接地极、接地导体（线）一般采用钢制、铜覆钢、铜，但移动式电力设备的接地导体（线）、三相四线制照明电缆的接地芯线以及采用钢接地有困难时除外。钢质接地材料应进行热镀锌处理。

（2）腐蚀较重地区的330kV及以上变电站、全户内变电站、220kV及以上枢纽变电站、66kV及以上城市变电站、紧凑型变电站，以及腐蚀严重地区的110kV变电站，通过技术经济比较后，接地网可采用铜材、铜覆钢材或其他防腐蚀措施，铜覆钢材的铜层厚度不应低于0.25mm。强酸腐蚀地区不宜采用铜接地。

（3）当接地网有两种不同的金属互相连接时（如铜材与钢材），在土壤中就构成了腐蚀电池，其中具有较正电位的金属（惰性，如铜材）将作为阴极受到保护，而具有较负电位的金属（活泼，如钢材）将作为阳极而受到强烈腐蚀；需要采取相应的防腐措施，避免或减轻电耦腐蚀。

3.6.6 主要接地降阻措施

主要接地降阻措施见表3.6-1。

表3.6－1　主要接地降阻措施

序号	降阻措施	降阻原理	适应性分析	经济性分析
1	深井接地	增加接地网纵向跨越深度，改变土壤电阻率	适用于深层有低电阻率或含水层的地方，接地体要深入低阻区域，降阻效果显著，站内维护管理方便	100m深井，约2000元/m
2	斜井接地	扩大接地网横向占地面积、增加纵向跨越深度	兼顾扩网和长垂直接地极的特点，在接地网面积受限的接地工程中可起到很好的降阻效果	比深井接地略高
3	降阻剂	改变土壤电阻率、减小接触电阻	可作为降阻辅助手段，推荐用于地网边沿水平接地体、深井和垂直接地极	约0.4万元/t
4	扩大接地网面积	扩大接地网横向占地面积	扩网是降阻的有效方法之一，但受限于周边条件，需要征地，且围墙外地网维护及安全均比较困难	征地费用约15万/亩
5	外引接地	扩大接地网横向占地面积、并联一低电阻区域	如果站址周边（不超过2km）有低阻区域，并且具备引接条件。如果采用埋地敷设，应注意外引水平接地带沿线的跨步电压不超过安全限值。需要征地和后期维护管理	外引线路约40万元/1km，接地极另考虑征地费用

注　1亩＝$6.6667 \times 10^2 \text{m}^2$。

第4章　二次系统

4.1　系统继电保护

继电保护是在电力系统中检出故障或其他异常情况，从而使故障切除、异常情况终止，或发出信号或指示的一种重要措施。一般包含主保护、后备保护、辅助保护、安全自动装置等。

继电保护应满足可靠性、选择性、灵敏性和速动性要求（继电保护"四性要求"）。可靠性是指保护该动作时应动作，不该动作时不应动作；选择性是指在电力设备故障后应尽可能减少影响范围；灵敏性是指在电力设备的被保护范围内发生故障时，保护具有正确动作能力的裕度，一般以灵敏系数来描述；速动性是指保护应能尽快地切除短路故障，以提高电力系统稳定性、减少故障设备损坏程度、缩小故障影响范围、提高自动重合闸和备用电源（设备）自动投入的效果等。

4.1.1　一般规定

4.1.1.1　双重化配置要求

220kV 及以上电压等级的继电保护及与之相关的设备、网络等应按照双重化原则进行配置，双重化配置的继电保护应遵循以下要求：

（1）每套完整、独立的保护装置应能处理可能发生的所有类型的故障。双重化配置的保护之间不应有任何联系，当一套保护异常或退出时不应影响另一套保护的正常运行。

（2）500kV 电气量保护的电压（电流）采样值应分别取自互感器不同二次绕组的模拟量，保护装置应直接模拟量电缆采样、直接 GOOSE 跳闸。

（3）220kV 电压等级两套保护的电压（电流）采样值应分别取自相互独立的合并单元。保护装置应直接数字量采样、直接 GOOSE 跳闸。

（4）双重化配置的保护使用的GOOSE（SV）网络应遵循相互独立的原则，当一个网络异常或退出时不应影响另一个网络的正常运行。

（5）双重化配置的保护及其相关设备（电子式互感器、合并单元、智能终端、网络设备、跳闸线圈等）应分别取自不同蓄电池组供电的直流母线段。

（6）双重化配置的线路纵联保护、安全自动装置应具有两个独立通信通道，采用复用2M方式时，两套通信设备应分别使用独立的电源。

（7）双重化配置的保护应使用主、后一体化的保护装置。

4.1.1.2 保护装置压板

继电保护装置除检修压板、远方压板外其余均采用软压板。主、后备保护均应设置相应软压板，满足远方操作的要求。

4.1.1.3 装置间信息传输

（1）保护装置、智能终端等智能电子设备间的相互启动、相互闭锁、位置状态等交换信息可通过GOOSE网络传输，双重化配置的保护之间不直接交换信息。

（2）保护装置跨间隔信息（如启动母线差动保护失灵、母差保护动作远跳功能等）采用GOOSE网络传输。

4.1.1.4 保护和测控集成方式

220kV及以上电压等级保护装置应采用独立保护装置，不采用保护测控集成装置。110kV及以下电压等级保护应采用保护测控集成装置。

4.1.2 线路保护

4.1.2.1 500kV线路保护

500kV线路保护主保护与后备保护、过电压保护及远方跳闸就地判别采用一体化保护装置实现。

新配置的500kV线路保护应为光纤纵联保护，优先使用光纤电流差动原理为主保护的线路保护装置，每一套500kV线路纵联保护装置的通信通道应采用双光纤通道方式，每套装置双重化配置的两个通信通道应采用不同路由的通道。

4.1.2.2 220kV线路保护

220kV及以上电压等级双侧电源线路保护应为能反映各种类型故障、具有选相功能的全线速动纵联保护。线路两侧保护装置应能配合使用，当线路对侧保护装置无法满足相关要求时应予以更换。

220kV单侧电源线路（铁路牵引站供电线路、简单的用户负荷变电站供电线路）电源侧应配置双重化的线路保护，可采用无通道线路保护装置。

220kV线路保护主保护与后备保护、重合闸功能应集成在线路保护装置中。

新配置的220kV双侧电源线路保护应为光纤纵联保护，优先使用光纤电流差动原理为主保护的线路保护装置，每回220kV线路的两套纵联保护应采用不同路由的光纤通道。每回线路所配置的保护装置均应为双通道接口装置。当光缆通道具备条件时，采用双光纤通道方式（含复用光纤通道、独立纤芯方式）。

新建智能变电站的220kV线路，对侧线路保护配置不考虑旁带该线路的运行方式。

4.1.2.3 110kV线路保护

110kV每回线路保护单套配置，应包含完善的主保护、后备保护和重合闸功能。

4.1.3 断路器保护

（1）500kV断路器保护包含失灵及自动重合闸等功能。

（2）220kV断路器不配置单独的断路器保护装置，断路器失灵保护功能由220kV母线保护装置实现。

（3）110kV及以下电压等级断路器不配置失灵保护。

4.1.4 母线保护

（1）500kV每段母线按双重化配置母线差动保护装置，满足远期规模需求。

（2）220kV每段双母线按双重化配置母线差动保护装置，满足远期规模需求。

（3）110kV母线按远期规模配置单套母线差动保护装置。

（4）220kV双母线电压切换功能由合并单元实现。

（5）35（10）kV原则上不配置母线保护，对该母线上有电源接入并经稳定性计算需快速切除故障的，应配置母线保护。

4.1.5 母联（分段）保护

（1）母联（分段）断路器应配置专用的、具备瞬时和延时跳闸功能的过电流保护。

（2）220kV母联（分段）保护双套配置，110kV母联（分段）保护单套配置。

4.1.6 故障录波

4.1.6.1 上送方式

故障录波装置应优先通过调度数据网将信息上传至调度端，另单独组网将信息上传至站内自动化系统（保护及故障信息子站功能由自动化系统实现）或独立配置的保护及故障信息子站。

4.1.6.2 配置原则

（1）500kV母线应配置独立的母线故障录波装置，接入边开关电流和母线电压。

（2）主变压器应配置独立的主变压器故障录波装置。

（3）220kV电压等级故障录波装置按网络配置，当SV或GOOSE接入量较多时，单个网络可配置多台装置。

（4）110kV电压等级故障录波装置单套配置。

（5）故障录波装置应采用安全操作系统。

4.1.6.3 采样方式

每套故障录波装置的故障录波交流量开入不宜少于96路，故障录波开关量开入不宜少于256路。

主变压器、500kV电压等级故障录波装置的电流、电压采用模拟量采集，开关量通过网络方式接收GOOSE报文。

4.1.7 故障测距

满足下列条件的，宜配置故障测距装置：

（1）线路长度大于40km。

（2）线路走廊跨越山区等交通条件较差，人工巡线不便的地带。

（3）对侧变电站内已经配置有线路故障测距装置。

故障测距装置宜采用双端测距原理，两侧故障测距装置应能配合使用。测距信息通过调度数据网Ⅱ区上送至省调主站。

4.1.8 保护信息管理子站

继电保护及故障信息管理子站应纳入变电站自动化系统统一设计。通过站控层网络收集各保护装置的信息，实现信息共享与功能整合，并通过调度数据网上传至调度端。

4.1.9 安全稳定控制装置

安全稳定控制装置应按照《国家电网安全稳定计算技术规范》（Q/GDW 404—2010）等相关标准开展安全稳定计算确定，若需配置，应遵循如下原则：

（1）按双重化配置，宜采用模拟量电缆直接采样，要求快速跳闸的安全稳定控制装置应采用点对点直接GOOSE跳闸方式。

（2）应和调度端稳控主站进行通信，应能接收主站端稳控装置的各项命令并完整上送主站端所需相关数据。

（3）应使用光纤通道进行通信，可采用专用芯或者复用2M光纤通道制式。

4.1.10 三道防线

（1）第一道防线：在电力系统正常状态下通过预防性控制保持其充裕性和安全性，当发生短路故障时由电力系统固有的控制设备及继电保护装置快速、正确地切除电力系统的故障元件。一般主要包含系统内各元件配置的保护装置等。

（2）第二道防线：针对预先考虑的故障形式和运行方式，按预定的控制策略，采用安全稳定控制系统（装置）实施切机切负荷、局部解列等控制措施，防止系统失去稳定。

（3）第三道防线：由失步解列、频率及电压紧急控制装置构成，当电力系统发生失步振荡、频率异常等事故时采取解列，切负荷、切机等控制措施，防止系统崩溃。

4.2 系统调度自动化

4.2.1 调度数据网

按照调度数据网双平面建设的要求，站内配置2套调度数据网设备。

500kV变电站配置1套网调接入网设备和1套省调接入网设备，220kV变电站配置1套省调接入网设备和1套地调接入网设备。每套接入网设备包括1台路由器和2台三层交换机。

4.2.2 电力监控系统安全防护

电力监控系统安全防护包括纵向加密装置、硬件防火墙和正/反向隔离装置。

每套调度数据网Ⅰ区和Ⅱ区的网络边界处各配置1套电力专用纵向加密装置。

一体化监控系统Ⅰ区和Ⅱ区网络间配置2台硬件防火墙，在综合应用服务器和Ⅲ/Ⅳ区通信网关机间配置1台正向隔离装置和1台反向隔离装置。

在站内Ⅱ区部署一套安全信息采集装置，用于采集变电站站控层服务器、工作站、网络设备和安全防护设备的安全事件，并经调度数据网Ⅱ区送至调度主站网络安全监管平台。

4.2.3 电能量计量

电能量计量包括电能表和电能量远方终端。

变电站至用户和电厂的35（10）、110、220、500kV线路宜在产权分界处设置计量关口点，在对侧设置计量校核点。

网调直调电厂的计量点设置在发电厂的线路出线侧，考核点设置在受电侧；省际联络线关口计量点原则上设置在送电侧，考核点设置在受电侧。关口表计信息具备通过调度数据网上送网调和省调的能力。

110kV及以上电压等级线路及主变压器三侧电能表宜独立配置；500kV变电站的35kV电容器、电抗器、站用变压器宜采用保护、测控、计量多合一装置；220kV变电站的35（10）kV电容器、电抗器、站用变压器、非关口点线路宜采用保护、测控、计量多合一装置。

500kV变电站采用多功能电子式电能表；关口点采用多功能电子式电能表；其余电能表宜选用数字式电能表。多功能电子式电能表采集模拟量，数字式电能表采集数字量。

全站配置1套省调电能量远方终端，以串口方式采集各电能表信息，同时通过DL/T 860规约从间隔层网络获取保护、测控、计量多合一装置的电能量计量信息，并通过电力调度数据网与电能量主站通信。

4.2.4 向量测量装置

500kV变电站、220kV枢纽变电站、电网薄弱点、新能源发电汇集站均应部署相量测量装置。

500kV变电站相量测量装置主要监测500kV及220kV线路、主变压器高压侧及中压侧的三相电流和三相电压；枢纽变电站、汇流站相量测量装置主要监测并网点的三相电流和三相电压。

相量测量装置包括相量集中器和相量采集装置，采用全站统一授时源。

相量集中器应双重化配置，采用双机单网方式接入调度数据网双平面。

相量采集装置应单套配置，500kV变电站500kV电压等级的相量采集装置采用模拟量采样，220kV电压等级的相量采集装置宜网络采样。

4.2.5 全站时钟同步系统

变电站配置1套公用的时间同步系统，主时钟应双重化配置。支持双北斗系统单向标准授时信号，时间同步精度和守时精度满足站内所有设备的对时精度要求。

时间同步系统对时或同步范围包括监控系统站控层设备、保护及故障信息管理子站、保护装置、测控装置、故障录波装置、故障测距、相量测量装置、智能终端、合并单元及站内其他智能设备等。

4.3 变电站自动化系统

4.3.1 一般规定

自动化系统按一体化监控系统模式建设。设备配置和功能满足无人值班运行要求。

自动化系统应实现智能告警及事故信息综合分析决策、顺控及智能操作票、状态检修、智能防误、电压无功自动分析控制、告警直传及远程浏览、同步对时、状态监测等高级应用功能。

系统采用开放式分层分布式网络结构，按"三层三网"体系构建，实现站控层、间隔层、过程层二次设备互操作。

变电站自动化系统具有与电力调度数据网的接口，软件、硬件配置应能支持联网的网络通信技术以及通信规约的要求。

4.3.2 硬件配置

4.3.2.1 站控层设备

站控层负责变电站的数据处理、集中监控和数据通信，包括监控主机、数据通信网关机、数据服务器、综合应用服务器、工业以太网交换机及打印机等。

监控主机双重化配置，负责站内各类数据的采集、处理，实现站内设备的运行监视、操作与控制、信息综合分析及智能告警，集成防误闭锁操作工作站和保护信息子站等功能。

Ⅰ区数据通信网关机集成图形文件网关机功能，双重化配置，直接采集站内数据，通过调度数据网通道向调度（调控）中心传送实时信息，同时接收调度（调控）中心的操作与控制命令。采用专用独立设备，无硬盘、无风扇设计。

Ⅱ区数据通信网关机单套配置，实现Ⅱ区数据向调度（调控）中心的非实时数据传输，具备远方查询和浏览功能。

Ⅲ/Ⅳ区数据通信网关机单套配置，实现与PMS、输变电设备状态监测等其他主站系统的信息传输。

综合应用服务器单套配置，接收站内一次设备在线监测数据、站内辅助应用、设备基础信息等，进行集中处理、分析和展示。

数据服务器单套配置，用于变电站全景数据的集中存储，为站控层设备和应用提供数据访问服务。

4.3.2.2 间隔层设备

间隔层包括继电保护装置、故障录波装置、测控装置、网络分析记录装置、相量测量装置、故障测距装置、电能量远方终端等设备。

220kV及以上电压等级按断路器间隔配置单套测控装置，110kV及以下电压等级按断路器间隔配置保护测控集成装置；每台主变压器配置1台本体测控装置；不同电压等级的母线分别配置母线测控装置；按电压等级及设备布置配置公用测控装置。

网络报文记录分析装置由网络报文记录装置和网络报文分析装置构成。网络报文记录装置按双重化配置，每套记录装置采集站控层、间隔层及过程层网络报文信息，将报文信息送至网络报文分析装置集中分析处理。

4.3.2.3 过程层设备

过程层设备包括合并单元、智能终端、合并单元智能终端集成装置等。

（1）合并单元。500kV变电站不配置合并单元。220kV变电站线路、母联断路器、分段及主变压器220kV侧合并单元按双重化配置；220、110kV双母线、双母单分段接线，按双重化配置2台母线合并单元，220kV双母双分段接线，每段双母线按双重化各配置2台母线合并单元。

（2）智能终端。500（220）kV电压等级、500kV主变压器35kV侧每台断路器按双重化配置智能终端。主变压器本体智能终端宜单套配置，集成非电量保护功能。每段母线按单套配置智能终端。

（3）合并单元智能终端集成装置220kV主变压器110kV及35（10）kV侧按双重化配置合并单元智能终端集成装置。110kV线路、母联断路器间隔按单套配置合并单元智能终端集成装置。500kV变电站35kV断路器间隔（主变压器35kV侧除外）宜单套配置合并单元智能终端集成装置。

4.3.2.4 网络设备

自动化系统按"三层三网"设置站控层网络、间隔层网络和过程层网络。

（1）站控层网络。采用双星形结构，交换机电、光口数量分别满足站控层设备接入及组网需求。

（2）间隔层网络。采用双星形结构，间隔层网络交换机数量满足远期规模需求。

（3）过程层网络。500kV及220kV电压等级采用双星形结构，110kV电压等级采用单星形结构。一个半断路器接线按串配置交换机，每串宜按双重化共配置2台过程层交换机。220kV电压等级过程层交换机宜按间隔配置；GOOSE、SV采样共网设置，1个间隔按双重化配置2台交换机。110kV电压等级过程层交换机宜按间隔配置；GOOSE、SV采样共网设置，每2个间隔配置1台交换机。宜按电压等级双重化配置过程层中心交换机。

4.3.3 软件配置

500kV及220kV变电站所有服务器及通信网关机应采用安全操作系统。

4.4 电气二次部分

4.4.1 一体化电源

500kV变电站中的一体化电源系统由站用交流电源、直流电源、交流不间断电源（UPS）等装置组成，并统一监视控制，共享直流电源的蓄电池组。

220kV变电站中的一体化电源系统由站用交流电源、直流电源、交流不间断电源（UPS）、直流变换电源（DC/DC）等装置组成，并统一监视控制，共享直流电源的蓄电池组。

一体化电源系统设总监控装置。

（1）交流电源。采用单母线分段接线，站内重要负荷分别接在两段母线上，以保证供电可靠性。站用电采用按工作变压器划分的单母线。相邻两段工作母线间可配置联络断路器，宜同时供电分列运行，并装设自动投切装置，且母线故障时应闭锁备自投保护。

（2）直流电源。

1）500kV操作直流电源额定电压采用110V。220kV操作直流电源额定电压采用220V。

2）直流电源采用两段单母线接线方式。500kV变电站中的直流电源应装设2组阀控式铅酸蓄电池组和3组高频开关充电器。220kV变电站中的直流电源宜装设2组阀控式铅酸蓄电池组和2组高频开关充电器。

3）直流电源采用主分屏（柜）两级供电方式，辐射型供电，在负荷集中区设置直流分屏（柜）。

4）蓄电池采用组架安装方式布置于专用蓄电池室，两组蓄电池之间应设防火隔墙。

（3）交流不停电电源。

1）变电站应配置两套交流不停电电源系统（UPS），主机采用分列运行方式。

2）UPS宜为单相输出，输出的配电屏（柜）馈线应采用辐射状供电方式。

（4）通信电源。

1）通信电源的额定电压采用-48V。

2）220kV变电站站内设2套独立的DC/DC转换电源，引自站内不同直流母线段电源，输出的馈线应采用辐射状供电方式。

3）500kV变电站通信电源独立设置，蓄电池室独立设置。

4.4.2 元件保护

（1）主变压器保护。主变压器电量保护按双重化配置，每套保护包含完整的主、后备保护功能；非电量保护单套配置，与本体智能终端一体化设计。

（2）高压并联电抗器保护。高压并联电抗器电量保护按双重化配置，每套保护包含完整的主、后备保护功能；非电量保护单套配置，与本体智能终端一体化设计。

（3）35kV元件保护。35（10）kV线路、分段、接地（站）变压器、电容器、电抗器保护按间隔单套配置，非关口点线路、接地（站）变压器、电容器、电抗器、分段应采用保护、测控、计量多合一装置。

4.4.3 一次设备状态监测

（1）监测对象及监测参量。主变压器及高压并联电抗器监测油中溶解气体。220kV及以上电压等级金属氧化物避雷器监测泄漏电流、放电次数。主变压器及高压组合电器（GIS/HGIS）预留局部放电监测接口。

（2）系统构成。一次设备状态监测系统宜采用分层分布式结构，由传感器、状态监测IED、后台系统构成，后台主机功能利用综合应用服务器实现。

1）状态监测IED配置。状态监测IED宜按照电压等级和设备种类进行配置。每台主变压器配置1只状态监测IED。220、500kV按电压等级配置避雷器状态监测IED，每个电压等级配置1只状态监测IED。

2）后台系统配置。后台系统应按变电站对象配置，全站应共用统一的后台系统，功能由综合应用服务器整合。

3）通信及接口要求。传感器与状态监测IED间宜采用总线方式传输模拟量。状态监测IED之间或状态监测IED与后台系统间宜按照DL/T 860通信规约。一次设备状态监测信息应上送至省调主站及电科院主站，分别采用DL/T 860规约及I2规约。

4.4.4 智能辅助控制

全站设置1套智能辅助控制系统，包括智能辅助控制系统监控平台、图像监视及安全警卫子系统、火灾自动报警及消防子系统、环境监测子系统等。

智能辅助控制系统不配置独立后台系统，利用综合应用服务器实现智能辅助控制系统的数据分类存储分析、智能联动功能。实际工程中有配置辅控主机。

智能辅助控制系统应能实现各子系统之间的联动控制功能，包括火灾消防、环境监测、报警等相关设备联动。

4.4.5 互感器配置

4.4.5.1 电流互感器配置要求

保护用电流互感器的配置应避免出现主保护死区。

500kV断路器两套保护宜共用电流互感器二次绕组，其他双重化配置的两套保护应分别接入电流互感器的不同二次绕组；220kV线路保护、母联（分段）保护与母线保护宜共用电流互感器二次绕组；故障测距装置宜与合并单元串接共用保护用二次绕组。

500kV变电站中的电流互感器二次额定电流应采用1A，220kV变电站中的电流互感器二次额定电流宜采用5A或1A。

测量、计量共用电流互感器宜共用二次绕组，绕组准确级应采用0.2S级。

保护用的电流互感器准确级：500kV线路保护、母线保护、主变压器保护宜采用能适应暂态要求的TPY类电流互感器；220kV线路保护、母线保护可采用P类电流互感器，但其暂态系数不宜低于2；失灵保护应采用P类电流互感器。P类保护用电流互感器的准确限值系数宜为5%的误差限值要求。

4.4.5.2 电压互感器配置要求

三相电压互感器，母线可装设单相电压互感器；主变压器220kV侧宜装设三相电压互感器，220kV出线宜装设单相电压互感器，也可装设三相电压互感器，母线装设三相电压互感器；35（10）kV母线宜装设三相电压互感器。

双重化配置的两套保护电压回路应分别接入电压互感器的不同二次绕组。

电压互感器二次负荷在参照国家电网公司通用设计参数的原则下根据实际负荷需要选择。计量用电压互感器的准确级，最低要求选0.2级；保护、测量共用电压互感器的准确级为0.5（3P）。

4.4.6 二次设备的接地、防雷、抗干扰

4.4.6.1 接地

控制电缆的屏蔽层两端应可靠接地。

所有敏感电子装置的工作接地不应与安全地或保护地混接。

主控室、二次设备室、敷设二次电缆的沟道、就地端子箱及保护用结合滤波器等处，使用裸铜排敷设的等电位接地网。

有电联系的电压互感器二次侧的接地应仅在1个控制室或继电器室相连一点接地。为保证接地可靠，各电压互感器的中性线不得接有可能断开的断路器或熔断器等。

公用电流互感器二次绕组二次回路只允许且必须在相关保护屏（柜）内一点接地。独立的、与其他电压互感器和电流互感器的二次回路没有电气联系的二次回路在开关场一点接地。

4.4.6.2 防雷

必要时，在各种装置的交、直流电源输入处设电源防雷器。

通信设备的防雷和过电压能力应满足《电力系统通信站过电压防护规程》（DL/T 548—2012）的要求。

4.4.6.3 抗干扰

微机型继电保护装置所有二次回路的电缆均应使用屏蔽电缆。

交流电流和交流电压回路、交流和直流回路、强电和弱电回路，以及来自开关场电压互感器二次的4根引入线和电压互感器开口三角绕组的2根引入线均应使用各自独立的电缆。

双重化配置的保护装置、母差和断路器失灵等重要保护的启动和跳闸回路均应使用各自独立的电缆。

保护装置24V开入电源不出保护室，以免引起干扰。

经过配电装置的通信网络连线均采用光纤介质。

4.4.7 线缆敷设

光缆敷设可采用槽盒、桥架或支架敷设方式。220kV变电站宜采用槽盒或桥架敷设方式并辅以穿管敷设方式。500kV变电站户外金属铠装光缆宜采用支架敷设，户外非金属铠装及不带铠装光缆宜穿管敷设；户内光缆宜采用槽盒敷设。

预制舱体内部应设置配电箱、开关面板、插座等，舱内所有线缆均应采用暗敷方式。预制舱体应设置两个进线口，宜采用两端进线。电缆宜直接从舱内各柜体引至舱外。舱内宜采用下走线方式，舱底部设置槽盒，不设置槽盒盖。预制舱体内宜设置集中接线柜实现对外光缆接线即插用。

4.4.8 组柜原则

（1）站控层设备组屏（柜）原则：2套主机兼操作员工作站组1面屏（柜）；数据服务器组1面屏（柜）；2套Ⅰ区数据通信网关机组1面屏（柜）；Ⅱ、Ⅲ/Ⅳ区数据通信网关机组1面屏（柜）；综合应用服务器组1面屏（柜）。

（2）间隔层设备组屏（柜）原则。

1）500kV电压等级：线路保护1组1面屏；线路保护2组1面屏（柜）；断路器保

护1+断路器保护2+测控共组1面屏（柜）；电能表集中组屏（柜）。关口计量装置应独立组屏（柜）；每段母线两套母线保护组1面屏（柜）；500kV过程层中心交换机与500kV母线保护共同组屏（柜）；保护用通信接口装置应单独组屏（柜）。

2）220kV电压等级：户外站线路保护1+线路保护2+测控+交换机1、2共组1面屏（柜）。户内站线路保护1+线路保护2+测控+交换机1、2安装入GIS智能汇控柜；电能表集中组屏（柜）；220kV每套母线保护组1面屏（柜）；户外站220kV每两套母联（分段）保护+母联（分段）测控+交换机1、2共组1面屏（柜），户内站母联（分段）保护1+母联（分段）保护2+测控+交换机1、2安装入GIS智能汇控柜；220kV过程层中心交换机与220kV母线保护共同组屏（柜）；保护用通信接口装置应单独组屏（柜）。

3）110kV电压等级：户外站线路1保测+线路2保测+交换机共组1面屏（柜）。户内站线路保测下方安装至本间隔GIS智能汇控柜母联（分段）1保测+母联（分段）2保测+交换机共组1面屏（柜）。户内站母联（分段）保测下方安装至本间隔GIS智能汇控柜。电能表集中组屏（柜）。每套母线保护+交换机组1面屏（柜）。

4）35（10）kV电压等级。500kV变电站按4台电容器（电抗器）保测计一体化装置组1面屏（柜）。500kV变电站按站用变压器保测计一体化装置组1面屏（柜）。220kV变电站间隔保测计一体化装置下放布置于开关柜内。220kV变电站电能表（如有）下放布置于开关柜内。

5）主变压器。主变压器保护1+交换机1、2共组1面屏（柜）。主变压器保护2+交换机3、4共组1面屏（柜）。500kV主变压器中低压侧及本体测控组1面屏（柜），也可根据小室布置组屏（柜）；220kV主变压器各侧测控装置组1面屏（柜）。主变压器电能表单独组屏（柜）。

6）故障录波器。每1~2套故障录波装置组1面屏（柜）。

7）故障测距。每套故障测距装置组1面屏（柜）。

（3）过程层设备组屏（柜）原则。

1）智能组件布置于就地智能控制柜内（220kV主变压器低压侧除外）。

2）220kV主变压器低压侧智能组件布置于就地开关柜内。

3）GIS、HGIS配电装置的智能控制柜宜与汇控柜一体化设计。

（4）网络设备组屏（柜）原则。

1）网络柜按照4~6台交换机原则进行组屏（柜）。

2）站控层交换机和过程层交换机宜分开组屏（柜）。

3）间隔层网络交换机根据小室数量和规模在继电器室相应设置网络交换机屏（柜）。

4）500kV电压等级过程层网络交换机按串组屏（柜），220kV电压等级及其他过程层网络交换机分散组屏（柜）。

（5）其他二次设备组屏（柜）原则。

1）网络记录分析装置：根据规模配置2面屏（柜）。

2）时钟同步系统：设主时钟屏（柜）1面，根据小室数量在小室相应配置扩展时钟装置屏（柜）。

3）电能量计量：计费关口表每6块表计组一面屏（柜），计费关口表共同组屏（柜）。

4）相量测量装置：设相量主机屏（柜）1面，根据小室数量在小室相应增加相量测量屏（柜），对于全站只有一个二次设备室的变电站也可将相量测量装置组于相量主机屏（柜）中。

5）调度数据网设备：组2面屏（柜），电能量采集终端宜与数据网设备共同组屏（柜）。

6）设备状态监测：状态监测IED布置于就地智能控制柜。

7）智能辅助控制：视频服务器及辅件组1面屏（柜）。

4.4.9 屏位布置

（1）电气二次设备屏（柜）的统一要求。根据配电装置型式选择不同型式的屏柜，GIS汇控柜宜与户外智能控制柜统一组柜。

1）户内二次系统设备屏（柜）。户内二次系统设备屏（柜）的外形尺寸宜采用2260mm×800mm×600mm（高×宽×深，高度中包含60mm眉头）。户内二次系统设备屏（柜）结构为前后开门、垂直自立，前门宜为玻璃门（通信设备屏柜除外）。通信设备屏（柜）前、后门均应采用网孔门。户内二次系统设备屏（柜）体颜色应全站统一。

2）预制舱式二次组合设备。舱体尺寸应综合考虑舱内二次设备屏柜数量、屏柜尺寸、舱体维护通道、运输条件等确定。按舱体尺寸可选择Ⅰ、Ⅱ、Ⅲ型舱，当站内布置、设备运输条件受限时，预制舱的宽度也可依据相关标准调整。舱内二次设备屏柜尺寸应满足最新的国家电网有限公司要求。舱内屏柜外观形式、颜色统一，屏柜名称、厂家名称等标识位置、字体、高度应保持一致。

3）户外智能控制屏（柜）。户外智能控制屏（柜）体颜色应全站统一。户外智能控制屏（柜）应满足以下要求：宜采用双层不锈钢结构，内层密闭，夹层通风，至少达到IP55防护等级；宜具有散热和加热除湿装置，在温/湿度传感器达到预设条件时启动；柜内部的环境能够满足智能终端等二次元件的长年正常工作温度、电磁干扰、防水防尘条件，不影响其运行寿命。

（2）电气二次设备布置原则。

1）新建工程应按工程远期规模规划并布置二次设备室，设备布置应遵循功能统一明确、布置简洁紧凑的原则，并合理考虑预留屏位。

2）站控层设备组屏（柜）布置在公用二次设备室。通信机房不独立设置，布置在公用二次设备室。

3）过程层设备分散布置于配电装置场地智能控制柜内。

4）对于HGIS、GIS设备，智能控制柜与HGIS、GIS汇控柜应一体化设计。

5）二次设备室应尽可能避开强电磁场、强振动源和强噪声源的干扰，还应考虑防尘、防潮、防噪声，并符合防火标准。

6）模块化建设的变电站，舱内柜可采用双列布置，接线形式可采用前接线、前显示式。舱内宜设置集中接线屏（柜）。每个预制舱体内宜预留1~3面备用屏位置。

（3）二次设备室设置原则。

1）500kV配电装置宜按2~4串设置一个继电器小室，当500kV配电装置采用GIS时，可相对集中布置，按4~5串设置一个继电器小室。

2）500kV变电站在靠近主变压器和无功补偿装置处，可设置主变压器和无功补偿装置继电器室，也可与220kV共用继电器小室。

3）模块化建设的变电站应结合总平面和工程建设规模，设置预制舱式二次组合设备舱体及1间二次设备室。非模块化建设的变电站全站设置1间二次设备室。

4.5 系统及站内通信

系统及站内通信是变电站运行和设备状态监测的重要手段，可以实现传递电能信息、网络控制、数据处理与分析等功能，是电力系统的重要组成部分，为安全可靠的电力输送提供了保障，同时也为智能化管理和运营提供了支持。

4.5.1 系统通信

4.5.1.1 总体原则

光纤通信电路的设计，应结合通信网现状、工程实际业务需求及各级公司通信网规划进行。二级骨干传输网（简称二级网）已建成 GW-A1、GW-A2 双网，均采用 SDH 技术体制；省公司三级骨干传输网（简称三级网）已建成 SW-A1、SW-A2 和 SW-B 三张电力通信网，A 网采用 SDH 技术体制，B 网采用 OTN 技术体制；各市公司四级骨干传输网（简称四级网）均已建成 DW-A1、DW-A2 双网，均采用 SDH 技术体制。现阶段，安徽省内 110kV 及以下变电站宜按单套配置四级网设备；220kV 变电站宜按双套配置四级网设备；500kV 变电站宜分别按双套配置二、三、四级网设备。

线路光缆类型以 OPGW 为主，光缆纤芯类型宜采用 G.652 光纤。对于同输电走廊架设多条同塔双回线路的光缆区段，不宜过度考虑光缆冗余，应统筹路由需求，避免路由资源重复配置。对于多级通信网共用光缆区段，以及入城光缆、过江大跨越光缆等，应适当扩充光缆纤芯容量。

4.5.1.2 光缆架设方案

（1）新建 35kV 架空线路应至少建设 1 根 OPGW 或 ADSS 光缆；沟（管）道或直埋线路敷设非金属阻燃光缆等普通光缆；每根光缆芯数不少于 24 芯。宜随新建 35kV 电力线路建设光缆，满足 35kV 变电站至相关调度单位应具备 1 条及以上独立光缆通道的要求。B 类及以上供电区域的 35kV 变电站应至少具备 2 条独立出局光缆路由。

（2）新建 110kV 架空线路应至少建设 1 根 OPGW 光缆，沟（管）道或直埋线路敷设非金属阻燃光缆等普通光缆，每根光缆芯数不少于 48 芯。宜随新建 110kV 电力线路建设光缆，满足 110kV 变电站至相关调度单位应具备 2 条及以上独立光缆通道的要求。110kV 变电站通信机房应至少具备 2 条独立路径入机房的光缆敷设通道（沟管、竖井、桥架等）。

（3）新建 220、500kV 架空线路应建设 2 根 OPGW 光缆，沟（管）道或直埋线路敷设非金属阻燃光缆等普通光缆，每根光缆纤芯数不少于 72 芯；电铁供电、用户、电厂送出等线路单光缆芯数不宜超过 48 芯。宜随新建 220、500kV 电力线路建设光缆，满足 220kV 变电站、500kV 变电站至相关调度单位应具备 2 条及以上独立光缆通道的要求。变电站应具备两条及以上完全独立的光缆敷设沟道（竖井），同一方向的多条光缆或同一传输系统不同方向的多条光缆应避免同路由敷设进入通信机房。

（4）根据《电力系统通信光缆安装工艺规范》（Q/GDW 10758）要求，光缆进站引下应三点接地，接地点分别在进站门构架顶端、最下端固定点（余缆前）和光缆末端，通过匹配的专用接地线可靠接地，其余部分应与构架绝缘。OPGW 光缆接续盒门构架安装图见图 4.5-1。

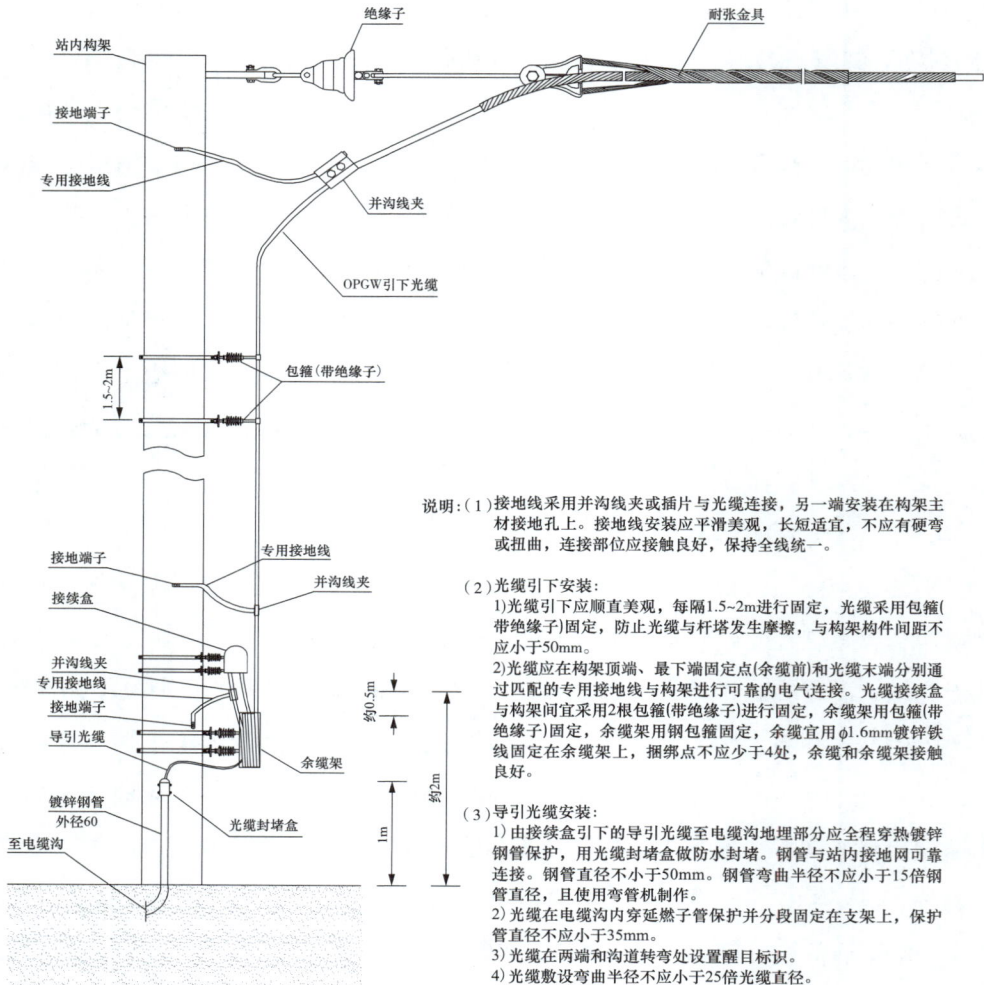

图4.5-1 OPGW光缆接续盒门构架安装图

说明：(1)接地线采用并沟线夹或插片与光缆连接，另一端安装在构架主材接地孔上。接地线安装应平滑美观，长短适宜，不应有硬弯或扭曲，连接部位应接触良好，保持全线统一。

(2)光缆引下安装：
1)光缆引下应顺直美观，每隔1.5~2m进行固定，光缆采用包箍(带绝缘子)固定，防止光缆与杆塔发生摩擦，与构架构件间距不应小于50mm。
2)光缆应在构架顶端、最下端固定点(余缆前)和光缆末端分别通过匹配的专用接地线与构架进行可靠的电气连接。光缆接续盒与构架间宜采用2根包箍(带绝缘子)进行固定，余缆架用包箍(带绝缘子)固定，余缆架用钢包箍固定，余缆宜用φ1.6mm镀锌铁线固定在余缆架上，捆绑点不应少于4处，余缆和余缆架接触良好。

(3)导引光缆安装：
1)由接续盒引下的导引光缆至电缆沟地埋部分应全程穿热镀锌钢管保护，用光缆封堵盒做防水封堵。钢管与站内接地网可靠连接。钢管直径不小于50mm。钢管弯曲半径不应小于15倍钢管直径，且使用弯管机制作。
2)光缆在电缆沟内穿延燃子管保护并分段固定在支架上，保护管直径不应小于35mm。
3)光缆在两端和沟道转弯处设置醒目标识。
4)光缆敷设弯曲半径不应小于25倍光缆直径。

4.5.1.3 光传输设备配置

（1）35kV变电站应按调度关系及地区通信网络规划要求建设相应的光传输系统，光传输系统的传输速率应满足本站各类业务需求及规划发展要求。通常配置1套四级网光传输设备。

（2）110kV变电站应按调度关系及地区通信网络规划要求建设相应的光传输系统，光传输系统的传输速率应满足本站各类业务需求及规划发展要求。通常配置1套四级网光传输设备。

（3）220kV变电站应按调度关系及地区通信网络规划要求建设相应的光传输系统，光传输系统的传输速率应满足本站各类业务需求及规划发展要求。SDH传输设备宜满足保护装置复用2Mbit/s光接口接入要求。通常配置2套四级网光传输设备。

（4）500kV变电站应按调度关系及各级通信网络规划要求建设相应的光传输系统，光传输系统的传输速率应满足本站各类业务需求及规划发展要求。SDH传输设备宜满足保护装置复用2Mbit/s光接口接入要求。通常配置2套二级网光传输设备、2套三级网光传输设备和2套四级网光传输设备。三级网OTN设备根据项目需求配置。

4.5.1.4 线路保护通道组织

（1）双重化配置的220kV线路保护及安全自动装置，每套装置双通道配置时，所对应的4路通信通道应至少配置两条独立的通信路由，通道条件具备时，宜配置三条独立的通信路由。

（2）双重化配置的500kV线路保护及安全自动装置，每套装置双通道配置时，所对应的4条通信通道原则上要求具备三条独立的通信路由。

4.5.2 站内通信

4.5.2.1 调度及行政电话

（1）35kV变电站、110kV变电站不设置程控调度交换机。变电站调度电话交换网现阶段采用分组交换技术体制，可采用"IP用户板+IAD设备""E1用户板+E1集线盒+E1混合接入设备"和"光电一体机"三种技术。行政交换IAD接入设备根据业务接入需要配置并满足相关业务要求。可安装1路市话作为备用。通常调度及行政交换网接入设备分别按单套配置。

（2）220kV变电站。220kV变电站可不设置程控调度交换机。调度电话交换网现阶段采用分组交换技术体制，可采用"IP用户板+IAD设备""E1用户板+E1集线盒+E1混合接入设备"和"光电一体机"三种技术。行政交换IAD接入设备根据业务接入需要配置并满足相关业务要求。可安装1路市话作为备用。调度IAD接入设备通常按双套配置。调度E1混合接入设备或光电一体机通常按单套配置。行政IAD接入设备通常按单套配置。

（3）500kV变电站。500kV变电站通常配置1套调度程控交换设备（含1套调度程控交换机、1套录音系统和2套调度台等），宜配置1路公网通信电话。其中，调度程控交换机应采用模块化结构，其公用部分应采用冗余配置、热备份方式工作，一般按双重化配置。行政交换IAD接入设备根据业务接入需要配置并满足相关业务要求。

4.5.2.2 综合数据网

综合数据网是电力通信网络的重要组成部分，是承载管理信息大区（三区、四区）业务的唯一通用数据网平台。综合数据网包括骨干网、接入网、业务网（业务CE及以下网络）三级网络架构，覆盖公司总部、分部、省市县公司、直属单位、各级变电站、供电所、营业厅等生产场所及办公区域。

（1）35kV变电站、110kV变电站宜配置1套综合数据网PE设备，宜采用双上联方式接入地市公司接入网汇聚层。站内宜配置1套通信CE设备和1套信息CE设备。

（2）220kV变电站应根据需求配置综合数据网PE设备，通常作为汇聚节点，处于关键位置时，宜按双设备配置，以"口"字形方式上联地市公司接入网核心层。站内宜配置1套通信CE设备和1套信息CE设备。

（3）500kV变电站应根据需求配置综合数据网PE设备，通常作为汇聚节点，宜按双设备配置，以"口"字形方式上联地市公司接入网核心层。站内宜配置1套通信CE设备和1套信息CE设备。

4.5.2.3 通信电源

（1）35kV变电站、110kV变电站、220kV变电站通信电源宜由站内一体化电源系统实现。

（2）500kV变电站应设置2套独立的通信专用电源，采用−48V高频开关电源。−48V高频开关整流模块数量不应少于3块且符合$N+1$冗余配置原则，容量应在模块数量为N的情况下大于本套高频开关电源蓄电池组容量的20%与通信站总负载容量之和。通信蓄电池组供电后备时间一般按不小于4h配置。每套通信电源应有两路独立交流输入，互为备用，分别取自不同母线，并具备自动切换功能。

4.5.2.4 通信屏柜布置

（1）35kV变电站通信设备宜与二次设备统一布置，通信设备屏位本期宜设置2～3面，预留2～4面。

（2）110kV变电站通信设备宜与二次设备统一布置，通信屏位本期宜设置4～5面，预留3～8面。

（3）220kV变电站通信设备宜与二次设备统一布置，通信屏位本期宜设置7～10面，预留13～20面。

（4）500kV变电站通信设备宜与二次设备统一布置，通信屏位本期宜设置17～20面，预留23～28面。当与二次设备统一布置在公用二次设备室时，通信设备屏位应连续布置。

4.5.2.5 动力环境监测系统

（1）35kV变电站、110kV变电站、220kV变电站通信设备的环境监测功能由站内辅助监控系统统一考虑。

（2）500kV变电站宜配置1套独立的通信动力环境监测子站系统，信息接入通信动环主站。

4.5.2.6 新型合页式光缆套管封堵保护装置

该装置用于变电站OPGW光缆引下线进入保护管接口处，作为线路侧与变电站通信机房的连接点。采用双层对开合页式结构，选用铸造铝合金外壳和硅橡胶内衬垫新型材质，以双孔开口入缆和螺栓紧固方式，保证良好阻水密封性能，具有较好的机械强度和耐腐蚀性，安装统一美观，安全可靠。

变电站OPGW光缆引下线套管封堵保护装置见图4.5-2。

图4.5-2　变电站OPGW光缆引下线套管封堵保护装置

第5章 变电土建

5.1 站址选择

（1）变电站站址位置应与当地城镇规划、工业区规划、自然保护区规划或旅游规划区规划相协调，不得将站址建在已有滑坡、泥石流、大型溶洞、矿产采空区等地质灾害地段，站址不宜压覆矿产及文物，应避免与军事、航空和通信设施的相互干扰，站外交通应满足大件设备运输要求，应充分利用就近的生活、文教、卫生、交通、消防、给排水等公用设施。

对于山区等特殊地形地貌的变电站，其站址选择应考虑地形、山体稳定、边坡开挖、洪水及内涝的影响。在有山洪及内涝影响的地区建站，宜充分利用当地现有的防洪、防涝设施。

（2）变电站应根据工艺布置要求以及施工、运行、检修和生态环境保护需要，结合站址自然条件按最终规模统筹规划，近远期结合，以近期为主。分期建设时，应根据负荷发展要求，合理规划，分期或一次征用土地。

（3）变电站附近有污染源时，站址选择应根据污染源种类和全年盛行风向，避开对站区的不利影响。

（4）变电站位置应具备可靠的水源，饮用水的水质应符合国家饮用水卫生标准。变电站的生产废水、雨水及生活污水应符合国家或地方排放标准。

5.2 总平面布置

5.2.1 总平面布置原则

（1）变电站的总平面布置按最终规模征地、分期建设，不宜堵死扩建的可能。

（2）总平面布置应在总体规划的基础上，根据建设规模、站区功能分区、交通运输、环境保护，以及消防、安全、卫生、节能、施工、检修、扩建等要求，结合场地自然条件，经技术经济比较后择优确定。

（3）总平面布置应节约集约用地，提高土地利用率，减少站外带征地和站内空置场地。

5.2.2 站内道路

（1）站内道路宜采用环形、T形道路，变电站大门宜面向站内主变压器运输道路。变电站大门及道路的设置应满足主变压器、大型装配式预制件等整体运输的要求。

（2）占地面积大于3000m²的单、多层丙类厂房应至少沿建筑的两条长边设置消防车道，消防车道边缘距离建筑物外墙不宜小于5m。

（3）站内主要环形消防道路路面宽度宜为4m。

（4）35kV及110kV变电站主变压器运输道路宽度为4m、转弯半径不小于9m；消防道路宽度为4m、转弯半径不小于9m；检修道路宽度为3m、转弯半径不小于7m。

（5）220kV变电站站内主变压器运输道路宽度为4.5m、转弯半径不小于12m；消防道路宽度为4m、转弯半径不小于9m；检修道路宽度为3m、转弯半径不小于7m。

（6）500kV变电站主变压器运输道路宽度为5.5m、转弯半径不小于12m，三相一体主变压器转弯半径不小于15m；高压并联电抗器运输道路及消防道路宽度为4m、转弯半径不小于9m；检修道路宽度为3m、转弯半径不小于7m。

（7）站内道路宜采用公路型道路，湿陷性黄土、具有溶陷性的盐渍土和膨胀土等对雨水敏感的场地宜采用城市型道路。路面可采用混凝土路面或沥青混凝土路面等。采用公路型道路时，路面边缘宜高于场地设计标高100mm。

5.2.3 场地处理

变电站场坪应因地制宜采用碎石地坪，雨水充足地区也可采用简易绿化等地坪，但不应设置浇灌管网等绿化设施。

5.2.4 竖向设计

（1）竖向设计的形式应综合考虑站区地形、场地及道路允许坡度、站区排水方式、土石方平衡等条件来确定，场地的地面坡度不宜小于0.5%。

（2）220kV以下电压等级的变电站站区场地设计标高应高于50年一遇洪最高内涝水位；220kV及以上电压等级的变电站，站区场地设计标高应高于百年一遇洪水位或历史最高内涝水位。其他沿江、河、湖、海等受风浪影响的变电站，防洪设施标高还应考虑频率为2%的风浪高和0.5m的安全超高。

（3）变电站站内场地设计标高宜高于或局部高于站外自然地面，以满足站区场地排水要求。

（4）站区竖向布置应合理利用自然地形，根据工艺要求、站区总平面布置格局、交通运输、雨水排放方向及排水点、土（石）方平衡等综合考虑，因地制宜确定竖向布置形式，尽量减小边坡用地、场地平整土（石）方量、挡土墙及护坡等工程量，并使场地排水路径短而顺畅。

1）站区竖向布置一般应考虑站内外（包括进站道路、基槽余土、防排洪设施等）挖填土（石）方综合平衡的前提下，宜使站区场地平整土（石）方量最小。

2）山区、丘陵地区变电站的竖向布置，在满足工艺要求的前提下应合理利用地形，适当采用阶梯式布置，尽量避免深挖厚填并确保边坡的稳定。

（5）位于膨胀土地区的变电站，其竖向设计宜保持自然地形，避免大挖大填；位于湿陷性黄土地区的山前斜坡地带的变电站，站区宜尽量沿自然等高线布置，填方厚度不宜过大。

（6）变电站建筑物室内地坪应根据站区竖向布置形式、工艺要求、场地排水和土质条件等因素综合确定。建筑物室内地坪不应低于室外地坪0.3m。

（7）场地设计综合坡度应根据自然地形、工艺布置（主要是户外配电装置形式）、土质条件、排水方式和道路纵坡等因素综合确定，宜为0.5%~2%，有可靠排水措施时，可小于0.5%，但应大于0.3%。局部最大坡度不宜大于6%，必要时宜有防冲刷措施。户外配电装置平行于母线方向的场地设计坡度不宜大于1%。

（8）站内外道路连接点标高的确定应便于行车和排水。站区出入口的路面标高宜高于站外路面标高。否则，应有防止雨水流入站内的措施。

（9）站区自然地形坡度在5%~8%以上，且原地形有明显的坡度时，站区竖向布置宜采用阶梯式布置（大型变电站场地面积大宜取下限值，反之取上限值）。

5.3 建筑设计

5.3.1 建筑设计原则

（1）站内建筑应按工业建筑标准设计，应统一标准、统一风格布置，方便生产运行，并做好建筑"四节（节能、节地、节水、节材）一环保"工作。

（2）建筑物布置应合理紧凑、分区明确、流程清晰，在满足工艺要求和总布置的前提下，优先布置成单层建筑。

（3）建筑材料上宜选用节能、环保、经济、合理的材料，标准集约、节能环保。

（4）建筑物应设置合理的室内外高差，配电装置室等站内生产建筑物室内标高不宜低于室外场地标高0.45m，辅助用房建筑室内标高不宜低于室外场地标高0.30m。

5.3.2 建筑功能配置与布置原则

（1）建筑物按无人值班运行设计，仅设置生产用房及辅助用房。

（2）生产用房依据电压等级及功能需求设置。

（3）辅助用房具备休息、备餐、卫生间等功能。

（4）35kV变电站设有配电装置室、辅助用房等建筑物。

（5）110kV全户内变电站生产用房设有配电装置楼（室），包括主变压器室、110kV GIS配电装置室、35（10）kV配电装置室、电抗器室、接地变压器消弧线圈室、电容器室、站用变压器室、二次设备室、蓄电池室、安全工具间、资料室（兼应急操作室）等。110kV半户内变电站生产用房设有配电装置楼，包括110kV GIS配电装置室、35（10）kV配电装置室、电抗器室、电容器室、接地变压器消弧线圈室、站用变压器室、二次设备室、蓄电池室、安全工具间、资料室（兼应急操作室）等。

（6）220kV变电站设有主控通信室（楼）、配电装置室（楼）、消防泵房、雨淋阀室（如有）、辅助用房等建筑物。

（7）500kV变电站设有主控通信楼（室）、配电装置楼、GIS配电装置室、继电器小室、站用变压器室、辅助用房、雨淋阀室、消防泵房等建筑物。

5.3.3 建筑外观及装修

（1）建筑外观设计力求与周边空间环境建筑风格、色彩相协调，实现简洁美观、经济适用、绿色环保。城市规划对变电站外观有要求时，应开展变电站外观差异化设计。

（2）变电站建筑装修不宜大面积使用高档装修材料，避免过度设计。门窗几何规整，预留洞口位置应与装配式外墙板尺寸相适应，减少墙板的切割开洞，外窗尽量避免跨板布置。门采用木门、钢门、铝合金门、防火门，窗采用断桥铝合金窗，并采取密封、节能、防盗等措施，外门窗玻璃宜采用节能玻璃。布置有管线通道的走廊可设吊顶。

（3）除黄山地区采用徽派建筑、坡屋面，其他地区基本采用平屋面，规划有特殊要求可单独进行建筑立面设计。

（4）消防控制室地面装修材料的燃烧性能不应低于B1级，顶棚和墙面内部装修材料的燃烧性能均应为 A 级。配电室、油浸变压器室、消防泵房、雨淋阀室的顶棚、墙面和地面内部装修材料的燃烧性能均应为 A 级。

常规环氧地坪燃烧性能为 B 级，不能满足要求，可以采用水泥基自流平地面，水性环氧地面（需提供水性环氧涂料 A 级的证明）或水磨石地面。

建筑物外墙板和外墙板应明确饰面的燃烧性能等级（A 级），顶棚采用白色乳胶漆饰面或防火涂料。卫生间顶棚采用铝扣板吊顶。

（5）屋面应采用有组织排水，屋面防水等级应为一级，外墙防水等级不低于二级。

5.3.4 建筑空间布置

（1）建筑设计的模数应结合工艺布置要求协调，宜按《厂房建筑模数协调标准》（GB/T 50006—2010）执行，建筑物柱距一般不宜超过三种。

（2）疏散走道净宽不应小于 1.1m。

（3）其他功能用房的室内净高根据工艺设备尺寸确定，并符合专用建筑设计规范的规定。

5.3.5 建筑墙体材料

（1）装配式建筑外墙板及其接缝设计应满足结构、热工、防水、防火及建筑装饰等要求，外墙板推荐采用一体化铝镁锰复合墙板、纤维水泥复合墙板或一体化纤维水泥集成墙板等。

（2）内墙设计应满足结构、隔声及防火要求，内墙板推荐采用一体化纤维水泥集成墙板、纤维水泥复合墙板或轻钢龙骨石膏板等。

（3）当内墙采用一体化纤维水泥集成墙板时，管线宜采用明敷方式。

（4）防火墙耐火极限不低于 3h。

5.3.6 预制式辅助用房

（1）应用于警卫室、值班室、备品备件室、材料室等小型辅助生产建筑物及附属建筑物，独立布置于站区，建筑外观应与变电站主体建筑协调一致。

（2）结构安全等级为二级，抗震设防分类为标准设防（丙类）。主体结构可采用钢框架箱体结构，主材采用型钢，辅助支撑系统采用方钢管及 C 型钢，屋盖采用冷弯薄壁型钢檩条。钢结构梁柱等主要承重构件材质采用 Q355B 或 Q235B，支撑及檩条等辅助构件材质采用 Q235B。

（3）根据功能需求，可由多个基本单元现场拼装而成，备餐间等附属设施可选配。拼接处预留连接板，现场通过螺栓连接，并采用密封胶封闭，外侧采用刚性防水板保护。每个基本单元标准推荐尺寸为6 m×3 m×3.2m（长×宽×高）。

（4）主体结构、围护体系及电气、水暖、通信等设施及对外接口均在工厂内一体化完成、整体运输，现场吊装就位。

5.4 建筑结构

5.4.1 结构设计原则

（1）建筑物结构的设计工作年限不应低于50年，结构安全等级宜采用二级。

（2）全站建筑物结构型式可采用装配式钢框架结构、轻钢结构。屋面恒载、活载均不大于$0.7kN/m^2$，基本风压不大于$0.7kN/m^2$时可采用轻钢结构。

5.4.2 装配式结构

（1）钢结构梁宜采用H型钢，结构柱宜采用H形、箱形截面柱。钢框架结构屋面宜采用钢筋桁架楼承板；楼面宜采用闭口型压型钢板为底模的现浇钢筋混凝土楼板，受力均匀、开孔较少情况下可采用钢筋桁架楼承板；轻型门式钢架、钢排架结构屋面材料宜采用360°锁边压型钢板。

（2）钢结构建筑物宜采用全栓接，全螺栓连接部位包括框架梁与框架柱、主梁与次梁等主要位置。

（3）框架柱的钢接柱脚可采用埋入式柱脚、插入式柱脚及外包式柱脚。柱与基础的连接宜采用锚栓连接，锚栓宜采用Q235或Q355钢材，钢柱脚宜设置抗剪键。

（4）根据工程场地岩土工程条件、建筑物的安全等级、结构类型、荷载大小，建筑物常用基础类型包括柱下独立基础、筏板基础预应力管桩基础、灌注桩基础、钢管桩基础，岩石锚杆基础等。

5.4.3 防腐与防火

预埋件和连接件等外露金属构件应按不同环境类别进行封闭或防腐、防锈、防火处理，并应符合耐久性要求。

（1）防腐。

1）钢梁、柱均应进行防除锈处理，除锈和涂装设计应综合考虑结构的重要性、环境条件、维护条件及使用寿命，除锈等级宜为Sa2.5级。

2）可能接触水或腐蚀性介质时，钢柱脚在地面以下的部分应采用强度等级较低的混凝土包裹（保护层厚度不应小于50mm），包裹的混凝土高出室外地面不应小于150mm，室内地面不宜小于50mm，并宜采取措施防止水分残留；当柱脚底面在地面以上时，柱脚底面高出室外地面不应小于100mm，室内地面不宜小于50mm。

3）浇筑在混凝土中并部分暴露在外的吊环、支架、紧固件、连接件等预埋件，应采取与腐蚀环境相适应的防腐蚀措施，并宜与受力钢筋隔离，需在梁上设置永久性起重吊点时，应预埋耐腐蚀套管。

（2）防火。

1）建筑物的火灾危险性分类及其耐火等级见表5.4-1。

表5.4-1 建筑物的火灾危险性分类及其耐火等级

建筑物名称		火灾危险性分类	耐火等级
主控制楼		丁	二级
继电器室		丁	二级
配电装置楼（室）	单台设备油量60kg以上	丙	二级
	单台设备油量60kg及以下	丁	二级
	无含油电气设备	戊	二级
油浸变压器室		丙	一级
气体或干式变压器室		丁	二级
电容器室（有可燃介质）		丙	二级
干式电容器室		丁	二级
油浸电抗器室		丙	二级
干式电抗器室		丁	二级
生活、消防水泵房		戊	二级
雨淋阀室、泡沫设备室		戊	二级
污水、雨水泵房		戊	二级

注 地下、半地下建筑（室）的耐火等级应为一级。

2）耐火等级为一级时，钢柱的耐火极限不应低于3h，钢梁的耐火极限不应低于2h；如为单层布置，钢柱的耐火极限不应低于2.5h。耐火等级为二级时，钢柱耐火极限不应低于2.5h，钢梁的耐火极限不应低于1.5h；如为单层布置，钢柱的耐火极限不应低于2.0h。

3）耐火等级为一级的丙类钢结构配电装置楼柱可采用防火涂料和防火板外包。钢结构构件应根据耐火等级确定耐火极限，选择膨胀型和非膨胀型的防火涂料。

4）建筑内部装修不应擅自减少、改动、拆除、遮挡消防设施或器材及其标识、疏散指示标志、疏散出口、疏散走道或疏散横通道，不应擅自改变防火分区或防火分隔、防烟分区及其分隔，不应影响消防设施或器材的使用功能和正常操作。

5.5 构筑物

5.5.1 围墙及大门

（1）围墙宜选用装配式实体围墙，也可采用大砌块实体围墙，黄山地区采用徽派围墙，一般地段围墙高度不低于2.3m。城市规划有特殊要求的变电站可采用通透式围墙。

（2）装配式围墙柱宜采用预制钢筋混凝土柱、预制钢柱。预制钢筋混凝土柱、预制钢柱宜采用工字形，截面尺寸不宜小于300mm×300mm。装配式围墙墙体宜采用预制墙板，可选用混凝土预制板、水泥基轻质墙板等板材。围墙顶部宜设预制压顶。

（3）大砌块围墙采用水泥砂浆或干黏石抹面，围墙顶部宜设置预制压顶。大砌块推荐尺寸为600mm（长）×300mm（宽）×300mm（高）或600mm（长）×200mm（宽）×300mm（高）。围墙构造柱间距不宜大于3m，采用标准钢模浇制。

（4）站区大门宜与进站道路及站内主设备运输道路中心线对齐，门宽应满足站内大型设备运输要求，大门高度不应低于2.1m，宜采用电动实体推拉门。

5.5.2 防火墙

（1）防火墙宜采用钢筋混凝土现浇框架＋大砌块、钢筋混凝土现浇框架＋预制钢筋混凝土墙板等装配型式，耐火极限不应低于3h。

（2）根据主变压器构架柱根开和防火墙长度设置钢筋混凝土现浇柱，采用标准钢模浇制混凝土；框架＋大砌块防火墙墙体材料采用大砌块，水泥砂浆抹面；框架＋墙板防火墙墙体材料采用180mm厚清水混凝土预制板或150mm厚钢筋加气混凝土板。

5.5.3 电缆沟及电缆隧道

（1）电缆沟宜采用砌体或现浇混凝土沟体，当造价不超过现浇混凝土时，也可采用预制装配式电缆沟。砌体沟体顶部宜设置预制压顶。沟深不大于1000mm时，沟体宜采用砌体；沟深大于1000mm或离路边距离小于1000mm时，沟体宜采用现浇混凝土。电缆沟沟壁应高出场地地坪100mm。

（2）电缆沟采用成品盖板，材料为包角钢混凝土盖板或不燃复合材料盖板。

（3）主变压器等大型带油设备外轮廓10m范围内，包括非本间隔的电缆沟应采取防止油流入电缆沟的封闭措施。

（4）电缆隧道宜采用现浇钢筋混凝土结构，当技术经济合理时，也可采用预制装配式电缆隧道。

（5）电缆进站、进建筑物处应进行防水防漏封堵，兼备防水和防火功能。

5.5.4 构、支架

（1）构架柱宜采用钢管结构，构架梁宜采用三角形格构式钢梁；构件采用螺栓连接，梁柱连接宜采用铰接，构架柱与基础宜采用地脚螺栓连接。

（2）设备支架柱采用圆形钢管结构，支架横梁采用钢管或型钢横梁，支架柱与基础宜采用地脚螺栓连接。

（3）独立避雷针及构架上避雷针设计应统筹考虑站址环境条件、配电装置构架结构型式等，采用圆管型避雷针或格构式避雷针等结构型式。

（4）钢结构的防腐可采用镀层或涂层。采用涂层防腐时，宜优先考虑环保型技术，防腐性能不应低于热镀锌镀层。

5.5.5 预制小型基础及构件

小型预制基础（庭院灯基础、电源检修箱基础、空调室外机基础等）、预制水工构件（雨水井、检查井的井盖、排水沟明盖板等）和预制构筑物构件（混凝土散水、电缆沟盖板、电缆沟压顶、围墙压顶等）等采用标准化小型预制结构。

5.6 暖通

5.6.1 采暖、空调

（1）二次设备室、继电器小室房间温度宜控制在夏季26～28℃，冬季18～20℃；蓄电池室温度范围宜为20～30℃；消防泵房室内温度不宜低于5℃。

（2）10、35kV配电装置室存在保护装置时，室内环境温度超过5～30℃范围，应配置空调等有效调温措施。

（3）采暖区建筑物应通过热工计算合理配置电暖设备，电暖设备宜采用分散电采暖。

5.6.2 智能通风

（1）变电站宜优化建筑空间和平面布局，合理利用自然通风，建筑排烟系统应优先采用自然排烟系统。电气设备间宜采用智能通风系统。

（2）含SF_6气体的电气设备房间应设置SF_6气体监测装置，并与排风系统联动启闭。

（3）蓄电池室应设置氢气监测装置并与排风系统联动启闭，防酸隔爆式蓄电池室进风口应设置在外墙，阀控密封式蓄电池进风口可设置在内走道一侧隔墙。

（4）采暖通风空调系统与火灾报警系统联动，火灾时切断非消防设备电源。

（5）采暖通风空调系统与辅助监控系统联动，辅控系统可自动控制通风空调采暖设备的运行。

（6）SF_6气体设备房间正常通风量不少于4次/h，吸风口应设置在室内下部。事故后通风量不少于6次/h，由设置在下部的正常通风系统和上部事故排风系统共同保证。

（7）配备全淹没气体灭火系统的电气设备间、电子设备间、继电器室和电缆夹层等防护区及无可开启外窗的电气或电子设备间等均应设置灭火后通风换气系统，换气次数不应小于6次/h。

（8）变电站通风设备宜选用高效、低噪声风机，风机能效值应达到2级能效标准。

（9）百叶窗、通风口及其他孔洞应设置金属网，网孔不宜大于5mm。

5.6.3 精准送风

对于GIS配电装置室内局部散热量较大的智能控制柜等电气设备，宜设置精准送风系统，将冷处理后的空气直接送至机柜内部，提高设备散热效率。

5.7 水工

5.7.1 给水

（1）水源宜采用自来水或打井供水，在地下水枯竭或管控地区可采取拉水方式。消防水池补水时间不宜大于48h。

（2）生活生产给水系统与消防给水系统宜独立设置。

5.7.2 排水

（1）变电站雨水和污水采用分流制排水。

（2）站区雨水采用有组织排放或散排。当地规划有要求时，宜设置海绵设施。常年降雨条件下，屋面、硬化地面径流宜进行控制与利用。

（3）排水系统宜设置为重力流排水系统，不具备重力排水条件时应采用水泵升压排水方式。

（4）变电站雨水管渠设计重现期宜采用3年。

（5）排水泵控制箱（含地下或半地下电缆层排水泵）应配置两路不同进线电源。排水泵控制箱宜布置在地上或采取防止水浸措施。

（6）生活污水宜采用化粪池处置后排入市政污水管网或定期清理。

（7）化粪池距离地下取水构筑物不得小于30m。

5.7.3 事故排油

（1）户外单台油量为1000kg以上的电气设备应设置储油设施，其容积宜按设备油量的20%设计，油坑底部直接铺设卵石落地，其厚度应经计算确定且不小于250mm，卵石直径宜为50～80mm。

（2）户内单台总油量为100kg以上的电气设备，应设置挡油设施及将事故油排至安全处的设施。挡油设施的容积宜按油量的20%设计。

（3）户外总事故集油池有效容积应按最大一台主变压器油量的100%考虑，并设置油水分离装置。

（4）排油管管径和坡度设计宜按20min将事故油排尽确定，当变压器等含油设备设有固定灭火设施时，应包含灭火系统流量。

5.8　消防

消防设计的范围为围墙以内的区域，主要包括火灾探测报警及控制系统、建筑灭火器配置及相关的各项防火措施等。设计遵照"预防为主，防消结合"的工作方针，首先根据站内火灾发生的特点，积极采取各种防火措施，消除火灾隐患，减少火灾发生的危险性；其次，针对主变压器等电气设备，设置专门的消防设施，在主变压器附近配备推车式干粉灭火器、砂箱及消防铲，在各建（构）筑物根据规范配置手提式灭火器。全站设有火灾自动报警及控制系统，以便尽早发现并扑灭早期火灾。全站按同时发生一次火灾计。

变电站平面布置紧凑合理，各建（构）筑物之间防火间距按规范要求执行。

站内设置消防环形道路。道路采用混凝土路面，能够满足大型电气设备运输和消防车通行。

变电站消防给水设计流量应按同一时间内发生一起火灾时所需的最大设计流量确定。

5.8.1 消火栓系统

消火栓灭火系统为另一种常见的水消防灭火方式，水消防是面向建筑物火灾的有效消防方式。建筑的消防给水和其他消防设施设计，应充分考虑建筑的类型及火灾危险性、建筑高度、使用人员的数量与特性、发生火灾可能产生的危害和影响、建筑的周边环境条件和需配置的消防设施的适用性，使之早报警、快速灭火，从而保障人员及建筑的消防安全。变电站内一般设有两座建筑物，为配电装置室和辅助用房，均为装配式钢结构建筑，室内外消火栓的设计根据规范要求设计。

（1）变电站内建筑物满足耐火等级不低于二级，体积不超过3000m³，且火灾危险性为戊类时，可不设消防给水。

（2）丙类配电装置楼应设置室内消火栓系统，并配置喷雾水枪。耐火等级为一、二级的丁、戊类建筑物，可不设室内消火栓系统，宜设置消防软管卷盘或轻便消防水龙。

（3）电气设备房间内不应布置室内消火栓和消防管道。

（4）室外消火栓应配置消防水带和消防水枪，带电设施附近的室外消火栓应配备直流喷雾两用水枪。

（5）室外消火栓的设置间距、室外消火栓与建（构）筑物外墙、外边缘和道路路沿的距离，应满足消防车在消防救援时安全、方便取水和供水的要求；当室外消火栓系统的室外消防给水引入管设置倒流防止器时，应在该倒流防止器前增设1个室外消火栓；室外消火栓的流量应满足相应建（构）筑物在火灾延续时间内灭火、控火、冷却和防火分隔的要求；当室外消火栓直接用于灭火且室外消防给水设计流量大于30L/s时，应采用高压或临时高压消防给水系统。

室内消火栓的流量和压力应满足相应建（构）筑物在火灾延续时间内灭火、控火的要求；环状消防给水管道应至少有2条进水管与室外供水管网连接，当其中一条进水管关闭时，其余进水管应仍能保证全部室内消防用水量；在设置室内消火栓的场所内，包括设备层在内的各层均应设置消火栓；室内消火栓的设置应方便使用和维护。

室内消防给水系统由生活、生产给水系统管网直接供水时，应在引入管处采取防止倒流的措施。当采用空气隔断的倒流防止器时，该倒流防止器应设置在清洁卫生的场所，其排水口应采取防止被水淹没的措施。

5.8.2 变压器固定消防系统

（1）单台容量为25MVA及以上的油浸变压器应设置固定灭火系统，优先采用水喷雾灭火系统。户内变电站主变压器也可采用细水雾灭火系统。

（2）水喷雾灭火系统是在自动喷水灭火系统的基础上发展起来的，该系统是利用水雾喷头在一定压力下将水流分解成细小水雾滴进行灭火或防护冷却的一种固定式灭火系统，见图5.8-1。

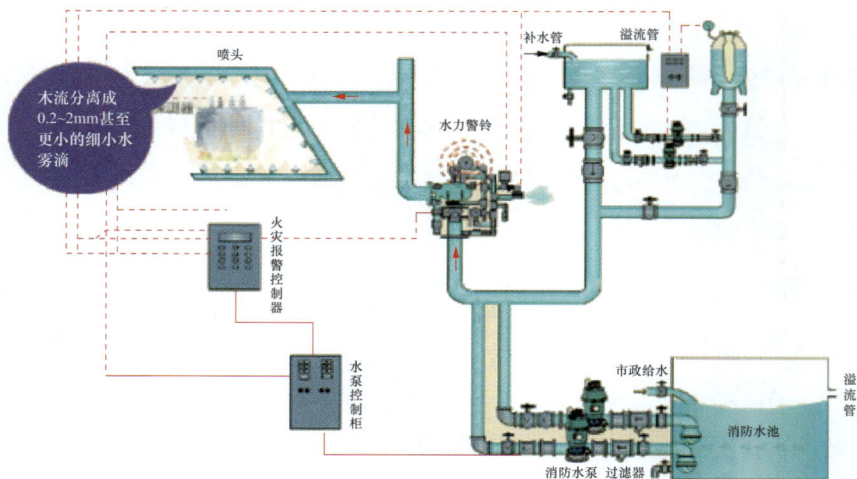

图5.8-1 水喷雾自动灭火系统组成

水喷雾灭火系统具有适用范围广的优点，不仅可以提高扑灭固体火灾的灭火效率，同时由于水雾具有不会造成液体火飞溅、电气绝缘性好的特点，不仅可扑救固体、液体和电气火灾，还可为液化烃储罐等火灾危险性大、扑救难度大的设施或设备提供防护冷却，广泛用于石油化工、电力、冶金等行业。水喷雾灭火系统具有工作压力高、流量大、灭火与防护冷却供给强度高、水雾喷头易堵塞等特点，因此，要合理地选择管道材料。

（3）细水雾灭火系统是指通过细水雾喷头在适宜的工作压力范围内将水分散成细水雾，在发生火灾时向保护对象或空间喷放进行扑灭、抑制或控制火灾的自动灭火系统。细水雾灭火系统的灭火机理主要通过吸收热量（冷却）、降低氧浓度（窒息）、阻隔辐射热三种方式达到控火、灭火的目的。与一般水雾相比较，细水雾的雾滴直径更小，水量也更少。

（4）户内变压器设置水喷雾灭火系统时应设置消防水泵接合器，且消防水泵接合器应位于室外便于消防车向室内消防给水管网安全供水的位置。

（5）油浸变压器当采用有防火墙隔离的分体式散热器时，布置在户外或半户外的分体式散热器可不设置火灾自动报警系统和固定式灭火系统。

5.8.3 灭火器具

（1）建筑物根据火灾危险类别和危险等级配置相应灭火器具。

（2）变电站电缆层、电缆竖井和电缆隧道应设置超细干粉灭火装置。

（3）油浸变压器附近宜设置成品消防小间和消防砂箱，消防小间内设置推车式干粉灭火器、消防砂桶、消防铲和消防斧。

5.8.4 消防泵房和水池

（1）当消防水池有效容积不大于500m³时，消防泵房和水池宜采用上下布置，消防泵采用长轴深井轴流泵，自灌式吸水，水池最低有效水位应淹没第一级叶轮。

（2）当消防水池有效容积大于500m³时，消防泵房和水池平行布置，消防泵采用离心泵，自灌式吸水。

（3）消防水泵应设置备用泵，备用泵的流量和扬程不应小于最大一台消防泵的流量和扬程。

（4）消防水泵应能手动启停和自动启动。消防水泵不应设置自动停泵的控制功能，停泵应由具有管理权限的工作人员根据火灾扑救情况确定。消防水泵控制柜应设置机械应急启泵功能。

（5）一组消防水泵的吸水管不应少于2条；当其中一条损坏时，其余的吸水管应能满足全部用水量。离心泵吸水管上应装设检修用阀门。

5.9 噪声控制

（1）隔声降噪措施。不满足站界噪声排放、声环境质量要求时，可采用加高围墙或围墙加装隔声屏障、户外站主要噪声源外加装隔声屏障等隔声措施。

（2）吸声降噪措施。当采用平面布置优化、低噪声设备、隔声措施综合方案后，仍不能满足噪声排放要求时，宜考虑采取吸声降噪措施。吸声特性应符合声源频谱降噪需求，宜选用双共振类复合吸声板。根据降噪需求，计算确定吸声面积和布置方式后，在变压器室四周壁面或隔声罩内壁布置吸声材料。

（3）消声降噪措施。变电站内风机等噪声源处宜加装合适尺寸的阻抗复合式消声装置。

5.10 环境与水土保持

5.10.1 环境保护

（1）站区整平以后，站区雨水采用有组织排水方式。建（构）筑物、道路、电缆沟等分割的地段，采用设置集水井汇集雨水，经地下设置的排水暗管，有组织将水排至站外。

（2）生活污水宜采用化粪池处置后排入市政污水管网或定期清理。

（3）站区内设置总事故油池；若设备发生故障，出现漏油事故，由有资质的单位回收利用，不外排，不会发生污染情况。其余带油的电器设备，如站用变压器等均设有排油坑，该排油坑与总事故油池联通，含油污水不会污染环境。

5.10.2 水土保持

站内防治区应按"先拦后弃"原则，先行建设围墙，防止施工产生弃土外泄；在土方开挖时，应设置必要的临时拦挡、排水和沉沙设施，并及时进行土地平整、地面硬化和绿化美化措施；对原排水通道进行恢复改造；进站道路区设置永久排水系统，并对道路路肩进行植被种植；施工中产生的弃渣，应及时回填或运至指定的弃渣场所，难以及时清运的，应结合站内临时和永久排水系统设置临时弃渣场，并先行布设必要的拦挡设施。

第3篇

线路工程篇

第6章 架空线路

6.1 导线和地线

6.1.1 导线型号与规格

目前安徽省内最常用的导线是钢芯铝绞线，钢芯铝绞线内芯为单股或多股镀锌钢绞线，外层为单层或多层的铝绞线，见图6.1-1。由于交流电的集肤效应，铝导线部分主要起载流作用，内层钢芯承受机械荷载，因此钢芯铝绞线集合了导电性和机械强度。

图6.1-1 钢芯铝绞线

除了最广泛应用的钢芯铝绞线外，还有钢芯铝合金绞线、铝包钢芯铝绞线、铝合金芯铝绞线等各类导线，各有特点，往往根据需要选用。安徽省内不同电压等级常用导线型式见表6.1-1。

超高压及以上输电线路广泛使用分裂导线。分裂导线使用普通型号的导线，安装间隔棒保持其间隔和形状。这样等效增大了导线的半径，其表面点位梯度小，临界电晕电压高，单位电抗小。工程中常见220kV导线采用2分裂导线，间距一般取400mm，500kV导线采用4分裂导线，间距一般取450mm或500mm。

表6.1-1　安徽省内不同电压等级常用导线型式

序号	电压等级	常用导线型式
1	35kV	1×JL3/G1A-240/30钢芯高导电率铝绞线
2	110kV	1×JL3/G1A-300/25钢芯高导电率铝绞线 2×JL3/G1A-240/30钢芯高导电率铝绞线
3	220kV	2×JL3/G1A-400/35钢芯高导电率铝绞线 2×JL3/G1A-630/45钢芯高导电率铝绞线
4	500kV	4×JL3/G1A-630/45钢芯高导电率铝绞线

6.1.2 导线截面的选择

导线截面和分裂方式的选择应从其电气性能和经济性能两方面考虑，常规的方式是一般先按经济电流密度初选导线截面，再按允许电压损失、发热、电晕等条件校验导线，另外可听噪声和无线电干扰等环保指标也是不可忽略的因素。大跨越工程中导线截面宜按允许载流量选择。

通过年费用最小法选择导线截面，从而使工程全寿命周期具有最佳的经济效益。

6.1.3 地线型号与规格

输电线路是否架设地线，应根据电压等级、负荷性质和系统运行方式，并结合当地已有线路的运行经验、地区雷电活动的强弱、地形地貌特点和土壤电阻率高低来决定。安徽省内比较常见的是35kV全线架设单地线、110kV及以上全线架设双地线。

安徽省内常用的地线可以分为普通地线和OPGW光纤复合地线两类。普通地线常见镀锌钢绞线和铝包钢绞线，而OPGW光纤复合地线兼顾防雷和通信作用，在实际工程中广泛运用。OPGW光缆见图6.1-2。

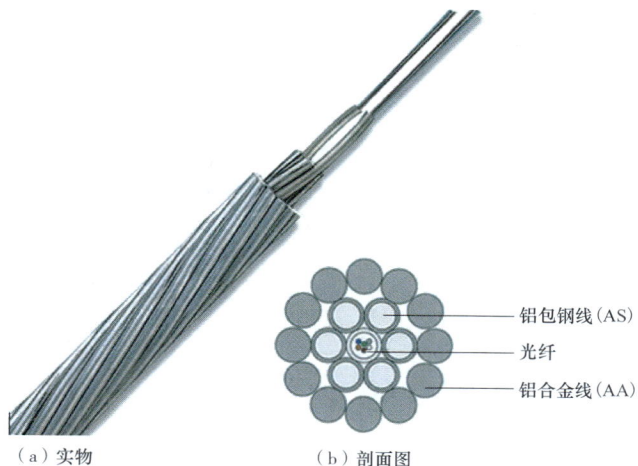

铝包钢线（AS）
光纤
铝合金线（AA）

（a）实物　　　　（b）剖面图

图6.1-2　OPGW光缆

6.1.4 基建新技术

《国家电网有限公司基建技术应用目录（2022年版）》中推荐了三种类型的节能导线，即钢芯高导电率铝绞线、铝合金芯高导电率铝绞线、中强度铝合金绞线，具体见表6.1－2。

表6.1－2 推荐应用类技术

	技术名称	技术特点	适用条件
节能导线	钢芯高导电率铝绞线	钢芯高导电率铝绞线与普通钢芯铝绞线相比，可降低电能损耗约3%	适用于除重腐蚀地区外的输电线路工程
	铝合金芯高导电率铝绞线	铝合金芯高导电率铝绞线与普通钢芯铝绞线相比，可降低电能损耗约5%	适用于有较高的防腐要求且对工程初期投资比较敏感的直流输电线路工程
	中强度铝合金绞线	中强度铝合金绞线与普通钢芯铝绞线相比，可降低电能损耗约5%	适用于线路防腐要求高、路径顺直、耐张塔比例低、交叉跨越物少的交流输电线路工程

6.2 绝缘子和金具串

6.2.1 绝缘子

按绝缘子材料分类，常见绝缘子型式有玻璃绝缘子、瓷绝缘子和复合绝缘子等，见图6.2－1。

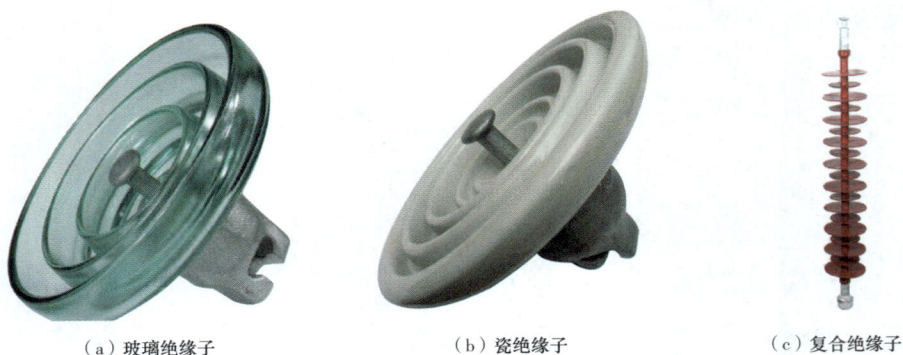

（a）玻璃绝缘子　　　　　（b）瓷绝缘子　　　　　（c）复合绝缘子

图6.2－1 常见绝缘子型式

钢化玻璃绝缘子在应用中有如下特点：①零值自破，便于检测；②耐电弧和耐振动性能好；③自洁性能好，不易老化；④主电容大，成串电压分布均匀。

瓷质绝缘子具有优越的耐电性和耐候性，在线路工程中广泛地采用，积累了多年的运行经验。但其缺点是该型式绝缘子属于可击穿型，随着时间的延长，绝缘性能会逐步降低，即"老化"现象，在实际运行中靠观察不易发现零值绝缘子，因此需定期测试零值，运行维护工作量大。此外，在受力较大时，普通瓷绝缘子劣化率会有所上升。

复合绝缘子具有耐污闪电压高，表面增水性强、质量轻、强度高、抗冲击、耐污性能好、结构简单易于安装等优点，且其具有良好的耐电腐蚀性能，无线电干扰水平低，工频干闪电压略高于瓷绝缘子，湿闪电压较瓷绝缘子高15%，雷电冲击50%放电电压与瓷绝缘子大致相当。目前使用的硅橡胶击穿电压可达18kV/cm，属不可击穿结构，因此运行时无需进行零值检测，较适合污秽严重的线路使用。

绝缘子型号选择常常需要结合运维习惯和工程实际应用场景而定。

6.2.2 金具串

架空输电线路电压等级高，为了保证绝缘水平，需要将绝缘子串接起来，和金具配合组成绝缘子串。金具串组装图示例见图6.2-2。根据受力特点，在直线杆塔上组成悬垂串，耐张杆塔上组成耐张串。绝缘子串的配置应该在各种工况下，包括工频电压、操作过电压、雷电过电压等各种情况下安全可靠运行。

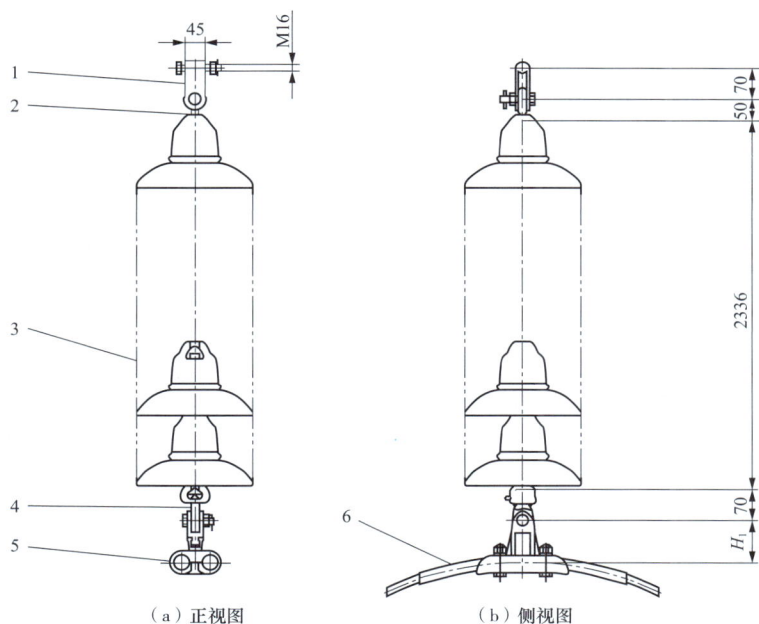

（a）正视图　　　　（b）侧视图

图6.2-2　金具串组装图示例

1—UB挂板；2—球头挂环；3—盘型悬式绝缘子；4—碗头挂板；5—悬垂线夹；6—铝包带

悬垂串在正常运行下，只承受垂直方向的荷载，如架空导线的自重、冰荷载、风荷载等。常见的悬垂串包括I串、V串。

绝缘子串中的绝缘子片数，应该根据电压等级按照绝缘配合条件确定，可采用污耐压法和爬电比距法。

6.3 常用金具

6.3.1 线夹

线夹是用来握持导地线的。线夹具有足够的强度和握持力，合理的线槽形状，较小的电磁损耗，并且能适应导地线的振动。在直线杆塔上，与悬垂绝缘子串相配合使用的悬垂线夹，在耐张塔上则是耐张线夹。常用导线线夹实物图见图6.3-1。

悬垂线夹根据对握持力的要求，可以分为固定型、滑动型和有限握力型三类。悬垂线夹的选择主要依据架空线的类型、截面积和直径等确定。

耐张线夹根据结构和安装方式主要分为螺栓型、压缩型、楔形及预绞式等几种。广泛应用的压接型耐张线夹一般由铝管和钢锚组成，钢锚用来锚固架空线的钢芯，铝管用来接续外层铝部。

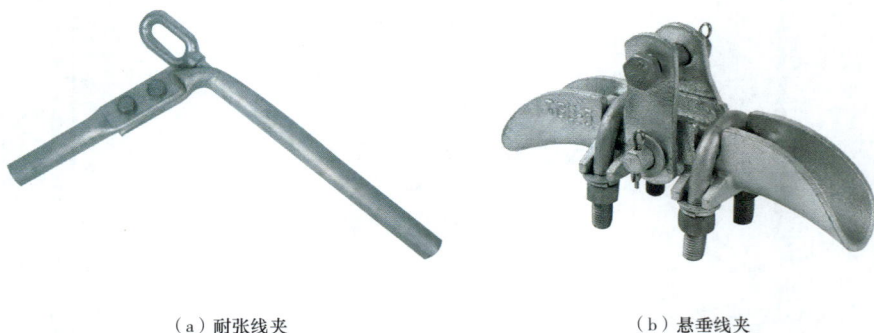

（a）耐张线夹　　　　　　　　　　　（b）悬垂线夹

图6.3-1　常用导线线夹实物图

6.3.2 接续金具

导地线的长度受制于运输、存储等条件，制造的长度是有限的，架线时候需要用接续金具将其连接起来。接续金具按照承受张力的情况分为承力型和非承力型。钢芯铝绞线用的压接管通常由定型钢管和铝管组成，压接时钢线部分用钢管，铝线部分用铝管。导线接续管见图6.3-2。

图6.3-2 导线接续管

6.3.3 连接金具

连接金具主要用于绝缘子串和杆塔、线夹的连接。连接金具种类繁多，包括U形挂环、碗头挂板、球头挂环、调整板、联板等。部分金具实物图见图6.3-3。

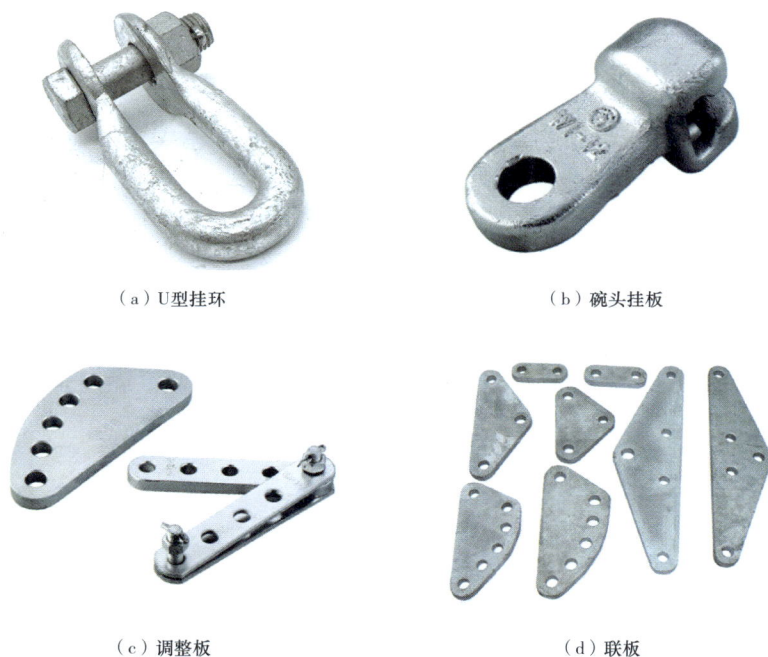

（a）U型挂环

（b）碗头挂板

（c）调整板

（d）联板

图6.3-3 部分金具实物图

6.3.4 保护金具

保护金具可以分为机械保护和电气保护两类。机械保护主要有防振锤、阻尼线、护线条、间隔棒等；电气保护主要分为均压环、屏蔽环、重锤等。

防振锤是用来抑制导地线微风振动、防止线夹出口处导地线疲劳破坏，工程中最常见的是预绞式防振锤，见图6.3-4。

间隔棒用于维持分裂导线的间距，防止子导线的鞭击，抑制次档距振荡和微分振动。间隔棒有刚性和阻尼式两大类。安徽省内110kV及以下工程通常采用单分裂导线，无需安装间隔棒；220kV常用双分裂导线，垂直排列一般无需安装间隔棒，水平排列则需要安装子导线间隔棒；500kV常用四分裂导线，需要安装子导线间隔棒。

均压环是用来控制绝缘子及其他金具上的电晕和闪络的发生，常用的有均压环和屏蔽环等。

图6.3-4　防振锤

6.3.5　基建新技术

《国家电网有限公司基建技术应用目录（2022年版）》中推荐采用"节能金具"，具体见表6.3-1。

表6.3-1　推荐应用类技术

技术名称	技术特点	适用条件
节能金具	与导线直接接触的金具（悬垂线夹、耐张线夹、防振锤及间隔棒等），采用铝合金等非铁磁性材料取代传统铸铁、铸钢等铁磁性材料，降低涡流损耗和磁滞损耗，降低电晕损耗	适用于35～750kV全部新建及改扩建输电线路工程

6.4　杆塔

6.4.1　杆塔基本概念

（1）铁塔的组成。整个铁塔主要由塔头、塔身和塔腿三大部分组成，如果是拉线铁塔还包含拉线部分。铁塔组成示意图见图6.4-1。

（2）呼称高。呼称高（简称呼高）一般指铁塔导线横担（最下层导线横担）下平面至铁塔最长腿的底脚板（或基础顶面）的垂直距离。

（3）定位呼称高。一般指塔位中心桩所处地面至下横担下平面的垂直距离。

（4）定位高差。一般指铁塔最长接腿的基础顶面至塔位中心桩所处地面的垂直距离。

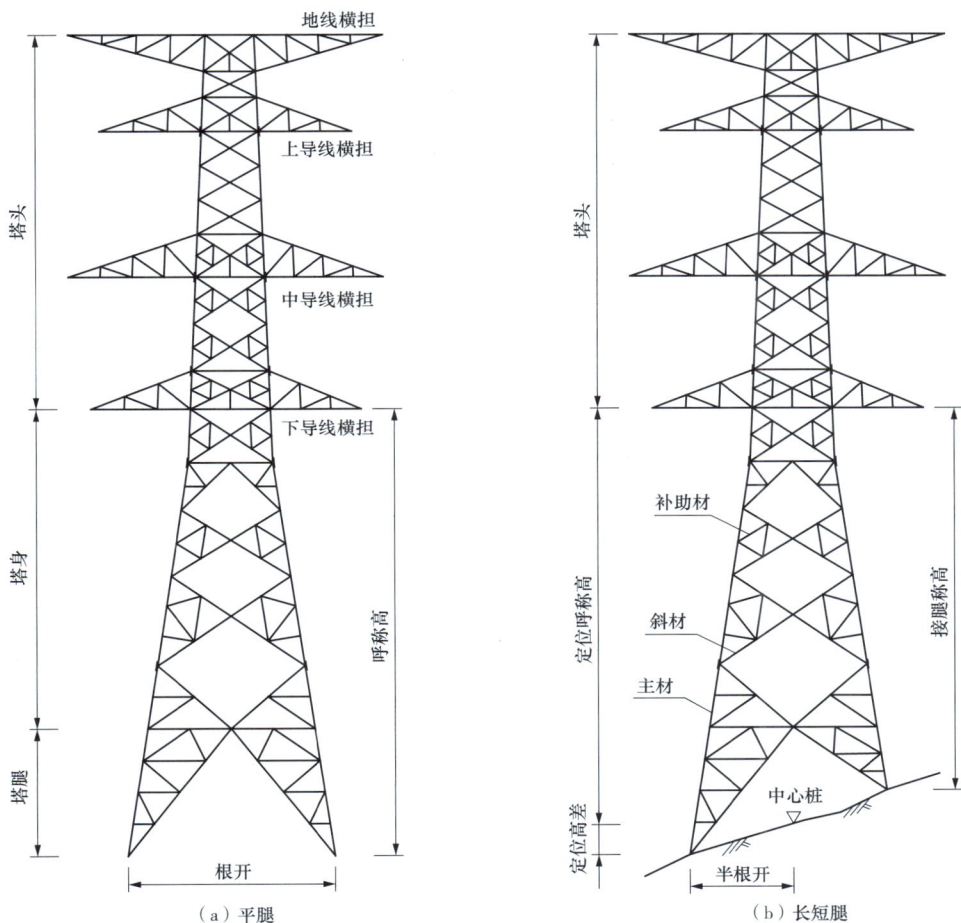

图6.4-1 铁塔组成示意图

（5）地线保护角。一般指架空地线和边导线的外侧连线与架空地线铅垂线之间的夹角。

（6）根开。铁塔根开一般指铁塔两相邻主材准线之间的距离，基础根开一般指铁塔两相邻主材重心线之间的距离。

6.4.2 杆塔分类

随着电网输电技术的发展，输电线路杆塔的类型不断增多，其分类如下：

（1）按照外观结构形状可分为猫头型塔、酒杯型塔、上字型塔、干字型塔、羊角型塔、鼓型塔、拉V型塔、门型塔、伞型塔、蝶型塔等。

（2）按照受力性质可分为悬垂型、耐张型杆塔。悬垂型杆塔可分为悬垂直线和悬垂转角杆塔，耐张型杆塔可分为耐张转角和终端杆塔。

（3）按照电气特性可分为交流、直流及交流紧凑型三类。交流属于三相供电；直流属于两极供电，塔头按正、负两极呈两极布置；交流紧凑型则将交流三相呈倒三角排列，缩小相间距离，以降低传输阻抗。

（4）按照回路数可分为单回路、双回路和多回路杆塔。单回路导线既可水平排列，也可三角排列或垂直排列；双回路和多回路杆塔导线可按垂直排列，必要时可考虑水平和垂直组合方式排列。

（5）按照使用材质主要可分为钢筋混凝土杆、钢管杆、角钢塔、钢管塔、拉线塔，以及横担由钢索构成的悬索型拉线塔（简称悬索塔）。

（6）按照地形情况可分为山地塔和平丘塔。

6.4.3 杆塔规划

杆塔规划是否合理、经济，对线路工程的经济性影响很大，要合理规划各子模块杆塔的水平档距和垂直档距，以使其在具体工程中的杆塔利用系数尽量接近1.0。

（1）档距。

1）110～500kV平地直线塔一般可按照Ⅰ型、Ⅱ型、Ⅲ型、跨越塔（K）、重要跨越塔（R）五塔系列规划水平档距，其中，110、220kV窄基钢管塔一般可按照Ⅰ型、Ⅱ型、跨越塔（K）、重要跨越塔（R）四塔系列规划水平档距；35kV平地直线塔一般可按照Ⅰ型、Ⅱ型、Ⅲ型三塔系列规划水平档距。

2）220～500kV山区直线塔一般可按照Ⅰ型、Ⅱ型、Ⅲ型、Ⅳ型、跨越塔（K）、重要跨越塔（R）六塔系列规划水平档距；110kV山区直线塔一般可按照Ⅰ型、Ⅱ型、Ⅲ型、跨越塔（K）、重要跨越塔（R）五塔系列规划水平档距。跨越塔、重要跨越塔规划的水平档距一般可与相应模块的Ⅱ型塔一致。

（2）转角度数。35～500kV耐张杆塔按照不同的转角度数规划不同的塔型，具体塔型及对应的转角度数见表6.4-1。

表6.4-1　35～500kV杆塔各塔型转角度数

电压等级（kV）	杆塔类型	塔型/转角度数（°）				
		Ⅰ型	Ⅱ型	Ⅲ型	Ⅳ型	Ⅴ型
500	角钢塔、钢管塔	0～20	20～40	40～60	60～90	—
110、220	角钢塔、钢管塔	0～20	20～40	40～60	60～90	—
	窄基钢管塔	0～10	10～30	30～50	50～70	70～90
	钢管杆	0～10	10～20	20～40	40～60	60～90
35	角钢塔、钢管杆	0～20	20～40	40～60	60～90	—

注　"—"表示没有对应电压等级的杆塔。

110~500kV终端塔塔身一般可设计一种方案，横担一般可按照0°~40°、40°~90°设计两种方案；35kV终端塔一般可按0°~90°设计；500kV直线转角塔一般可按转角度数3°~10°设计。

（3）呼高。铁塔呼高通常统一为3的倍数，级差按3m考虑。500kV直线塔最小呼高通常为24m，耐张塔最小呼高通常为21m，跨越塔呼高范围一般取48~60m。220kV直线塔最小呼高通常为18m，耐张塔最小呼高通常为15m，跨越塔呼高范围一般为42~54m。110kV直线塔和耐张塔最小呼高通常均为15m，跨越塔呼高范围一般取39~51m。35kV直线塔最小呼高通常为12m，耐张塔最小呼高通常为9m。

（4）K_v值。K_v值指的是直线杆塔垂直档距与水平档距的比值。35~500kV直线塔的典型K_v值见表6.4-2。

表6.4-2　35~500kV直线塔各塔型典型K_v值

电压等级（kV）	地形	塔型/K_v值			
		I型	II型	III型	IV型
500	平地	0.85	0.75	0.65	—
	山地	0.85	0.75	0.65	0.55
220、110	平地	0.85	0.75	0.65	—
	山地	0.80	0.70	0.60	0.55
35	平地	0.80	0.75	0.70	—

注　"—"表示没有对应电压等级的杆塔。

6.4.4　杆塔荷载

架空输电线路的杆塔荷载可以分为永久荷载和可变荷载。导地线、绝缘子与附件、杆塔结构等都属于永久荷载，风和冰的荷载、导地线的张力、安装检修工作的附加荷载等属于可变荷载。在架空输电线路的杆塔设计中，其荷载分类则主要是从力的根本作用方向来进行划分，通常情况下分为水平荷载、垂直荷载及纵向荷载三种。

水平荷载指水平面方向的荷载，主要来自导地线承受的风荷载及张力的水平分量。垂直荷载指垂直于地平面方向的荷载，主要来自导地线和覆冰的重力。纵向荷载指顺导地线方向的荷载，主要来自导地线的张力。风荷载作用在架空线上，架空线把作用力传递给线夹，线夹再把力传递给杆塔，因为架空线所处的环境确定后单位架空线长度的风荷载就是一个定值。因此，架空线受力大小就和承风的架空线长度有关。这个长度就定义为水平档距，因而"水平档距"表示杆塔承受水平荷载的大小。同理，架空线受到重力作用而将力传递到线夹上，线夹再把力传递给杆塔，因为架空线的型号和覆冰确定后单位长度的垂直荷载也是个定值。因此，架空线重力大小就和架空线长度有关。这个长度就定义为垂直档距，因而"垂直档距"表示杆塔承受垂直荷载的大小。

6.4.5 杆塔材料

（1）钢材。钢材材质Q235系列应满足《碳素结构钢》（GB/T 700—2006）相关要求，Q355、Q420和Q460系列应满足《低合金高强度结构钢》（GB/T 1591—2018），大规格等边角钢应满足《输电铁塔用热轧大规格等边角钢》（Q/GDW 706—2012）相关要求。

（2）钢管。钢管构件采用Q235、Q355、Q420钢材，规格满足《输电线路钢管塔用直缝焊管》（T/CEC 136—2017）要求。

（3）螺栓。按照《紧固件机械性能　螺栓、螺钉和螺柱》（GB/T 3098.1—2010）、《紧固件机械性能螺母》（GB/T 3098.2—2015）及《输电线路杆塔及电力金具用热浸镀锌螺栓与螺母》（DL/T 284—2021）的要求，选取材质及其特性相符的螺栓和螺母，M16、M20连接螺栓采用6.8级热浸镀锌螺栓，M24及以上规格采用8.8级热浸镀锌螺栓。

（4）焊条。Q235B钢采用E43型焊条，Q355B采用E50型焊条，Q420B采用E55型焊条。

6.4.6 附属设施

输电线路杆塔附属设施一般包括杆塔上的固定标志（杆号牌、相序牌、警示牌）、攀爬设施、防坠落装置、运行维护要求设置的附属建筑设施和在线监测装置等。

（1）攀爬设施。杆塔总高度不大于80m时，可采用脚钉；大于80m时，宜采用直爬梯，或采用脚钉并设置简易的休息平台。

脚钉采用圆钢，直径不小于16mm，端部设置弯钩或墩头防滑，或采用防滑六角帽型式；脚钉长度不小于120mm；脚钉从基础顶面1.5m左右起安装至塔顶；脚钉间距不大于450mm。钢管杆管径大于400mm时，脚钉水平方向弧长取400mm；当管径不大于400mm时，脚钉在钢管两侧交错布置。脚钉管和直爬梯应与杆塔可靠连接。直爬梯宽度为450～500mm，踏步间距不大于350mm，并设置护笼或防坠落装置，护笼直径不小于600mm。

（2）杆塔接地方式。输电线路杆塔接地连接采用2个17.5mm孔，间距取50mm。接地孔位置在面向塔身的右侧主材正面上，位于靴板（座板式）顶面300mm左右，且离基础主柱顶面高度不大于1500mm。

（3）防鸟害措施。在铁塔上考虑预留加装防鸟害措施的位置。

（4）防松、防卸措施。杆塔全塔所有螺栓采取防松措施。自地面以上8.0m范围内杆塔螺栓采取防卸措施。

（5）防坠落装置。钢管杆塔、30m及以上杆塔（全高）和220kV及以上线路杆塔应设置作业人员上下塔和水平移动的防坠安全保护装置。

6.4.7 通用设计简介

输电线路杆塔通用设计采取先按技术条件划分模块，再根据杆塔塔型规划杆塔的规划思路。将输电线路杆塔通用设计按照一定技术条件（电压等级、导线截面、基本风速、覆冰厚度、海拔、杆塔材料、回路数）划分为若干杆塔模块。

杆塔模块编号由两个字段组成：第一字段为电压等级，第二字段为技术条件组合，由导线截面、基本风速、覆冰厚度组合、海拔、杆塔材料+回路数5个字符组成。杆塔编号由3个字段组成，即在杆塔块编号基础上增加第三字段"杆塔塔型"，由杆塔型式、塔型系列组成。模块及杆塔编号规则见图6.4-2。

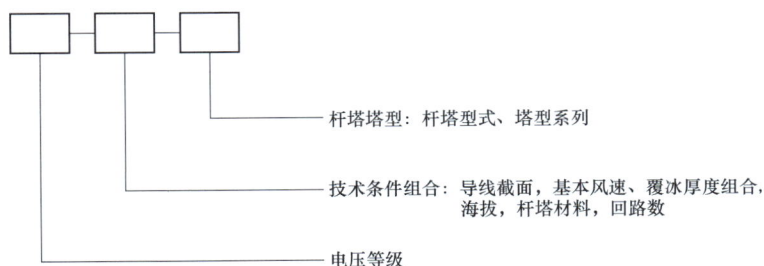

图6.4-2　模块及杆塔编号规则

说明（图中标注）：
- 杆塔塔型：杆塔型式、塔型系列
- 技术条件组合：导线截面，基本风速、覆冰厚度组合，海拔，杆塔材料，回路数
- 电压等级

（1）电压等级编号：由500、220、110、35表示。

（2）导线截面编号：由1位字母表示，导线截面编号见表6.4-3。

表6.4-3　导线截面编号

导线截面（mm²）	编号	导线截面（mm²）	编号
1×150	A	2×240 兼 1×400	E
1×240	C	2×300	F
1×300	D	2×400	G

导线截面（mm^2）	编号	导线截面（mm^2）	编号
2×630	H	4×630	M
4×400	K	6×400	P
4×500	L	6×500	Q

注　1. 35kV 使用1×185mm^{2}导线时，采用1×240mm^{2}导线的相应模块代替。
　　2. 110、220kV 使用1×240mm^{2}导线时，采用1×300mm^{2}导线的相应模块代替。

（3）基本风速编号：由1位字母表示，基本风速编号见表6.4-4。

表6.4-4　基本风速编号

风速（m/s）	23	25	27	29	31	33	35
编号	A	B	C	D	E	F	G

（4）覆冰厚度编号：由1位数字表示，覆冰厚度编号见表6.4-5。

表6.4-5　覆冰厚度编号

覆冰厚度（m/s）	0	10	15	20
编号	1	2	3	4

（5）海拔编号：由1位数字表示，海拔编号见表6.4-6。

表6.4-6　海拔编号

海拔（m）	0～1000	1000～2000	2000～3000	3000～4000	4000～5000
编号	1	2	3	4	5

注　对于110kV杆塔设计的海拔以0～1000m、1000～2500m、2500～4000m、4000～5000m划分，分别对应编号1、2、4、5。

（6）杆塔材料编号：由1位字母表示，塔材料编号见表6.4-7。

表6.4-7　杆塔材料编号

杆塔材料	角钢塔	钢管塔	钢管杆	混凝土杆
编号	空白	T	G	H

（7）回路数编号：采用1位字母表示，回路数编号见表6.4-8。

表6.4-8 回路数编号

回路数	单回路	双回路	四回路
编号	D	S	Q

（8）杆塔型式编号：由2～3位字母表示，杆塔型式编号见表6.4-9和表6.4-10。

表6.4-9 杆塔型式（平地）编号

杆塔型式	直线酒杯塔	直线猫头塔	直线转角塔	耐张塔	终端塔	窄基直线塔	窄基耐张塔
编号	ZB	ZM	ZJ	J	DJ	ZZG	JZG

表6.4-10 杆塔型式（山区）编号

杆塔型式	直线酒杯塔	直线猫头塔	直线转角塔	耐张塔	终端塔
编号	ZBC	ZMC	ZJC	JC	DJC

（9）塔型系列编号：由1位数字或字母表示，塔型系列编号见表6.4-11。

表6.4-11 塔型系列编号

杆塔系列	Ⅰ型塔	Ⅱ型塔	Ⅲ型塔	Ⅳ型塔	跨越塔	重要跨越塔
编号	1	2	3	4	K	R

示例1：110-EC21GD-Z1，表示电压等级为110kV，导线截面为$2 \times 240mm^2$、基本风速27m/s、覆冰厚度10mm、海拔0～1000m的单回路钢管塔模块中的直线平地Ⅰ型塔。

示例2：220-EC22D-ZMC1，表示电压等级为220kV，导线截面为$2 \times 240mm^2$，基本风速27m/s，覆冰厚度10mm，海拔1000～2000m的单回路角钢塔模块中的直线猫头山区Ⅰ型塔。

6.4.8 杆塔基建新技术

（1）推荐应用类新技术清单见表6.4-12。

表6.4-12 推荐应用类新技术清单

技术名称		技术特点	适用条件
高强钢杆塔	Q420高强钢杆塔	（1）采用Q420角钢塔相对于Q355角钢塔可有效减轻塔重量6%～8%。 （2）采用Q420钢管塔相对于Q355钢管塔可减轻塔重3%～6%	（1）角钢肢宽在L125及以上的杆塔主材推荐选用Q420高强钢。 （2）钢管直径在φ299mm及以上的杆塔主材推荐选用Q420高强钢

技术名称		技术特点	适用条件
高强钢杆塔	Q460高强钢杆塔	（1）采用Q460角钢塔相对于Q355角钢塔可有效减轻塔材重量8%～12%，节省整体造价5%～8%。 （2）采用Q460钢管塔相对于Q355钢管塔可减轻塔重5%～8%，节省整体造价3%～5%	（1）500kV及以上输电线路采用Q460高强钢杆塔。 （2）角钢肢宽在L125及以上的杆塔主材可选用Q460高强钢。 （3）钢管直径在ϕ299mm及以上的杆塔主材可选用Q460高强钢。 （4）工程组织过程中做好原材料的供货和质量检验

（2）发布应用类新技术清单见表6.4-13。

表6.4-13 发布应用类新技术清单

技术名称	技术特点	适用条件
耐候钢杆塔	（1）耐候钢杆塔的加工免除了酸洗、镀锌和钝化工序，提高了生产加工效率，减少了环境污染，降低了全寿命周期成本。 （2）耐候钢杆塔通过添加耐蚀合金元素，金属表面形成稳定耐腐蚀锈层，实现杆塔自防腐，实现杆塔后期防腐免维护	在大气腐蚀等级C1～C4环境条件下使用
亚光杆塔技术	（1）亚光铁塔是在杆塔加工制造环节的镀锌过程中，通过调整钝化液的成分配比、镀锌温度和时间等参数，降低镀锌杆件表面亮度，呈现亚光效果的技术。 （2）通过不同的钝化工艺和纳米颗粒增强成色技术，可呈现不同的颜色效果，解决传统镀锌铁塔的光污染，提高输电杆塔与周边自然环境的协调性	适用于我国强光照、自然保护区、风景名胜等地区

6.5 基础

6.5.1 基础分类

架空输电线路杆塔常用的基础型式主要有开挖回填类基础和原状土类基础两大类。

开挖回填类基础的特点是基坑大开挖，绑钢筋、支模板、混凝土浇筑成型后再回填土夯实，利用土体质量和混凝土自重抵抗基础上拔力。开挖回填类基础主要包括混凝土台阶基础、钢筋混凝土板柱基础、装配式基础、联合式基础和拉线基础等。

原状土基础是利用机械（或人工）在天然土（岩）中直接钻（挖）成所需要的基坑，将钢筋骨架和混凝土直接浇筑于基坑内而成的基础。原状土基础主要包括掏挖基础、岩石基础、挖孔桩基础、螺旋锚基础、微型桩基础、灌注桩基础等，原状土基础由于减少了对土壤的扰动，能充分发挥地基土的承载性能，可大幅度地节约基础材料和施工费用。

输电线路工程中常规的基础型式及其工程特性的比较表见表6.5-1。

表6.5-1 常用基础型式工程特性比较表

序号	基础形式		工程特性及优点	存在的问题和缺点
1	混凝土台阶基础		钢材耗量少，施工工艺简便，工期短，质量易保证	（1）土体扰动较大，回填土虽经夯实后也难恢复到原状土结构强度。（2）开挖量大，植被破坏和水土流失严重，弃土易造成滑坡，影响基础稳定，对环境的影响也很大。（3）在山区斜坡地面处的塔基位置往往形成人工高边坡，容易崩塌滑坡造成基础滑移
2	钢筋混凝土板柱基础		（1）适应地质条件广。（2）施工方法简便，技术经济指标好，是目前工程设计中最为常用的基础型式	
3	掏挖基础		（1）充分利用了原状土承载力高、变形小的特性。（2）"以土代模"，土石方开挖量小、弃土少，施工方便，节省材料。（3）消除了回填土质量不可靠带来的安全隐患	（1）主要适用于地质条件较好、无地下水、开挖时易成形不坍塌的土质。（2）与大开挖相比，混凝土用量稍高
4	灌注桩基础		（1）适用于地下水位高的黏性土和砂土地基等，也广泛用于跨河塔位。（2）在结构布置形式上可分为单桩和群桩基础，在埋置方式上可分为低桩和高桩基础，因此可供设计选择的型式较多	（1）施工需要大型机具，施工工艺要求较高、施工难度大。（2）施工费用较高。（3）对环境污染影响较大

序号	基础形式	工程特性及优点	存在的问题和缺点
5	挖孔桩基础	可用于基础负荷较大，地形较差的塔位	（1）主要适用地质条件较好、无地下水、开挖时易成形不坍塌的土质。 （2）人工掏挖，要采取有效的安全措施。 （3）基坑土石方量最小，对环境破坏少。 （4）桩径受限制较小
6	岩石基础	充分发挥了岩石力学性能，具有较好的抗拔性能，地基变形比其他类型都小。同时兼顾掏挖原状土基础的优点，对地质条件要求相对锚杆基础要低	较之锚杆基础混凝土用量及造价要高

6.5.2 新型基础

6.5.2.1 螺旋锚基础

螺旋锚基础是指由钢筋混凝土承台或钢结构连接装置与螺旋锚组成的输电线路杆塔的基础。其中螺旋锚是由锚杆、锚盘、锚头等构成。将一片或多片螺旋锚片等间距或变间距焊接在锚杆上，通过施加在锚杆顶部的扭矩旋入土中，可以同时提供抗拔和抗压承载力。螺旋锚基础适用于粉土、松软—中密状态的砂土和碎石土，以及黄土、软土等特殊土层，且最大粒径不宜大于50mm。

螺旋锚可以在工厂内批量生产，更容易保证其质量可靠，机械化程度高，实现机械为主、人工为辅的现代化施工方式，施工高效、安全、经济、可靠，缩短工期，具有优良的经济效益，施工作用平台小且土方工程量基本为零，不需要进行土方运输，节能降耗，有利于环境保护。

6.5.2.2 微型桩基础

微型桩基础是指由小直径钢筋混凝土桩和连接于桩顶承台共同组成的基础，又称树根桩基础。桩直径200～400mm，桩的布置支持斜桩和竖直桩。通过小型的钻孔灌注设备在地基中成孔，然后在孔中下入设计所要求的钢筋笼和注浆管，采用压力注浆成桩或灌注细石混凝土成桩。微型桩基础适用可塑黏性土、硬塑黏性土、碎石土土质及全风化、强风化、中风化岩石地质，适用范围广。

微型桩基础有效填补了锚杆基础与挖孔桩基础之间的空白，其基础直径大小合适。对山区地质条件和岩石完整性要求不高，成孔设备可小型化，实现机械设备运输和转场，解决山区线路全线机械化施工难题，显著提升机械化应用水平和应用率。同时，其只需干作业成孔，无泥浆污染，作业面要求低，土石方工程量小，施工弃土少，利于环境保护。

6.5.2.3 岩石锚杆基础

岩石锚杆基础是采用成孔机械在岩石上钻孔以水泥砂浆或细石混凝土和锚筋灌注于钻凿成型的岩孔内形成锚杆，并与承台等构件组成的基础型式，岩石锚杆基础需要利用原状岩体的力学性能来承受荷载，所以对地质条件要求比较高，主要适用于岩体基本质量等级为Ⅰ~Ⅳ级的岩石地基，且覆层厚度（含全风化层）不宜超过2.5m。

与常规山区挖孔类基础相比，岩石锚杆基础综合效益显著。采用轻小型锚杆机钻孔，工艺先进，避免了挖孔和扩底施工，能大幅降低施工安全风险，提升山区线路施工机械化水平。机械钻机成孔便捷，能缩短施工周期40%以上。大幅减少基面的开方和基础挖方，施工基面小、混凝土用量少，弃渣少，减少了对山区原始地貌的破坏，有利于植被及生态环境保护，环保效益显著。

6.5.3 基础选型影响因素

（1）地质条件。地质条件是输电线路基础选型与设计的出发点，也是影响基础稳定和可靠运行的最关键因素。地质条件主要包括塔位处地基种类、地层分布特征、地下水及其变化情况、基础施工过程对塔位处地基影响情况等。地基岩土体工程特性参数的变化比其他基础材料大。因此，基础选型和设计中的最大不确定性影响因素是地基设计参数取值。

（2）地形地貌。架空输电线路距离长、跨越区域广，输电线路基础呈点、线状分布，线路沿线及塔位处的地形地貌情况多变而复杂。塔位处地形地貌特征对基础选型、施工和弃土处理等方面起到了重要的影响和制约作用。如越来越多的输电线路走廊需穿越地形条件复杂的山区，这些地区往往地形条件复杂、环境恶劣，大型设备难以进入基础施工现场，基础混凝土的砂石料和水、基础钢材等主要靠人工运输。当前，输电线路工程越来越多地受地方规划和环境保护的影响，路径和走廊的可选择性越来越小。因此，输电线路基础选型需结合工程塔位地形地貌特征、交通运输条件，综合分析比较，选择适宜的基础型式，改善基础受力性能，减少基础材料运输量，降低土石方开挖量和施工弃土处理量。

（3）荷载特性。架空输电线路杆塔可分为悬垂型杆塔、耐张塔、大跨越塔等不同类型，不同类型杆塔的基础荷载不同。不同基础对上部结构荷载的反应是也不同的，基础选型设计中，需采用不同的荷载效应组合及其对应的安全系数或分项系数进行安全度水平设置。此外，地基参数也需要根据基础荷载不同，进行合理的选择和确定，这些都对基础选型提出了更高要求。

（4）基础承载性能。输电线路工程中地基和基础是相互作用的共同承载体，上部杆塔结构荷载作用下，由于地基承载特性和基础类型的不同，使地基和杆塔基础之间的相互作用的承载机理也不同，地基中可能出现潜在的滑动破坏面也呈现出不同的变化规律，从而使基础通过地基岩土体抗力和端面支承力向地基传递荷载的方式不同。荷载特性、地基岩土体承载特性、基础类型和基础材料都影响和决定了基础受力后的承载性能。

（5）施工方法。施工方法的改善可以明显地提高基础的承载能力。相反，如果施工质量达不到要求，则基础承载性能明显降低。输电线路基础的施工现场具有非常强的分散性，且受多变的地质、地形和运输条件等多种因素的影响与制约，基础钢筋、混凝土砂石料等基础原材料运输困难，大型施工设备和机具难以进入基础施工现场，使得传统的基础工程施工方式为"人工为主、机械为辅"，长期存在人工投入大、施工机械化研发滞后、高效率专用化施工装备缺乏、设计与施工未能实现有效衔接的现状，在一定程度上制约和影响了输电线路基础的选型与设计。

6.5.4 基础与杆塔连接方式

铁塔与基础的连接方式主要有两种方法：地脚螺栓和插入角钢。

地脚螺栓连接方式加工简便，适用于所有基础型式，由于塔脚板上螺栓孔直径为1.3~1.5倍地脚螺栓直径，安装时有一定的调节范围，施工技术成熟，施工精度容易满足。地脚螺栓规格选用按《国家电网公司关于印发〈输电线路工程地脚螺栓全过程管控办法〉（试行）的通知》（国家电网基建〔2018〕387号）执行，使用M24、M30、M36、M42、M48、M56、M64、M72、M80、M90、M100等规格。

插入角钢是另一种连接方式，由于直接将塔腿主材连接的短角钢部分预埋到了基础主柱中，取消塔脚板、地脚螺栓，可以节约钢材，但此种连接方式仅适用于斜柱基础型式。

6.5.5 附属设施

输电线路基础附属设施一般包括挡土墙、护坡、截（排）水沟、爬梯及基础保护帽等。附属设施不应影响塔位所在坡体的整体稳定性，也不应对塔位长期安全运行造成不利影响。同时满足使用功能要求、安全可靠，便于施工、检查和运行维护。

6.5.6 环水保要求

坚持"预防为主、保护优先、全面规划、综合治理、因地制宜、加强管理"的原则，开展环保水保各项工作。

（1）落实岗位责任。35～500kV线路工程业主、监理、施工项目部应设置环保水保专责（可兼）。新开工项目以文件形式任命环保水保专责，已开工工程通过变更的形式增设环保水保专责。三个项目部职责牌、建设目标牌等图牌中应包含环保水保内容。

（2）加强工作策划。业主项目部应在《建设管理纲要》中单独编制环保水保章节。220kV及以上工程，监理项目部应在《监理规划》中单独编制环保水保章节，并编制《环境监理实施细则》《水保监理实施细则》；35～110kV工程，监理项目部应在《监理规划》《监理实施细则》中单独编制环保水保章节。施工项目部应在《项目管理实施规划》中单独编制环保水保章节；涉及生态敏感区工程，施工项目部应编制《环保水保专项施工方案》，根据现场勘察情况，详细罗列环保水保各项举措及施工注意事项。

（3）做好专项培训交底。工程开工前，业主项目部组织环保水保专项培训，监理、设计、施工、技术服务单位项目经理和环保水保专责参加；施工项目部组织环保水保现场培训，全体施工及管理人员参加。培训照片与培训签到应留存归档。施工单位应将环保水保纳入施工现场三级交底（公司级交底、项目部级交底、班组级交底）体系。

（4）加强施工图纸审查。监理项目部、施工项目部应组织施工图预检，监理项目部在施工图会检前向业主项目部提交预检记录，预检记录中包含环保水保相关内容。业主项目部应组织施工图会检工作，会议纪要中包含环保水保相关内容。

（5）严控环保水保重大变更。业主项目部应在施工图设计、施工期、验收阶段组织设计单位开展重大变更核查，设计单位出具"工程环保水保重大变更（动）核查表"，报业主项目部审批确认。监理项目部应在工程发生变更前，及时向业主项目部汇报。

（6）明确临近生态敏感区位置。设计单位应在设计阶段核实工程是否涉及生态敏感区，如涉及应在环境保护专项设计中说明生态敏感区名称、级别、审批情况、保护对象与工程位置关系，并附生态敏感区的功能区划图、与工程相对位置关系图。线路边（极）导线投影外1km范围内存在生态敏感区均属于涉及生态敏感区工程。

（7）严控工程与生态敏感区相对位置关系。业主项目部、施工项目部应在开工前核实与生态敏感区的相对位置关系。施工项目部应在施工阶段严格执行限界措施，确保永久占地和临时占地边界与生态敏感区距离大于批复的距离。

（8）严格落实政府批复等各项要求。业主项目部应逐项核实生态影响评估报告（如有）、环评批复等对应主管部门等批复文件，施工项目部应将生态敏感区的名称、级别、位置、环保水保措施及政府批复文件要求作为交底内容，确保在工程建设的各阶段有效落实。

6.5.7 基础基建新技术

（1）基础的推荐应用类新技术清单见表6.5-2。

表6.5-2　基础的推荐应用类新技术清单

技术名称	技术特点	适用条件
岩石锚杆基础施工技术	（1）充分利用原状岩体高强度，低变形力学性能，具有良好的抗拔能力，避免人工凿削和爆破作业对基础岩石基面和林木植被的破坏。 （2）可实现全机械化施工，降低作业安全风险	（1）覆盖层厚度（含全风化层）不宜超过2.5m。 （2）适用于岩体基本质量等级为Ⅰ～Ⅳ级的岩石地基。 （3）锚杆设计深度范围内不宜有地下水。 （4）地形坡度不宜超过30°。 （5）适用于交通条件较好，便于机械装备进场及作业的场地
螺旋锚基础施工技术	（1）利用锚盘螺旋状结构及作用于顶部的安装扭力，实现对地基土体的切削及旋进，充分利用深层土体抗力，满足基础上拔、下压、水平承载力要求。 （2）可实现全机械化施工，现场作业实现"零混凝土浇筑、零弃料、零养护期"	（1）适用于黏性土、粉土、砂土以及粒径5cm以内的碎石土地质条件。 （2）适用于地下水及土壤存在中等及以下腐蚀的地区。 （3）适用于交通条件较好，便于机械装备进场及作业的场地

（2）发布的基础应用类新技术清单见表6.5-3。

表6.5-3　发布的基础应用类新技术清单

技术名称	技术特点	适用条件
预制微型桩基础施工技术	（1）将钻孔桩与预制管桩的优点集中在一起，有效防止钻孔桩夹泥、断桩，以及预制桩下沉困难或沉桩偏差问题。 （2）管桩及承台在工程批量化生产、现场拼接、装配成型，全过程机械化施工	（1）适用的地质条件为可塑黏性土、硬塑黏性土、碎石土土质及全风化、强风化、中风化岩石地质。 （2）作业采用小型钻机，适用于进场道路宽度不小于2.5m、山区坡度不超过25°的作业区域

6.6 接地装置

6.6.1 接地电阻允许值

杆塔接地电阻要求：根据《110kV～750kV架空输电线路设计规范》（GB 50545—2010）要求，在雷季干燥时，不连地线的工频接地电阻不应大于表6.6－1所列数值。

表6.6－1 杆塔工频接地电阻一览表

土壤电阻率ρ（$\Omega \cdot m$）	100及以下	100～500	500～1000	1000～2000	2000以上
工频接地电阻（Ω）	10	15	20	25	30

计算雷电保护接地装置所采用的土壤电阻率时，应取雷季中最大值，并将雷季中无雨水时所测得的土壤电阻率乘以土壤干燥时的季节系数。土壤干燥时的季节系数ρ见表6.6－2。

表6.6－2 土壤干燥时的季节系数ρ

埋深（m）	水平接地极	2～3m的垂直接地极
0.5	1.4～1.8	1.2～1.4
0.8～1.0	1.25～1.45	1.15～1.3
2.5～3.0	1.0～1.1	1.0～1.1

6.6.2 常见接地型式

常见角钢塔接地型式见图6.6－1～图6.6－3，常见钢管杆接地型式见图6.6－4和图6.6－5。接地引下线和水平接地极的材质以直径12mm的镀锌圆钢为主，钢管杆通常加装等边角钢作为垂直接地极。

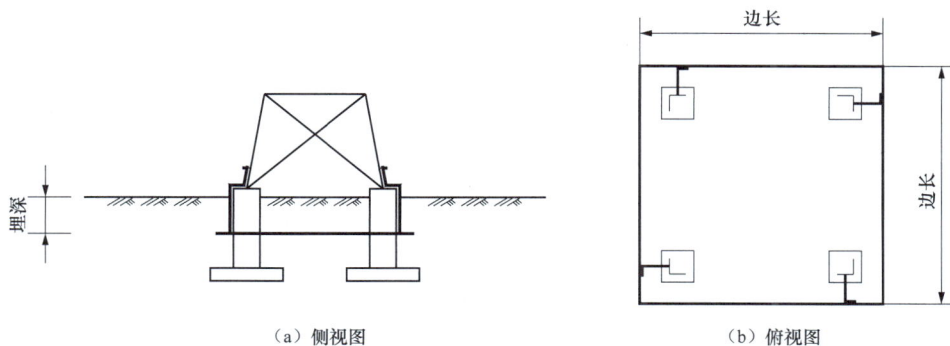

（a）侧视图　　　　　（b）俯视图

图6.6－1 角钢塔接地型式一

（a）侧视图

（b）俯视图

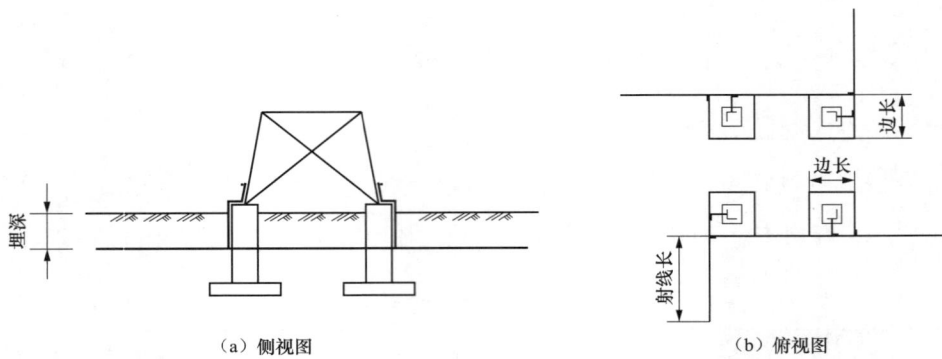

图6.6-2　角钢塔接地型式二

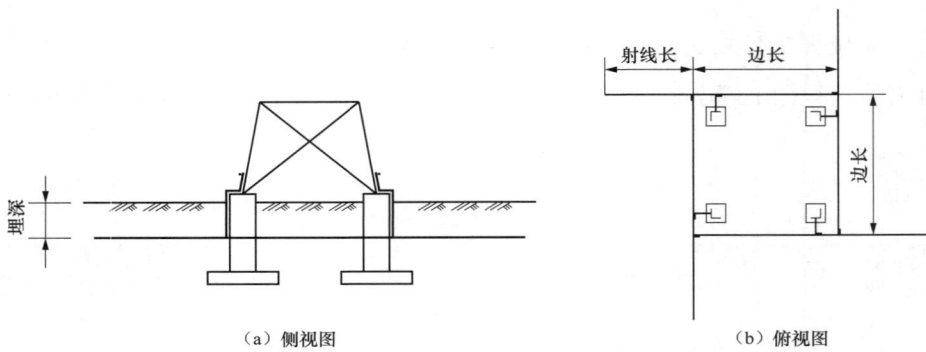

（a）侧视图

（b）俯视图

图6.6-3　角钢塔接地型式三

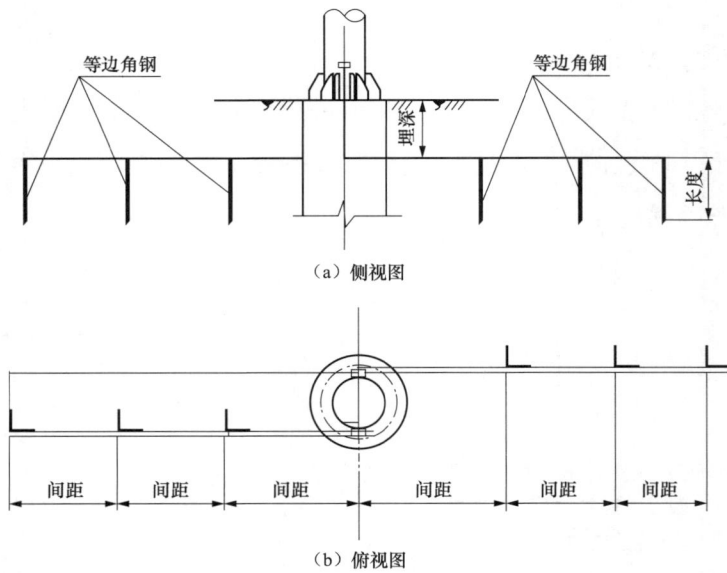

（a）侧视图

（b）俯视图

图6.6-4　钢管杆接地型式一

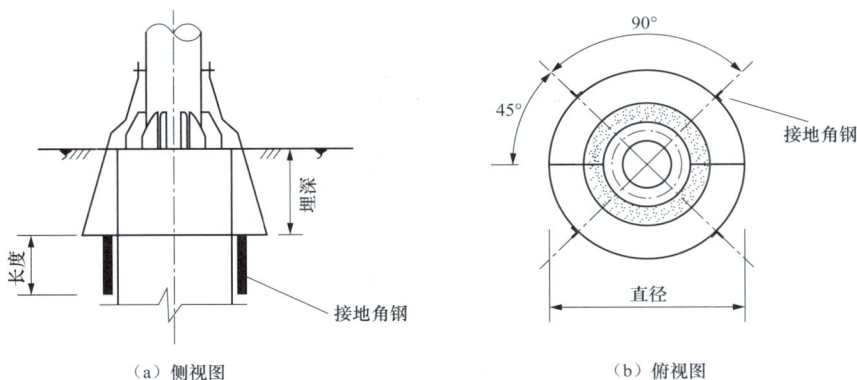

（a）侧视图　　　　　　　　　　　　（b）俯视图

图6.6-5　钢管杆接地型式二

6.7　路径选择

6.7.1　路径选择

6.7.1.1　路径选择的原则

输电线路的路径方案的选择在输电线路的整个设计周期中至关重要，路径方案的选择通常要结合系统方案、变电站空间布局、国土空间规划要求等，统筹兼顾后，开展路径选择工作。具体的路径方案设计时常受地方发展规划、水文气象条件、矿产资源、地形地貌、交通条件、生态红线和重要交叉跨越等因素制约。工作重点是实现路径方案的可行性论证，防止出现颠覆性的因素。

（1）输电线路的路径选择应具有前瞻性、科学性、严肃性。结合地方总体规划，统筹规划输电线路的走向和走廊宽度，提高其整体利用率。

（2）对输电线路的路径方案应进行综合技术经济比较，方便施工运行。可行性研究、初步设计阶段原则上选择两个及以上可行的路径方案，对线路方案进行精细优化。

（3）路径选择时应充分征询地方政府及有关部门对路径方案的意见和建议，应取得规划、国土、军事、环保、林业等部分对路径方案的批准协议。路径方案应满足与铁路、高速公路、机场等各类障碍物之间的安全距离要求或相关协议要求。

（4）输电线路路径选择应避开军事设施、大型工矿企业等重要设施及原始森林、风景名胜区及水源地保护区及自然保护区的核心区和缓冲区等，当无法避让时，应进行充分论证并采取必要的措施。

（5）路径选择宜避让林木密集覆盖区，对协议允许通过的集中林区、宜林地、果园、经济作物区，一般应根据树木自生长高度按跨越设计，以减少树木砍伐和对生态环境的影响。

（6）输电线路路径选择应尽可能靠近现有国道、省道、县道及乡村公路，改善交通条件，方便施工和运行。

（7）输电线路路径选择应在有条件的情况下，尽量减少交叉跨越已建的输电线路，以降低施工过程中的停电损失，提高安全可靠性。

（8）线路设计过程中要充分跟踪沿线在建、拟建输电线路、公路、铁路、管线、航道及其他设施的建设进展，避免相互冲突。

6.7.1.2 路径选择的注意事项

（1）对协议允许通过的集中林区，线路应尽量在树木稀疏的地域通过，应避让林区内的母树林及珍贵稀有树种区域。对线路通道内零星保护树木或古树，应尊重当地风俗习惯，因地制宜地采取避让或高跨等有效措施。

（2）在选择输电线路路径时应避让自然保护区的核心区和缓冲区，风景名胜区的核心景区，森林公园的珍贵景物、重要景点和核心景区，地质公园的地质遗迹保护区、饮用水水源一级保护区等法律禁止区域。

（3）在选择输电线路路径时宜避让已有的各种矿产采空区、开采区、采动影响区及规划开采区。若不能避让，同塔多回线路在穿越矿产采空区时，宜采用单回路通过，以减少地面塌陷对线路的影响。

（4）在选择同走廊架设的多回线路路径时，应充分考虑电磁环境、电气距离、横担长度、塔位布置等影响线路走廊宽度的因素，确保在安全可靠的前提下，减少走廊宽度与拆迁，降低工程投资。

（5）已运行线路开断接入变电站工程在选择路径方案时，要充分考虑永临结合，并结合建设时序，对提前预留、一次建成、站口搭接等方案进行比较，确保线路间相互影响最小。

（6）由于军用机场、民用机场、军民合用机场对线路有不同的净空要求，在选择输电线路路径时应注意采用不同的规范或标准。

（7）在选择输电线路路径时，应注意各类无线台站、地震台、地磁台、管线等设施对各电压等级的交直流线路有不同的安全距离要求。

6.7.2 路径协议

路径协议工作是贯穿整个路径选择的整个工作过程中的。在可行性研究阶段，应开展全面的收资协议工作；在初步设计阶段，需要对可行性研究阶段的协议内容进行复核和补充；在施工图阶段需要对前期协议中关键内容进行复核和落实，部分部门需要进一步取得相关协议。输电线路路径选择主要收资一览表见表6.7-1。

表6.7-1 输电线路路径选择主要收资一览表

序号	收资协议单位	收资内容
1	市、县级自然资源与规划局	征询线路是否涉及生态红线，取得与线路有关的城、镇现有和规划的平面图及同意线路走向的文件，并请提供有关协议单位名单；收集沿线土地资源的有关情况，取得同意线路路径通过的正式书面意见（需对线路路径图纸加盖公章），亦可提出需进行压覆矿产及地质灾害危险性评估的意见
2	市、县级政府及各乡镇政府	征得对线路路径方案的同意，并取得书面意见，同时需要对线路路径图纸加盖公章
3	市、县地震局	了解沿线各类地震台（站）的分布，并取得同意线路路径的正式意见
4	市、县水务局、港航局、引江济淮公司	收集江河上现有及规划水库、河道、电站、排灌系统等水利设施的位置、淹没范围；收集河流的水文资料。通航河流应收集航运及5年一遇时的最高水位、船舶种类、桅杆高度、航道位置。若在水库下方通过时，还应收集水坝建设标准、溢洪道位置和排流方向以及水坝的可靠性等资料。征求对线路跨越水库的意见。得到同意线路路径的正式意见
5	市、县交通（或公路）部门（包括高速公路管理部门）	收集沿线现有及拟建的公路（包括高速公路）走向、等级及重要桥涵等设施资料，并取得同意线路路径方案的书面意见
6	市、县级地方区乡林业和园林局等相关部门	收集沿线各类自然保护区、林木资源的分布情况，包括林区范围、林区性质（如天然林、人工林等）、树木种类、密度、平均树径及自然生长（或采伐）高度等，并取得对线路通过的书面意见和要求
7	市、县级应急管理部门	了解沿线有无危险品存放及加工场所
8	市、县级人民武装部	了解现有及拟建的与各路径方案有关的军事设施的位置、影响范围及有关规定，取得对线路通过的要求或同意的书面意见
9	市、县级文物管理部门	了解线路沿线有无文物古迹等资源，并取得同意线路通过的书面意见，亦可提出需要进行压覆文物评估的建议
10	市、县级旅游部门	收集沿线旅游资源情况，并取得同意线路通过的书面意见
11	上海铁路局、轨道公司	收集沿线现有及拟建的铁道、通信信号灯设施资料及对保护措施的意见，并收集线路运行中的风、冰等灾害资料。取得允许线路通过的协议
12	各级通信公司、线务局	收集沿线现有及拟建的地上及地下通信设施、国防光缆等资料及线路运行中的风、冰等灾害资料，征求对通信保护方面的意见
13	民航部门	收集现有及拟建机场的位置、等级、起降方向以及导航台的位置、气象资料等，了解影响线路通过的有关规定，取得同意线路通过的书面意见
14	园区、开发区、经开区等管委会	收集园区、开发区、经开区的规划图，征询输电线路穿越要求，并取得同意线路通过的书面意见

序号	收资协议单位	收资内容
15	燃气公司	收集已建及拟建的地上、地下燃气管道、设备等的建设位置，以及线路穿过燃气时对线路的要求，并取得同意线路通过的书面意见
16	石油、化工管理部门、油田、炼油厂	收集现有及开发的油田范围、地上、地下管线、设备等的建设位置，以及线路穿过油田时对线路的要求。收集化工厂或炼油厂排出物（气、水、灰等）扩散范围以及对线路的影响等资料，并取得同意线路通过的书面意见
17	火药库、油（气）库、采石场、砂石管理所、沿线工、矿企业	收集建筑设施的位置以及正常及事故时对线路的影响范围。了解采石场已开采年限、产值、规模和营业情况（包括有否经政府批准的文件）并取得同意线路通过的书面意见

6.7.3 通道设计

6.7.3.1 主要工作内容

（1）收集输电线路沿线规划、国土、矿产、林业、文物、军事、通信、交通、水利等与确定路径方案有关的资料，并取得相关协议。

（2）调查输电线路沿线树木的分布、种类、自然生长高度、数量，确定设计方案。

（3）调查输电线路沿线厂矿、企业等障碍设施的位置，确定避让或拆迁方案，并协助建设单位取得赔偿协议。

（4）落实环境影响、水土保持、地质灾害、压覆矿产、文物、地震安全、防洪评价等专项评估报告的批复意见。

（5）收集国家、地方与输电线路通道清理的相关政策，并遵照执行。

（6）列出影响输电线路安全运行的障碍物性质、数量及处理方法。

6.7.3.2 主要原则

（1）房屋拆迁。由于民房通常含有辅房、辅助设施、院子等，《国网安徽省电力公司关于印发输电线路通道差异化清理原则的通知》（电运检工作〔2016〕337号）规定：原则上，拆主房时同步拆迁附房，附房拆迁时不考虑主房，根据现场民事协调情况附房可采取高跨方式，但需征得产权人、运行单位和建设单位三方同意，并签订协议。因此需要拆迁的房屋应按主房、附房、辅助设施等分开考虑。其中主房包括主要居住用房屋、厨房；辅房包括柴房、工具间、牲口棚等；辅助设施包括晒坪、院墙、挡土墙等。主房拆迁后原则上应将辅房及辅助设施一同拆迁；只需拆辅房及辅助设施且具备重建条件时，原则上可以不拆主房，可适当进行补偿。同时还应考虑连排房屋的整体拆迁问题。房屋拆迁面积按照滴水檐投影面积计算，地下室、阁楼、隔热层等面积计算按层高分别计算：层高在2.2m以下的减半，层高在2.2m及以上的按100%面积计算。

（2）林木砍伐。在规划路径方案时应避免线路经过集中林场、经济类作物等生态敏感类林地，对于无法避免的线路工程，通过向工程所在地的县级以上林业部门了解沿线林木的属性、种类等情况，通过综合比选后确定路径方案。必要的情况下应委托具有相应资质单位开展使用林地资源勘查和评估工作，尽可能避让生态林和公益林的范围。

110kV及以上电压等级线路跨越竹林、林场、经济林、防护林、公益林、退耕还林等成片林区及行道树木，应按高跨设计，跨越树种的自然生长高度参照表6.7－2。

表6.7－2　安徽省电力走廊常见树种优势树高一览表

树种	优势树高	树种	优势树高
银杏	30	榆树	20
湿地松、火炬松	20	榉树	20
马尾松	25	朴树	18
黄山松	25	白玉兰、广玉兰	15
杉木	20	鹅掌楸	20
柳杉	30	香樟	20
池杉	20	檫木	25
水杉	25	枫香	25
柏类	20	桃、柿等果树	10
杨树	25	槐树、刺槐	15－18
柳树	18	臭椿、楝树、香椿	15－18
核桃	18	栾树	15
薄壳山核桃	35	石楠、女贞、桂花	10
山核桃	20	泡桐	15
香榧	25	梓树、楸树	15
板栗树（嫁接）	15	硬阔类	15
麻栎、栓皮栎	20	毛竹	18

对于线路通道内零星保护树木、风水树、古树、坟头树，应尊重当地风俗习惯，不得砍伐，经综合经济比较后应采取避让或高跨等措施。

建设管理、施工和监理单位应加强通道清理保护工作，紧密依靠地方党委政府，及时制止抢栽、抢种现象，必要时采取法律手段维护工程建设正当权益。

6.8 "三跨"

6.8.1 定义

"三跨"的定义是指跨越高速铁路、高速公路和重要输电通道的架空输电线路区段。

（1）高速铁路。根据中国铁路总公司《铁路技术管理规程（高速铁路部分）》（2014年）总则中明确"本规程包括高速铁路和普速铁路两部分，本部分为高速铁路部分，适用于200km/h及以上的铁路和200km/h以下仅运行动车组列车的铁路"，即对高速铁路给出了定义：200km/h及以上的铁路和200km/h以下仅运行动车组列车的铁路。

（2）高速公路。根据GB 50545—2010 附录G "公路等级给出的定义是：专供汽车分向、分车道行驶并应全部控制出入的多车道公路"。根据目前在运高速公路命名规则，高速公路又分为G开头的国家高速和S开头的省高速。

（3）重要输电通道。重要输电通道见图6.8-1，由国家电网公司企业标准《重要输电通道风险评估导则》（Q/GDW 11450—2015）提出，重要输电线路由构成核心骨干网架的架空输电线路和战略性架空输电线路组成；重要输电通道由若干重要输电线路组成，分为国家电网公司级和省公司级。重要输电通道由两回及以上中心距离一般不超过600m的重要输电线路组成。

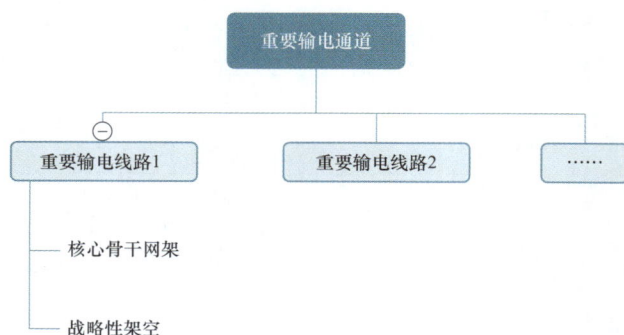

图6.8-1 重要输电通道

6.8.2 相关要求

（1）新建线路宜避开山火易发区，无法避让时，宜采用高跨设计，并适当提高安全裕度；无法采用高跨设计时，重要输电线路应按照相关标准开展通道清理。

（2）线路路径选择时，宜减少"三跨"数量，且不宜连续跨越；跨越重要输电通道时，不宜在一档中跨越3条及以上输电线路，且不宜在杆塔顶部跨越。

（3）"三跨"线路与高铁交叉角不宜小于45°，困难情况下不应小于30°，且不应在铁路车站出站信号机以内跨越；与高速公路交叉角一般不应小于45°；与重要输电通道交叉角不宜小于30°。线路改造路径受限时，可按原路径设计。

（4）"三跨"应尽量避免出现大档距和大高差的情况，跨越塔两侧档距之比不宜超过2∶1。

（5）"三跨"线路跨越点宜避开2级及3级舞动区，无法避开时以舞动区域分布图为依据，结合附近舞动发展情况，宜适当提高防舞设防水平。

（6）"三跨"应采用独立耐张段跨越，杆塔结构重要性系数不应低于1.1，杆塔除防盗措施外，还应采用全塔防松措施；当跨越重要输电通道时，跨越线路设计标准不应低于被跨越线路。

（7）"三跨"线路跨越点宜避开重冰区。对15mm及以上冰区的特高压"三跨"和5mm及以上冰区的其他电压等级"三跨"，导线最大设计验算覆冰厚度应比同区域常规线路增加10mm，地线设计验算覆冰厚度增加15mm；对历史上曾出现过超设计覆冰的地区，还应按稀有覆冰条件进行验算。

（8）易舞动区防舞装置（不含线夹回转式间隔棒）安装位置应避开被跨越物。

（9）500kV及以下"三跨"线路的悬垂绝缘子串应采用独立双串设计，对于山区高差大、连续上下山的线路可采用单挂点双联，耐张绝缘子应采用双联及以上结构形式，单联强度应满足正常运行状态下受力要求。"三跨"地线悬垂应采用独立双串设计，耐张串连接金具应提高一个强度等级。

（10）"三跨"区段宜选用预绞式防振锤。风振严重区、易舞动区"三跨"的导地线应选用耐磨型连接金具。

（11）跨越高铁时应安装分布式故障诊断装置和视频监控装置；跨越高速公路和重要输电通道时应安装图像或视频监控装置。

（12）"三跨"地线宜采用铝包钢绞线，光缆宜选用全铝包钢结构的OPGW光缆。

（13）对特高压线路"三跨"，跨越档内导地线不应有接头；对其他电压等级"三跨"，耐张段内导地线不应有接头。

（14）750kV及以下电压等级输电线路"三跨"金具应按照施工验收规定逐一检查压接质量，并按照"三跨"段内耐张线夹总数量10%的比例开展X射线无损检测。

6.9 输电线路"六区图"

6.9.1 风区

风区的选择对杆塔模块选择具有直接影响。风区的划分一般参照最新国家电网公司风区分布图，以及气象观测站的数据，再经过统计分析后获得，同时结合历年强风倒塔和风偏跳闸事故分析确定，并根据电压等级选择对应重现期。风区重现期划分见表6.9-1。

表6.9-1 风区重现期划分

电压等级	重现期
110～220kV输电线路及其大跨越	30年一遇
500kV交直流输电线路及其大跨越	50年一遇
特高压交直流输电线路及其大跨越	100年一遇

安徽省电网风区分布具有以下特点：

（1）皖西大别山区、皖南山区以及马鞍山陶厂等地风速最高，为29m/s。

（2）皖北的砀山、萧县地区、皖南的平原和丘陵地区及淮南—合肥、蚌埠—滁州、马鞍山大部分地区的500kV线路通道附近区域风速次之，为27m/s。

（3）皖北的其他地区、东部与江苏交界地区风速为25m/s。

6.9.2 冰区

电网冰区分布图和使用导则是输电线路设计、设备选型和生产运行维护的重要依据。冰区的选择对杆塔模块选择具有直接影响。冰区的划分一般参照最新国家电网公司风冰区分布图，以及气象观测站的数据，再经过统计分析后获得，同时结合历年的覆冰事故分析确定，并根据电压等级选择对应重现期。冰区分级标准见表6.9-2。

表6.9-2 冰区分级标准　　　　　　　　　　　　　　　　　　（mm）

冰区分类	轻冰区		中冰区		重冰区			
设计冰厚范围	0～5	5～10	10～15	15～20	20～30	30～40	40～50	50以上
冰区分级	5	10	15	20	20 30	30 40	40 50	50 60…

安徽省电网冰区分布具有以下特点：

（1）皖北、皖中和皖东地区覆冰较轻，标准覆冰厚度多在5～10mm，仅宿州、阜阳等局部地区覆冰厚度达10~20mm。

（2）皖西大别山区和皖南山区是最易覆冰的地区，大部分区域为中、重冰区，其中黄山光明顶附近山区覆冰厚度最大，达到50mm以上。

（3）安庆望江、池州、铜陵等局部沿江西部地区覆冰厚度达10~15mm及以上。

6.9.3 污区

污区的划分影响线路金具串绝缘配置。安徽省发布的污区分布图中污秽等级以统一爬电比距表示，统一爬电比距是指绝缘子表面爬电距离与绝缘子两端最高运行电压（对于交流系统，为最高相电压）之比，单位为mm/kV。爬电比距是绝缘子表面爬电距离与设备标称电压之比。爬电比距与统一爬电比距的对应表见表6.9-3。

安徽地区不设置a、b级，并且c、d、e级细化为c1、c2、d1、d2、e1和e2级。

表6.9-3　爬电比距与统一爬电比距的对应表

污秽等级名称	爬电比距（cm/kV）	统一爬电比距（mm/kV）
a	1.7	27
b	2.0	32
c1	2.3	36
c2	2.5	40
d1	2.8	44
d2	3.0	47
e1	3.2	50
e2	3.5	55

新建输电线路应尽量避开类似马钢高炉、烟囱、炉渣堆等具有高温性、强导电性污染源，对其附近绝缘子配置宜采用双伞等伞形合理的瓷质绝缘子。

6.9.4 舞动区

舞动分布图划分原则见表6.9-4。安徽省舞动区域分布情况如下：

（1）安徽省整体舞动发生情况较少，舞动区域以1级区和0级区为主。

（2）3级舞动区主要分布在沿江西南的安庆、池州、铜陵地区；2级舞动区主要分布在安庆的部分地区、合肥中南部地区及皖西北的部分地区等。

（3）皖西大别山区、皖南山区地形起伏度较大，除局部微地形区域外，不易发生舞动。

表6.9-4　舞动分布图划分原则

舞动区域等级	具体划定原则
3级区（强）	10年舞动修订日数大于等于140的区域
2级区（中）	10年舞动修订日数大于等于90且小于140的区域
1级区（弱）	10年舞动修订日数大于等于50且小于90的区域
0级区（非）	10年舞动修订日数小于50的区域

基建和设计阶段，主要需要考虑以下措施：

（1）线路路径选择应以舞动分布图为依据。新建线路经0级舞动区域可不考虑防舞措施；1级舞动区根据线路走向与主导风向夹角，考虑安装微气象和视频在线监测装置。

（2）新建线路宜适当避开2级及以上舞动区域，不能避开时应尽量使线路路径与冬季主导风向的夹角不超过45°，大于45°区域线路需采取防舞动措施，如线夹回转式间隔棒＋双摆防舞器、相间间隔棒等。

（3）2级及以上舞动区域线路及发生过线路舞动的区域应提高连接金具的耐磨防松性能，并提高引流线金具的强度。

（4）2级及以上舞动区域线路以及发生过舞动的线路全塔螺栓应采取双帽防松措施，螺栓紧固率达到99%以上。

6.9.5 雷区

在输变电工程初步设计阶段，应根据安徽电网雷区分布图，并结合所途经单位提供的运行经验，优化路径，尽可能避开综合地闪密度D1、D2级或绕击/反击风险Ⅳ级地区。

输电线路杆塔地线对边导线的保护角规定如下：综合地闪密度C2级或绕击/反击风险Ⅲ级及以下的区域，对于同塔双回直线塔，220kV及以上输电线路的保护角均不大于0°，110kV线路均不大于10°。对于单回路，500kV线路避雷线对导线的保护角不大于10°，220kV及以下的其他线路宜小于15°；综合地闪密度C2及以上等级或绕击/反击风险Ⅳ级区域的保护角相应减少5°。

设计阶段杆塔接地电阻设计值应参考相关标准执行，对220kV及以下电压等级线路，若杆塔处土壤电阻率大于1000Ω·m，且综合地闪密度处于C1及以上，则接地电阻较设计规范宜降低5Ω。

6.9.6 鸟害区

鸟害主要分为鸟巢类危害和鸟粪类危害，均应防范。防鸟措施上，之前安徽省防鸟措施多采用鸟刺、防鸟风车等措施，从防鸟效果来看，效果有限。之后国网安徽电力防鸟工作开始转变思路，防鸟方式上开始以封堵为主，多种手段并施开展防鸟工作。杆塔构件尺寸较小的塔型（如水泥杆、110/220kV猫头塔等）宜采用防鸟封堵箱封堵，杆塔构件尺寸较大的塔型可用防鸟封堵箱封堵或采用防鸟挡板覆盖横担导线挂点部分平面。采取封堵措施的同时应综合配置防鸟刺等其他措施。

配置原则上，110、220kV线路对鸟巢类故障和鸟粪类故障均应防范，按照鸟巢类故障风险区和鸟粪类故障风险区综合考虑防鸟措施；500kV线路主要防范鸟粪类故障，按照鸟粪类故障风险区配置防鸟装置，原则上不考虑鸟巢类故障的防范措施（由于500kV绝缘配置高，鸟类筑巢材料引起的短接不足以引起线路跳闸）。

配套措施方面，220kV以上线路除使用封堵措施之外，选择安装防鸟刺和驱鸟风车配合安装，涉鸟故障风险Ⅱ级以上风险区的线路应在绝缘子挂点正上方安装防鸟刺，防鸟刺以布满挂点位置为宜，阻止鸟类停留。驱鸟风车配合安装在挂点附近横担上，以便达到驱鸟作用；新建线路若采用合成绝缘子，均压环或第一片增大复合伞群。常用防鸟措施类别及对应措施见表6.9-5。

表6.9-5 常用防鸟措施类别及对应措施

防鸟措施类别	措施内容
第1种	以防鸟封堵箱为主，防鸟刺满装配合使用
第2种	以防鸟挡板为主，防鸟刺满装配合使用
第3种	防鸟刺或风车满装

110kV线路防鸟措施选择：处于Ⅰ级风险区域的一般线路可不装防鸟装置，重要断面及重要用户供电线路应安装防鸟装置；处于Ⅱ、Ⅲ级风险区域的线路，长江以南地区宜采用第1种或第3种防鸟措施，江淮之间等中部地区可根据运行经验选择其中一种防鸟措施，淮河以北地区宜采用第2种或第3种防鸟措施。

220kV线路防鸟措施选择：处于Ⅰ级风险区域的线路宜采用第3种防鸟措施；处于Ⅱ级、Ⅲ级风险区域的线路，长江以南地区应采用第1种或第3种防鸟措施，江淮之间等中部地区可根据运行经验选择其中一种防鸟措施，淮河以北地区宜采用第2种或第3种防鸟措施。

500kV交直流线路防鸟措施选择：根据鸟类活动情况宜采用第3种防鸟措施，配合使用人工鸟巢、风车等防鸟措施。

6.9.7 微地形与微气象

（1）定义。安微地形是指在小尺度范围内对局部气候环境有显著影响的相对微小的地表形态，一般包括地形地貌、植被类型、土壤性质、周围环境。微气象是指在一个特殊的局地小环境内，因下垫面性质的差异而形成的近地层大气的小范围气候，一般包括地面大气层的温度、湿度和风速等气候条件。微地形、微气象区通常关联存在，简称"两微"区域。

（2）相关要求。勘测阶段应开展"两微"特征甄别，对"两微"地区进行现场踏勘，辨明现场情况，分析影响程度和范围，重点对垭口、高山分水岭、峡谷风道等"两微"地区的覆冰、风速分布特点深入查勘，分析"两微"地区对风速和覆冰取值的影响，合理确定需加强抗冰或抗风设计区段。

6.10 机械化施工

6.10.1 定义

长久以来，施工现场一直停留在"人力为主、机械化为辅"的状态，施工机械化程度低，施工设备简易。随着人工费用持续增高，人力为主、机械为辅的施工方式将不可持续。

"机械化施工"是指在施工过程中应用机械化设备。推进机械化施工，落实输电线路全过程机械化施工，可极大限度满足输电线路施工机械化率提升需要，在降低施工成本的基础上还能落实对安全风险的有效控制。

6.10.2 机械化率要求

架空输电线路施工工序包括物料运输、基础施工、组塔施工、架线施工4个主工序。其中，基础施工划分为基坑开挖、钢筋笼绑扎、混凝土浇筑3个子工序；组塔施工划分为塔材吊装、塔片组装、塔材紧固3个子工序；架线施工划分为放线、提线紧线、导线压接、附件安装4个子工序。表6.10-1给出了各个主工序以及子工序对应机械化率占比权重和常见选用设备。

表6.10-1 架空输电线路工程机械化施工应用率评价表

序号	工序 名称	工序 权重	子工序 名称	子工序 权重	评价得分 基本分（0~1.0）高机械化	评价得分 基本分（0~1.0）低机械化	评价得分 加分项（0~0.1）新装备
1	物料运输	0.1	物料运输	0.1	1.0分：直升机/无人机物料吊运、履带/轮胎式运输车、轻型卡车、水陆两用运输设备、沼泽钢轮车、标准化索道（索道牵引机）、轨道运输车 0.8分：三轮汽车/低速货车	0.2分：简易索道（后桥式索道牵引机）0分：人力畜力运输	索道自动上下料装置、遥控索道牵引机等新型先进装备
2	基础	0.35	开挖	0.2	1.0分：旋挖钻机、螺旋钻机、岩石锚杆钻机、静压打桩机、螺旋锚钻机、潜水钻机、回转钻机、磨盘钻机、岩石开裂机 0.8分：分体式钻孔机、机械洛阳铲、岩石开裂机	0.2分：冲孔打桩机、冲抓孔机、水钻钻 0分：风镐、人工开挖或爆破	分体式钻孔机（山区可用索道运输）、轮步式作业平台等新型先进装备
3			钢筋笼加工	0.05	1.0分：钢筋笼自动加工设备	0.2分：钢筋绑扎机器 0分：人工绑扎	钢筋组绑机器人等先进装备
4			浇筑	0.1	1.0分：罐式运输车、混凝土泵车 0.8分：小型简混机械运输车（除罐式外）	0.2分：自落式搅拌机、强制式搅拌机 0分：人工搅拌、浇筑等	新型混凝土拌制、运输等装备等先进装备
5	组塔	0.35	塔材吊装	0.25	1.0分：落地摇平臂抱杆、直升机及配套工具、履带/轮胎式汽车起重机 0.8分：人字抱杆+双卷筒绞磨（拉线塔）	0.2分：悬浮抱杆 0分：人工组塔等	新型组塔起重机、或监测系统等先进装备
6			塔材组片	0.05	1.0分：履带/轮胎运车式起重机	0分：人工搬运组片等	塔材组片专用装备等新型先进装备
7			塔材紧固	0.05	1.0分：电动扭矩扳手、液压扭矩扳手、气动扭矩扳手	0分：普通扳手	自动螺栓紧固机器人等新型先进装备
8	架线	0.2	放线	0.05	1.0分：多旋翼无人机、直升机、集控可视化牵张系统 0.8分：气球、遥控飞艇等	0分：动力伞、人工背线、人工展线	新型放线或监测系统等先进装备
9			提线紧线	0.05	1.0分：电动紧线机、机动绞磨紧线	0分：人工紧线	卡线器推送机器人等新型先进装备
10			导线压接	0.05	1.0分：全自动压接机	0.2分：压接机	新型智能化压接机等先进装备
11			附件安装	0.05	1.0分：飞车、间隔棒运输机	0分：人工安装	自动安装机械（如机器人）等新型先进装备

第7章 电缆线路

7.1 电缆电气

7.1.1 电缆选型

7.1.1.1 导体材质

电缆导体材质可选用铜导体、铝导体或铝合金导体。电压等级1kV以上的电缆不宜选用铝合金导体。输电线路电缆一般选用铜导体。高压单芯电缆截面见图7.1－1。

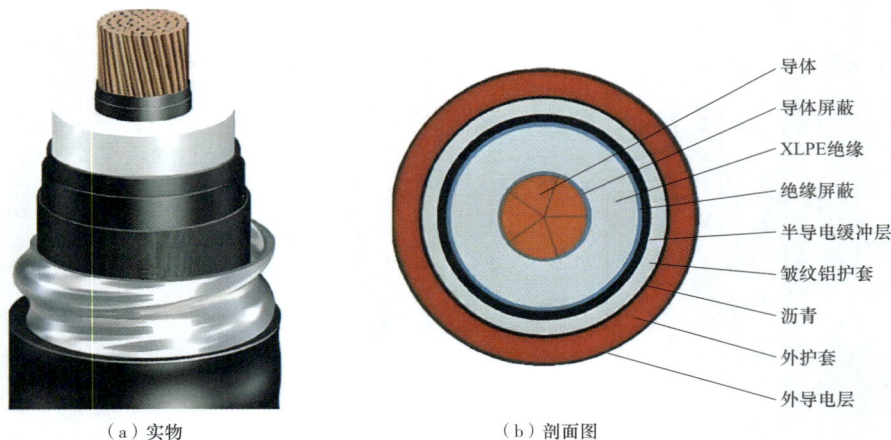

导体
导体屏蔽
XLPE绝缘
绝缘屏蔽
半导电缓冲层
皱纹铝护套
沥青
外护套
外导电层

（a）实物　　　　　　　　（b）剖面图

图7.1－1　高压单芯电缆截面

7.1.1.2 绝缘

（1）低压电缆宜选用交联聚乙烯或聚氯乙烯挤塑绝缘类型，当环境保护有要求时，不得选用聚氯乙烯绝缘电缆。

（2）高压交流电缆宜选用交联聚乙烯（XLPE）绝缘类型，也可选用自容式充油电缆。交联聚乙烯绝缘属单一介质的挤塑绝缘，具有无油化的特点，防火性能好，敷设安装方便，维护工作量少，而且介质损耗低，具有明显的优越性，目前应用较广。

（3）高压直流输电电缆可选用不滴流浸渍纸绝缘、自容式充油类型和适用高压直流电缆的交联聚乙烯绝缘类型，不宜选用普通交联聚乙烯绝缘类型。

（4）对6kV及以上的交联聚乙烯绝缘电缆，应选用内、外半导电屏蔽层与绝缘层三层共挤工艺特征的型式。

7.1.1.3 金属护层和非金属外护层

（1）交流系统单芯电力电缆，当需要增强电缆抗外力时，应选用非磁性金属铠装层，不得选用未经非磁性有效处理的钢制铠装。

（2）高压交联电缆的金属护层主要有铅套、皱纹铝套、平滑铝套、皱纹铜套、皱纹不锈钢套和铝塑综合护层。皱纹铝套机械强度高，抗蠕变性好，允许通过的短路电流大，重量轻，目前一般选用皱纹铝护层作为电缆金属护层。

（3）电缆的非金属外护层一般按正常运行时导体最高工作温度选择外护层材料，并须满足电缆使用环境的要求。

（4）非金属外护层材料主要有聚乙烯（PE）和聚氯乙烯（PVC）两种。在潮湿、含化学腐蚀环境或易受水浸泡的电缆，或有低毒性要求时，应选用聚乙烯外护层；其他情况可选用聚氯乙烯外护层。目前选用聚乙烯外护层较多。

（5）有水或化学液体浸泡场所的3～35kV重要回路或35kV以上的交联聚乙烯绝缘电缆，应具有符合使用要求的金属塑料复合阻水层、金属套等径向防水构造。

（6）应满足电缆耐火与阻燃的要求。

7.1.1.4 芯数

电缆芯数选型见表7.1-1。目前交流电缆，35kV及以下常用3芯电缆，110kV及以上常用单芯电缆。

表7.1-1　电缆芯数选型

类别		单芯	2芯	3芯
交流电缆	3～35kV	工作电流较大的回路或电缆敷设于水下		一般情况
	110kV及以上	一般情况		水下敷设
直流电缆	低压	蓄电池组引出线	一般情况	
	高压	一般情况	水下敷设	

7.1.1.5 导体截面选型

（1）最大工作电流作用下的电缆导体温度不得超过电缆绝缘最高允许值，持续工作回路的电缆导体工作温度应符合表7.1-2规定。

表7.1-2 常用电力电缆导体的最高允许温度

电缆		最高允许温度（℃）	
绝缘类别	电压（kV）	持续工作	短路暂态
聚氯乙烯	≤1	70	160（140，截面积大于300mm²时）
交联聚乙烯	≤500	90	250

（2）最大短路电流和短路时间作用下的电缆导体温度应符合表7.1-2规定。

（3）最大工作电流作用下，连接回路的电压降不得超过该回路允许值。

（4）10kV及以下电力电缆截面除应符合上述要求外，尚宜按电缆的初始投资与使用寿命期间的运行费用综合经济的原则选择。

（5）长距离电力电缆导体截面还应综合考虑输送的有功功率、电缆长度、高压并联电抗器补偿等因素确定。

7.1.1.6 常见高压电缆选型

常见高压电缆选型见表7.1-3。

表7.1-3 常见高压电缆选型

类型	名称	适用条件
YJLW02	交联聚乙烯绝缘皱纹铝护套聚氯乙烯外护套 电力电缆	隧道、电缆沟等空气中敷设需要阻燃的场所
YJLW03	交联聚乙烯绝缘皱纹铝护套聚乙烯外护套 电力电缆	隧道、管道或有水的场所
电压等级	电缆型号	导体截面
110kV	YJLW02、YJLW03型铜芯64/110kV交联聚乙烯绝缘皱纹铝护套电力电缆	630/800
220kV	YJLW02、YJLW03型铜芯127/220kV交联聚乙烯绝缘皱纹铝护套电力电缆	2000/2500

7.1.2 电缆附件及附属设备

7.1.2.1 终端

（1）电缆与六氟化硫全封闭电器直接相连时，应采用封闭式GIS终端。电缆与高压变压器直接相连时，宜采用封闭式GIS终端，也可采用油浸终端。电缆与电器相连且具有整体式插接功能时，应采用插拔式终端，66kV及以上电压等级电缆的GIS终端和油浸终端宜采用插拔式。此外，电缆与其他电器或导体相连时，应采用敞开式终端。电缆终端构造类型选择应按满足工程所需可靠性、安装与维护方便和经济合理等因素确定。35kV预制式户内终端、110kV户外终端分别见图7.1-2、图7.1-3。

图7.1-2　35kV预制式户内终端

图7.1-3　110kV户外终端

（2）终端的额定电压及其绝缘水平不得低于所连接电缆额定电压及其要求的绝缘水平。终端的外绝缘应符合安置处海拔高程、污秽环境条件所需爬电距离和空气间隙的要求。

（3）电缆终端的机械强度应满足安置处引线拉力、风力和地震力作用的要求。

7.1.2.2　接头

（1）电缆接头类型一般包含绝缘接头（见图7.1-4）、直通接头（见图7.1-5）、插拔式分支接头（见图7.1-6）、Y型接头、转换接头、过渡接头等，电缆接头构造类型应根据工程可靠性、安装与维护方便和经济合理等因素确定。

图7.1-4　绝缘接头

图7.1-5　直通接头

图7.1-6　插拔式分支接头

（2）接头的额定电压及其绝缘水平不得低于所连接电缆额定电压及其要求的绝缘水平。绝缘接头的绝缘环两侧耐受电压不得低于所连接电缆护层绝缘水平的2倍。

（3）应合理安排电缆段长，尽量减少电缆接头的数量，严禁在变电站电缆夹层、出站沟道、竖井和50m及以下桥架等区域布置电力电缆接头。

7.1.2.3 交流单芯电缆金属护层接地

（1）线路不长时，可采取在线路一端或中央部位单点直接接地。

（2）线路较长且单点直接接地无法满足要求时，水下电缆、35kV及以下电缆、输送容量较小的35kV以上电缆，可采取在线路两端直接接地。

（3）长线路宜划分合适的单元，且每个单元内按3个长度尽可能均等区段，应设置绝缘接头或实施电缆金属套的绝缘分隔，以交叉互联接地。

（4）电缆金属护层感应电压一般要求控制在50V以内，当电缆金属护层采取隔离措施后不得超过300V。

（5）电缆金属外护层和电缆中间接头应接入地网，接地电阻不宜大于1Ω。

7.1.2.4 过电压保护

（1）为防止电缆和附件的主绝缘遭受过电压损坏，应采取避雷措施或设置避雷器，电缆金属套、铠装和电缆终端支架必须可靠接地。

（2）单点直接接地的电缆线路，在其金属层电气通路的末端，应设置护层电压限制器。

（3）交叉互联接地的电缆线路，每个绝缘接头应设置护层电压限制器。线路终端非直接接地时，该终端部位应设置护层电压限制器。

7.1.3 电缆本体在线监测

（1）分布式光纤测温系统可对电缆温度进行在线监测，掌握其运行状况，避免发生电缆故障，见图7.1-7。

图7.1-7 分布式光纤测温系统主机

安徽省内电缆工程的电缆本体表面测温光缆通常为可拆卸式绑扎方式，敷设在电缆本体的侧面，不得敷设在电缆本体的正上方。电缆接头及终端处测温光缆应敷设在电缆接头的侧面，不得敷设在电缆本体的正上方，在电缆接头侧面缠绕不少于2圈，绑扎时应保证测温光缆有较大的弯曲半径。

（2）护层电流监测系统通过在电缆终端及中间接头处安装接地电流监测装置，实时监测接地电流瞬变、突变情况，实现对电缆接地故障的快速预警和准确定位，为线路抢修提供先决条件，见图7.1-8。

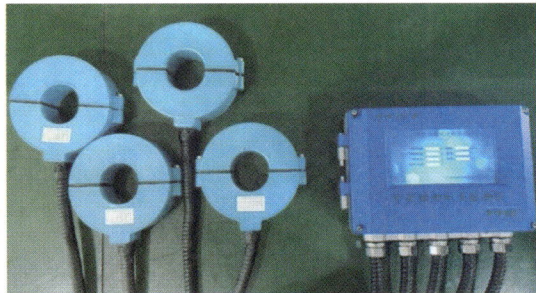

图7.1-8　护层电流监测仪

安徽省内工程，通常在接地线上安装接地电流采集装置，分别安装在站内终端与户外终端，数据传输监控主站。

（3）局部放电电流监测系统可及时发现潜在的绝缘缺陷和故障隐患，适用于高压开关柜、环网柜、GIS、高压电缆、断路器、变压器等多种高压电力设备，见图7.1-9。

图7.1-9　局部放电电流监测仪

安徽省内工程，通常在接地线上安装局放信号采集装置，数据传输监控主站。

7.1.4　电缆在隧道内的布置原则

（1）同一负载的双回或多回电缆，宜选用不同的通道路径，若同通道敷设时应两侧布置。

（2）中性点非有效接地方式且允许带故障运行的电力电缆线路不应与110kV及以上电压等级电缆线路共用隧道。同一通道内不同电压等级的电缆，应按照电压等级的高低从下向上排列，分层敷设在电缆支架上。

（3）隧道内电缆支架的层间垂直距离应满足电缆能方便地敷设和固定，在多根电缆同层支架敷设时，有更换或增设任意电缆的可能，电缆支架之间最小净距应满足相关规定。电缆支架的层间允许最小净距见表7.1-4。

表7.1-4　电缆支架的层间允许最小净距　　　　　　　　　　（mm）

电缆类型及敷设特征		支架层间最小净距
控制电缆		120
电力电缆	电力电缆每层一根	$D+50$
	电力电缆每层多于一根	$2D+50$
	电力电缆三根品字形布置	$2D+50$
	电力电缆三根品字形布置多于一回	$3D+50$
	电缆敷设于槽盒内	$H+80$

注　H为槽盒外壳高度；D为电缆标称外径。

（4）隧道内通道净宽不宜小于表7.1-5规定。

表7.1-5　隧道内通道最小净宽　　　　　　　　　　（mm）

电缆支架配置方式	开挖式隧道	非开挖式隧道
两侧	1000	800
单侧	900	800

（5）电缆的弯曲半径应满足表7.1-6要求。

表7.1-6　电缆最小弯曲半径

项目	35kV及以下的电缆				110kV及以上的电缆
	单芯电缆		三芯电缆		
	无铠装	有铠装	无铠装	有铠装	
敷设时	$20D$	$15D$	$15D$	$12D$	$20D$
运行时	$15D$	$12D$	$12D$	$10D$	$15D$

注　D为电缆外径。

7.1.5　综合管廊敷设的一般原则

（1）综合管廊指建于城市地下用于容纳两类及以上城市工程管线的构筑物及附属

设施，通常可敷设给水、雨水、污水、再生水、天然气、热力、电力、通信等城市工程管线。综合管廊工程建设应以综合管廊工程规划为依据。综合管廊应统一规划、设计、施工和维护，并应满足管线的使用和运营维护要求。综合管廊示意图见图7.1-10。

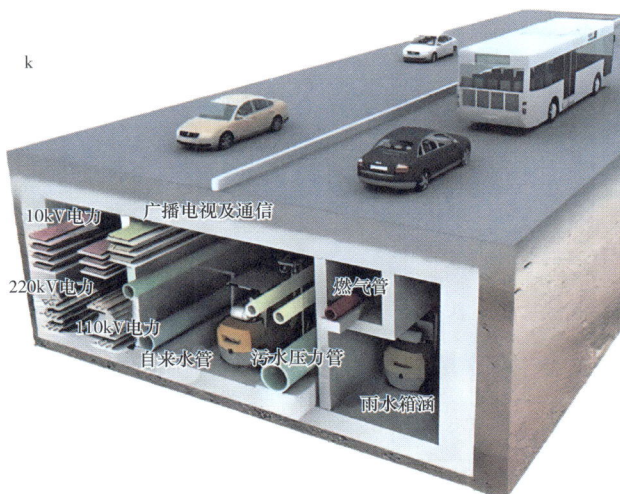

图7.1-10　综合管廊示意图

（2）电力舱是地下综合管廊中的一个舱室，其设计目的是集中管理和保护电力线路，特别是高压电缆。电力舱内不得布置热力管道，严禁有可燃气体或可燃液体的管道穿越。电力舱应满足电力隧道的相关要求。电力舱断面示意图见图7.1-11。

图7.1-11　电力舱断面示意图

（3）电力舱应采用金属支架，禁止采用复合材料支架；电力舱应设置独立的接地系统。

（4）电力舱应配置视频监测、消防报警、通风、排水、水位监控、出入口门禁、可燃气体等监测装置；电力电缆线路配置测温、接地环流等监测装置。电力舱内应布置永久无线通信系统。

（5）电力舱宜设置于综合管廊上部外侧，并应结合已有、在建及规划的电力工程做好进出口预留，进出口设置应满足规划电缆进出线需求。

（6）综合管廊投运前应明确管理职责，原则上电力舱内电缆线路电气部分运维管理由电力部门负责，电力舱土建及通风、照明、排水、消防等配套设施运维管理由当地政府负责。

7.1.6 电缆的支持和固定

（1）电缆应全长固定在支架、桥接、挂钩或吊架上，并满足允许跨距要求；35kV及以下电缆明敷时，应设置适当的固定部位。

（2）在35kV以上高压电缆的终端、接头与电缆连接部位宜设置伸缩节。未设置伸缩节的接头两侧应采取刚性固定或在适当长度内电缆实施蛇形敷设。

（3）电缆蛇形敷设的参数选择，应保证电缆因温度变化产生的轴向热应力无损电缆的绝缘，不致对电缆金属套长期使用产生应变疲劳断裂，且宜按允许拘束力条件确定。电缆蛇形敷设见图7.1－12。

图7.1－12　电缆蛇形敷设

（4）固定电缆用的夹具、扎带、捆绳或支托件等部件，应表面平滑、便于安装、具有足够的机械强度和适合使用环境的耐久性。

（5）电缆支架的材质一般为碳钢。单芯电缆电流较大时，为避免涡流损耗，宜配合隔磁板使用，也可采用非铁磁性材料支架。

（6）电缆支架应有防腐处理，支架的强度应满足电缆及其附件荷重和安装维护的受力要求。

（7）电缆支架连接应提前设置预埋件，避免后锚固对结构产生影响。

（8）金属电缆支架、桥架及竖井全长均必须有可靠的接地。严禁利用金属软管、管道保温层的金属外皮或金属网、低压照明网络的导线铅皮及电缆金属护层作为接地线。

（9）电气装置的接地必须单独与母线或接地网相连接，严禁在一条接地线中串接两个及两个以上需要接地的电气装置。

7.1.7 电缆防火和阻燃

（1）对爆炸和火灾危险环境、电缆密集场所或可能着火蔓延而酿成严重事故的电缆线路，防火阻燃措施必须符合设计要求。

（2）在隧道、沟、浅槽、竖井、夹层等封闭式电缆通道中，不得布置热力管道，严禁有可燃气体或可燃液体的管道穿越。

（3）密集区域（4回及以上）的110kV及以上电压等级电缆接头，应选用防火槽盒、防火隔板、防火毯、防爆壳等防火防爆隔离措施。电缆接头应用托板托置固定，电缆并列敷设时，接头位置宜相互错开，并不应设置在倾斜位置上。

（4）110kV及以上电压等级电缆在隧道内应选用阻燃电缆，其成束阻燃性能不应低于C级。与电力电缆同通道敷设的低压电缆、通信光缆等应穿入阻燃管，或采取其他防火隔离措施。

7.2　电缆土建

7.2.1 路径选择

（1）工程路径应符合城市总体规划及控制性规划对城市空间结构、功能分区和用地布局的要求，应与城市发展规划相互配合，同步规划，有条件时应与市政建设同步实施。

（2）工程路径宜沿现有或规划道路走线，其路径和埋深应综合考虑道路走向、对现有建（构）筑物与管线的影响、水文地质条件、采用的结构类型与施工方法、地形地貌、环境与景观以及运行维护等因素，经技术经济比较后确定。

（3）工程路径与相邻地下管线、地下建（构）筑物应保持一定的安全距离，最小间距应根据地质条件、建设顺序等因素，与相邻构筑物管理单位协商确定，并满足《城市电力电缆线路设计技术规定》（DL/T 5221）的要求。应避免电缆通道邻近热力管线、腐蚀性介质及易燃易爆的管道。

（4）工程无法避免穿越铁路、地铁、高速及城市快速路、河流、池塘、输油（气）管线、高压电缆线、市政管线等障碍物时，应明确处理方案。

（5）电缆路径及附属设施（出入口、通风口、放线口等）应取得规划部门及路径沿线相关部门的书面同意意见。

7.2.2 电缆敷设方式

7.2.2.1 一般原则

（1）电缆敷设方式可分为直埋、排管、拉管、明挖隧道、电缆沟、小口径顶管、顶管隧道、盾构隧道等。电缆敷设方式的选择，应视工程条件、环境特点和电缆类型、数量等因素，以及满足运行可靠、便于维护和技术经济合理的要求选择。电缆敷设方式选型见表7.2-1。

表7.2-1　电缆敷设方式选型

电压等级	敷设方式							
	直埋	排管	拉管	小口径顶管	电缆沟	明挖隧道	顶管隧道	盾构隧道
10 kV	可选	优选	可选	优选	优选	可选		
35 kV		优选	可选	优选	优选	可选		
110 kV		优选	可选	优选	优选	优选	优选	优选
220 kV 及以上					可选	优选	优选	优选

（2）直埋型式仅可用于10kV易开挖的电缆上杆段，且直埋长度不得超过20m，过路、重型车辆通行等区域不得采用直埋型式。重要用户10kV供电线路不应采用直埋方式。

（3）35～110kV电缆一般采用电缆排管、电缆沟型式。城市核心区及人口密集区宜采用电缆排管，有条件时也可采用隧道型式。有化学腐蚀液体或高温熔化金属溢流的地段，不得采用电缆沟敷设。

（4）对于必须采用非开挖工艺建设的35～110kV电缆通道，应优先选用小口径水平顶管型式，严格控制拉管的应用，如确需使用，应征得相关运维部门的同意。变电站出口段电缆不得采用拉管型式。

（5）变电站35～110kV电缆出口段可采用电缆沟或排管工井型式，且35～110kV电缆与220kV电缆宜采取不同路径出线，如不可避免时，应采取物理隔离措施。6回及以上的110kV电缆线路应采用隧道型式；重要变电站进出线、回路集中区域、电缆数量18根及以上或局部电力走廊紧张情况宜采用隧道型式。

（6）220kV电缆原则上采用隧道型式（不大于4回路的无接头短段电缆可采用电缆沟型式），不得采用拉管或排管敷设。确因条件限制不能采用隧道的地段，应对不同敷设方式进行运行环境、输送容量、设备抢修、检测等方面的综合比较后确定。隧道单舱内220kV电缆回路数不宜大于6回。

7.2.2.2 直埋敷设

（1）直埋敷设是将电缆直接埋设在土中的方式，适用于电缆数量少、敷设距离短、地面荷载比较小处。路径应选择地下管网较少、不易经常开挖和没有腐蚀土壤的地段。直埋敷设见图7.2-1。

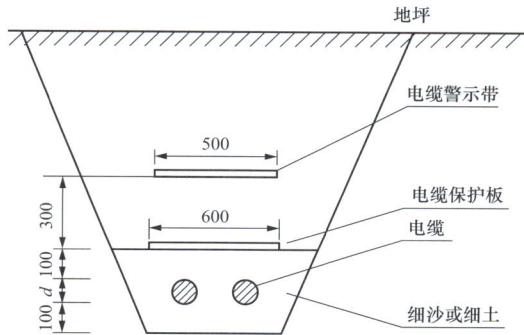

（a）直埋敷设断面

（b）直埋敷设实例

图7.2-1 直埋敷设

（2）直埋敷设防火性能好、投资少，但是电缆抗外力破坏能力差，电缆更换难度大。

（3）直埋电缆表面距地面不应小于0.7m，穿越行车道和农田时应适当加深，且不应小于1m；在引入建筑物、与地下建筑物交叉及绕过地下建筑物处可浅埋，但埋深不应小于0.3m且应采取一定的保护措施。

（4）直埋电缆间应采取有效隔离措施，严禁不同相电缆表面直接接触。

（5）直埋电缆应采用铺沙加保护板的方式。沿线土层内应铺设带有电力标识的警示带。在空旷地带，沿电缆路径的直线段每隔50m处、电缆接头处、转弯处、进入建筑物等处，应设置明显的方位标志或标桩。

7.2.2.3 排管敷设

（1）排管敷设是将电缆敷设在预埋地下管道中的方式，适用于电缆与公路、铁路交叉处，通过城市道路且交通繁忙、敷设距离长且电力负荷比较集中的地段。排管敷设见图7.2-2。

图7.2-2 排管敷设

（2）排管敷设施工快捷，电缆不易受外力破坏，缺点是电缆散热条件差，并且电缆无法弯曲，其热伸缩易起引金属护套的疲劳。

（3）排管需要与排管工井配合使用，排管工井的间距应按敷设在同一道保护管中重量最重、允许牵引力和允许侧压力最小的一根电缆计算确定，且每段排管的长度不宜大于80m。

（4）排管选材应考虑强度、散热、老化、阻燃、腐蚀等因素，并满足《电力电缆用导管技术条件》（DL/T 802）的要求，常用材质有CPVC（氯化聚氯乙烯）、MPP（改性聚丙烯）、MFPT（塑钢复合）等，禁止使用高碱玻璃钢管。单芯电缆用排管应采用非磁性材料。

（5）排管孔数除满足规划需要外，宜预留备用孔。

（6）排管保护管内径不应小于电缆外径的1.5倍，且不宜小于150 mm。

（7）排管宜采用素混凝土或钢筋混凝土包封。

（8）排管应有不小于0.3%的排水坡度。排管连接处应严密，排管与工井、排管与电缆之间应进行有效的防水封堵。

（9）排管敷设上方沿线土层内应铺设带有电力标识的警示带。

7.2.2.4 拉管敷设

（1）拉管敷设又称为非开挖水平定向钻，适用于穿越小管径、短距离城市道路、河流等不能明挖的电缆路段。该方式在不开挖地表的情况下，用导向钻具钻入小口径导向孔，再用回扩钻头回拉，将孔扩大至所需口径，同时将待铺管道拉入孔内建成管道，在回扩孔内压密注浆，最后敷设电缆。拉管敷设见图7.2-3。

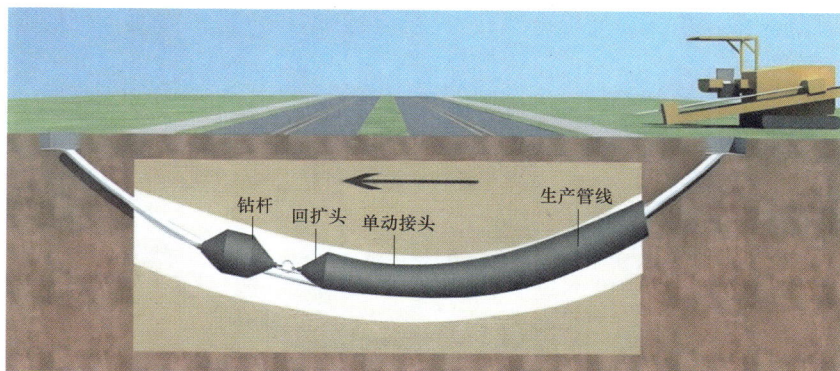

图7.2-3 拉管敷设

（2）拉管敷设的优势在于无需开挖即可穿越道路、河流等，造价低，但管径小、穿越距离有限。

（3）拉管施工前须查明路径上管线和障碍物的性质类型及空间位置，确定安全距离并取得各业主单位许可后方可施工，拉管穿越道路、河流的深度应满足相关要求。

（4）拉管出入土角不宜大于20°，拉管轨迹的转弯半径应大于150m；拉管长度不宜超过150m，超过时需验算电缆敷设时的牵引力，并制订专项方案报运检部门批准。

（5）拉管管材宜选用MPP（改性聚丙烯）；每束拉管最大单孔管数不宜大于12孔；拉管回扩孔直径应大于拟铺管道总截面的1.2倍，且扩孔不宜大于1.2m。

（6）拉管管孔未启用时，必须进行防水封堵，同时放置牵引绳。

7.2.2.5 电缆沟敷设

（1）电缆沟敷设可与直埋、排管、隧道等敷设方式配合使用，适用于变电站出线、电缆终端引下、主要街道，多种电压等级、电缆较多，道路弯曲，地坪高程变化较大的地段。电缆沟敷设见图7.2-4。

图7.2-4 电缆沟敷设

（2）该敷设方式检修、变换电缆较方便，灵活多样，转弯方便，可根据地坪高程变化调整电缆敷设高程，可敷设较多回路的电缆，散热性能较好。缺点是施工检查及更换电缆时须搬运大量盖板，外物不慎落入沟时易将电缆碰伤。

（3）电缆沟应采用钢筋混凝土型式；应采用钢筋混凝土盖板，盖板应用角钢或槽钢包边，并设置供搬运、安装用的拉环。

（4）电缆沟纵向排水坡度不应小于0.5%，并在适当位置设置集水坑。

7.2.2.6 明挖隧道敷设

（1）明挖隧道敷设是将电缆敷设在明开挖隧道内，常用于110～220kV多回电缆共走廊的情况，适用于空旷地区、城市郊区等对交通干扰小、拆迁工作量少的区域。明挖隧道敷设见图7.2-5。

图7.2-5　明挖隧道敷设

（2）明挖隧道敷设在隧道工程中造价相对较低、工艺简单、施工速度快，隧道中敷设的电缆能可靠地防止外力破坏，检修及更换电缆方便，电缆散热条件好，能容纳大规模、多电压等级的电缆。其缺点是建设占地大，需考虑基坑围护，并做好地下管线迁改或保护、地面交通疏导、环境保护等工作。

（3）电缆隧道内结构净高不宜小于2200mm。隧道内最小允许通行宽度单侧支架不应小于900mm，双侧支架不应小于1000mm。

（4）电缆隧道应设置排水沟，纵向坡度不小于0.5%，按适当距离设置集水井及排水系统。

（5）明挖整体浇筑式结构沿线应设置变形缝，变形缝缝距不宜超过30m。不同工法结构形式隧道衔接处、结构断面形式明显改变处、与变电站接口处、工作井室外侧、荷载和工程地质等条件发生显著改变处均设置变形缝。

（6）隧道人员出入口、逃生口、投料口、通风口等露出地面的构筑物应满足城市防洪、防涝要求，并取得市政规划审批。

7.2.2.7 顶管隧道敷设

（1）顶管法是一种非开挖施工方法，指利用顶进设备克服摩阻力，将管道逐节顶入土中，同时顶管机切削前部土方并运走，形成顶管隧道，需配合工作井使用。顶管敷设适用于穿越道路、河流、建（构）筑物、地下管线情况复杂区域等路径难度大、难以明挖的地段。顶管隧道敷设见图7.2-6。

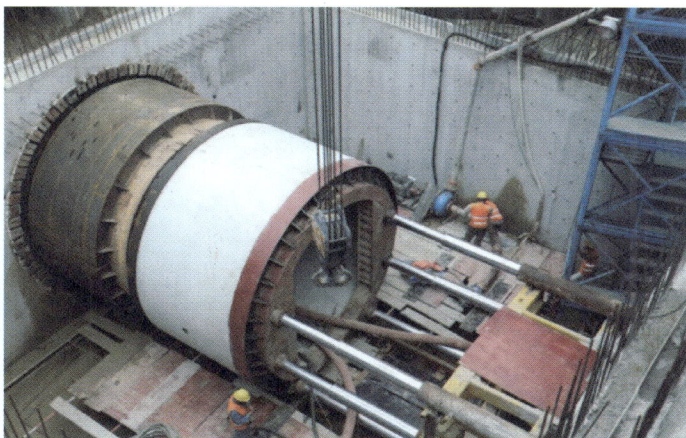

图7.2-6　顶管隧道敷设

（2）顶管敷设除两端工作井之外，区间段无需开挖，对周边环境影响小，但其工作井占地较大，单个工作井造价较高，短距离顶管经济性相对较差。

（3）顶管覆盖层厚度应大于1.5倍管道外径，并大于1.5m，穿越河道时大于2.5m，并满足抗浮要求。电力顶管隧道常用的内径尺寸为2.2～3.5m。

（4）顶管线位宜按直线布置，路径有特殊要求时，也可做成曲线形布置，但转弯半径应满足施工要求。顶管与周边建（构）筑物、地下管线、地铁、隧道等环境设施的距离应满足相关要求。

（5）电力工程顶管宜选用钢筋混凝土管，混凝土强度不宜低于C50，宜采用"F"型钢套环橡胶圈防水接口。

（6）顶管隧道管径应根据电缆敷设规模及顶管标准管径确定。隧道内最小允许通行宽度双侧支架不应小于800mm。

（7）矩形顶管相比圆形顶管，空间利用率高，具有更好的浅覆土适应能力，但目前在电力隧道中应用不多。

（8）小口径顶管宜适用于不进人的110kV及以下电压等级电力电缆通道，内径一般不大于1.2m，长度不宜大于150m。顶管内置电缆保护管，管材宜采用MPP（改性聚丙烯）。保护管宜采用非磁性支架固定，支架每2m设置一道。保护管安装完毕后，孔隙应注浆填实。

7.2.2.8 盾构隧道敷设

（1）盾构法是一种非开挖施工方法，指利用盾构机进行切削掘进，同时拼装盾构管片形成隧道，需配合工作井使用。盾构敷设适用于穿越城市内情况复杂、市政规划要求高的区域。盾构隧道敷设见图7.2-7。

图7.2-7　盾构隧道敷设

（2）盾构敷设的特点类似顶管法，并尤其适用于松软地层中的长距离、大直径隧道。盾构工作井占地大，系统工程协调复杂，施工难度大，整体造价较高。

（3）盾构隧道覆盖层厚度应大于隧道外径，并满足抗浮要求。盾构隧道长度通常不宜小于300m。电力盾构隧道常用的内径尺寸为5.5m，分上下两仓。

（4）盾构线位宜按直线或大曲率曲线布置，与周边建（构）筑物、地下管线、地铁、隧道等环境设施的距离应满足相关要求，且不宜小于隧道外径。

（5）盾构隧道宜选用装配式钢筋混凝土单层衬砌，混凝土强度不应低于C50。管片的分块应根据隧道外径、拼装方式、盾构设备、结构分析等来确定，分块数量不宜小于5块。管片厚度不应小于250mm。

7.2.2.9 电缆工作井

（1）电缆工作井应配合顶管或盾构隧道使用，用于隧道始发或接收。工作井内可设置风机房、配电间、监控室等附属设施。

（2）工作井一般埋深较大，应远离居民区和高压线，避免对周边建（构）筑物和设施产生不利影响。

（3）工作井的平面尺寸应满足施工工艺和机械操作的要求，深度应隧道埋深和管底操作空间确定。

（4）隧道进、出工作井时，应保证洞口周围土体的稳定。洞口周围土体含地下水时，宜采取土体加固的止水措施，工作井洞口应设置止水装置。

（5）工作井可采用明挖或沉井法施工。

7.2.3 基坑支护

（1）明开挖的电缆线路工程基坑需要采取支护措施。常见的支护方式包含放坡、钢板桩、SMW工法桩、钻孔灌注桩、地下连续墙等。

（2）放坡适用于开挖深度较浅、周边环境要求不高的基坑，其施工难度小、造价低廉，缺点是需要较大的施工场地。

（3）钢板桩适用基坑挖深不宜超过7m，目前广泛应用于明挖隧道敷设。钢板桩防水效果好，可兼做止水帷幕；对施工作业面要求小，施工速度快，工艺成熟，拔除后可重复利用，经济性好。缺点是结构刚度较小，控制基坑变形能力一般，在硬土和砂土场地中施工受限。钢板桩支护见图7.2-8。

图7.2-8 钢板桩支护

（4）SMW工法桩是指在三轴搅拌桩内插入型钢的工法，适用基坑挖深不宜超过10m、对周边环境要求高的区域。SMW工法桩止水效果好，结构刚度较大，控制基坑变形能力较好；对施工作业面要求中等，施工速度较快，需有经验的施工单位实施；型钢可拔出重复利用，整体造价相对较高。SMW工法桩支护见图7.2-9。

图7.2-9　SMW工法桩支护

（5）钻孔灌注桩适用于各种土层的基坑，基坑深度不宜大于18m，一般需要搭配止水帷幕使用，常用于工作井基坑。此方法结构刚度大，控制基坑变形能力好；对施工作业面要求中等，施工速度较慢，工艺成熟；施工完成后桩体永久留存，造价高。钻孔灌注桩支护见图7.2-10。

图7.2-10　钻孔灌注桩支护

（6）地下连续墙适用基坑深度最大可达30m，止水效果好，整体刚度大，控制变形能力强，能有效控制基坑本身及周边环境的变形和沉降；对施工作业面要求大，施工速度慢，需有经验的施工单位实施；墙体可以与结构外墙结合；造价很高。地下连续墙支护见图7.2-11。

（7）止水帷幕可隔绝地下水，常见的有三轴搅拌桩、高压旋喷桩等。三轴搅拌桩止水效果好，适用于各种土层，造价较低，但是施工机械较高，不宜在高压线下使用。高压旋喷桩布置灵活，施工净高要求小，可在高压线下使用，但在砂性土层中效果一般，造价较高。

图7.2-11　地下连续墙支护

7.2.4　隧道防水

（1）电缆隧道防水遵循"防、堵结合，综合治理"的原则。隧道防水等级不应低于二级，且应符合《建筑与市政工程防水通用规范》（GB 55030—2022）的要求。

（2）电缆隧道应采用全封闭的防水设计，其附建的出入口、通风口等的防水设防高度应高出室外地坪高程0.5m以上，且不应低于50年一遇防洪水位，并采取防倒灌措施。

（3）电缆隧道的变形缝、施工缝、后浇带、穿墙管、预埋件、预留通道接头等细部构造应加强防水措施。

7.3　电缆隧道附属设施

根据《电力电缆隧道设计规程》（DL/T 5484—2013），电缆隧道应符合电缆敷设、检修及运行维护要求，并具有必要的安全防护等设施，包含通风、排水、消防、照明、动力、监控等。

7.3.1　通风系统

（1）电缆隧道视通风区段长度可采用自然通风或机械通风方式。

（2）自然通风要求通风区段较短，且进、排风口高差应保证足够余压使隧道内空气产生有效流动。

（3）隧道通风宜采取机械排风的方式，通风口间距、风机数量等配置应满足隧道通风量及电缆运行环境温度的要求。长距离的隧道，宜适当分区段实行相互独立的通风。机械通风隧道内风速不宜过大。风机在隧道内发生火警时应自动关闭。

（4）通风口应有防止小动物进入隧道的金属网格及防水、防火、防盗等措施。风口下沿距室外地坪不宜低于0.5m，并满足挡水要求。排风口避免直接吹到行人或附近建筑，直接朝向人行道的排风口出风速度不宜超过3m/s。进风口应设置在空气洁净的地方。

（5）电缆隧道通风量应同时满足：

1）消除余热通风量，宜按隧道电缆正常运行状态下最大载流量通过能力计算；

2）人员检修新风量，宜按30m³/（h·人）计；

3）每个通风区段的事故通风量，宜按最小换气次数6次/h。

当采用其他辅助降温设施时，设备容量的选取应满足及时排除电缆发热量要求，同时满足人员检修时新风量和事故通风量的要求。

（6）电缆隧道排风温度为计算风量时电缆发热量对应的最高环境温度。

7.3.2 排水系统

（1）电缆隧道内排水主要包括结构渗漏水、地面井盖的雨水渗漏水及隧道内的冲洗水。

（2）电缆隧道内应采取有组织的排水，隧道内纵向排水坡度不应小于0.5%，并坡向集水井。

（3）排水系统应满足隧道最高扬程要求，上端应设逆止阀以防止回水，积水应排入市政排水系统。排水泵按照"一主一备"原则配置，且设置独立的排水管，确保在汛期紧急状态下两台泵可同时工作。

（4）排水泵应设计为自灌式，一般采用自动和就地控制方式，必要时可采用远动控制。集水井应设最高水位、启泵及停泵水位信号，并宜设超高、超低水位信号报警功能。

（5）应明确隧道内积水就近接入市政管网系统的方式，并在隧道主体施工时同步实施，避免道路二次开挖。当隧道周边无市政管网时，应设计独立的室外排水系统，并计列相关费用。

7.3.3 消防系统

（1）根据电缆隧道等级设置固定消防系统设置方式或设置范围。一级电缆隧道设置细水雾灭火系统或全线设置悬挂超细干粉，二级电缆隧道接头区设置悬挂超细干粉，三级隧道视要求可考虑设置固定消防系统。

（2）隧道内应采取可靠的阻火分隔措施，对隧道内各种孔洞进行有效的防火封堵，并配置必要的灭火器、黄砂箱等消防器材。

（3）隧道中防火墙间隔不应大于200m。分隔不同通风分区的防火墙部位应设置防火门。其他情况下，如有防窜燃措施时可不设防火门。防窜燃措施包括在防火墙紧靠两侧不少于3m区段所有电缆上施加防火涂料、包带或设置挡火板等。

（4）电缆中间接头应采取耐火防爆隔离措施，并在电缆接头上方悬挂安装超细干粉自动灭火装置。超细干粉自动灭火装置见图7.3-1。

（a）隧道内安装实例　　　　　　　　　　　　　（b）装置组成

图7.3-1　超细干粉自动灭火装置

7.3.4 供配电系统

7.3.4.1 外接电源

（1）电缆隧道一般采用双电源供电。通常由市政引入两路独立电源，在隧道负荷中心位置设置两个箱变；若有多座变电站时，可采用环网式供电。当隧道靠近中心变电站时，可由就近变电站站用电屏引入两路电源。

（2）引入两路电源确实有困难时，可采用一路市政电源+EPS型式。

（3）外接电源供电半径约为800m，最远不宜超过1000m。

7.3.4.2 配电系统

（1）电缆隧道以防火分区作为配电单元，配电单元电源进线截面积应满足配电单元内设备同时投入使用时的用电需要。低压配电可选择放射式、树干式等配电方式。

（2）电源分电箱应安装在人员进出口处。电源分电箱可兼作低压用电配电箱，在箱内除需安装照明电源总开关和动力用电总开关外，还应设置电源切换装置。配电箱应留有适当的备用出线回路。

（3）电源分电箱和低压配电箱外壳防护等级不低于IP54，安装高度宜为箱底距地面1.5m，箱内每回路宜设漏电保护装置。

（4）电缆隧道内需设置检修箱，检修箱间距不宜大于50m。

（5）低压配电线路的导线应选用铜芯绝缘导线，导线截面积应按回路计算电流进行选择，按允许电压损失、机械强度允许的最小导线截面积进行校验。

（6）进入隧道的外部线路应穿管埋设电缆。隧道内低压配电线路宜采用耐火电线、电缆明敷，或电线电缆穿阻燃型硬质管明敷（不同负荷回路应分管敷设），或统一敷设在封闭式耐火电缆桥架内。

7.3.5 照明系统

（1）隧道内应安装照明系统，根据防火区段设置双向开关，并设置明显的提示性、警示性标识。

（2）照明系统包含正常照明、应急照明。应急照明包含备用照明和疏散照明。

（3）正常照明与备用照明一般按2∶1布置，宜沿隧道顶棚中线均匀布置。照明灯具应采用节能、防潮型的灯具，防护等级不小于IP65。灯具外壳应带单独接地线。

（4）应急照明应满足集中控制要求，控制器设置于消防监控中心、电缆工作井等处。灯具应选择自带蓄电池型式。

（5）每个防火分区应有独立的应急照明回路，穿越不同防火分区的线路应有防火措施。

7.3.6 综合监控系统

（1）隧道内应同步建设综合监控系统，必须包含视频监控、有毒气体监测、温/湿度监测、水位监测、风机联动、水泵联动、门禁系统、隧道沉降监控、火灾报警及消防联动装置等。

（2）无接头短段电缆隧道可根据实际情况不采用综合监控。

（3）隧道内宜设置统一的通信网络，宜采用支持主节点双重化配置。

（4）隧道内通信和监测系统工作电源不应与照明等电源共用。

7.3.7 火灾自动报警系统

（1）火灾自动报警采用集中报警系统，在隧道消防控制室或监控室设置集中火灾报警控制器，在隧道汇聚段工作井设置区域控制器，每个防火分区设置消防接线箱。总线传输距离不大于1000m。

（2）电缆隧道应设置电气火灾监控系统，系统包含电气火灾监控器、线型感温火灾探测器、测温式电气火灾探测器等。

（3）设有消防集中控制的场所宜设置消防电源监控。

第 4 篇

工程案例篇

第8章　综合规划案例

1.案例背景

变电站采用方案35－E3－1，本期安装2台10MVA主变压器，电压等级35/10kV。远期安装2台20MVA主变压器。本项目影响方案的主要设计输入条件如下：

（1）站址原地面标高：106.5～107.0m。

（2）洪涝水位：50年一遇洪水位111.0m，50年一遇内涝水位107.2m。

根据项目必要性，该地区需要建设一座35kV变电站。周边受地形、生态红线、基本农田等外部因素影响，选址存在一定难度。可研阶段前后选址5处，并分析进行综合经济技术分析对比，确定站址选址位置。前后5处站址比选位置，其中拟选站址1、2涉基本农田不可取，站址3位于村口且地势较低不可取。拟选站址4、5一个位于农田、一个位于山坳，经过经济比对选取站址4作为站址方案。选址阶段拟选位置情况见图8.1－1（红色底纹为基本农田）。

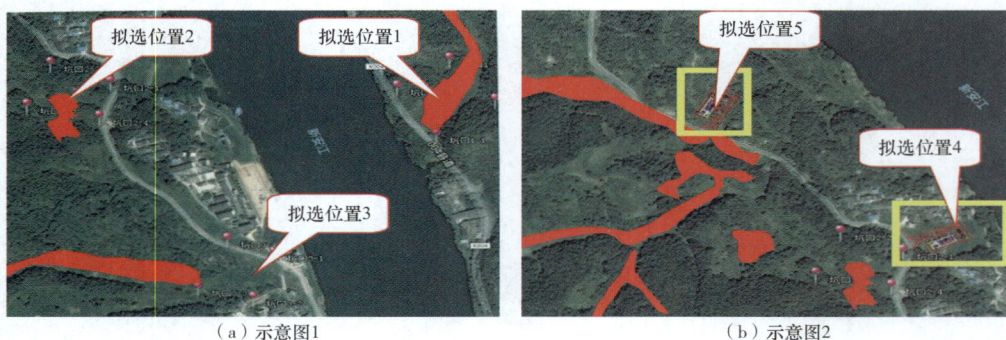

（a）示意图1　　　　　　　　　（b）示意图2

图8.1－1　拟选站址位置示意图

2.技术方案

（1）方案描述。站址高程设计以满足50年一遇洪水位为原则，标高取111.10m。通过四周设置挡土墙挡土，挡土墙内部回填土使得站址高程达到设计要求的111.1m，地基处理采用CFG桩，围墙坐落于挡土墙之上，进站道路引接至附近未名道路，坡度控制在8%以内。该方案主要断面示意见图8.1-2。

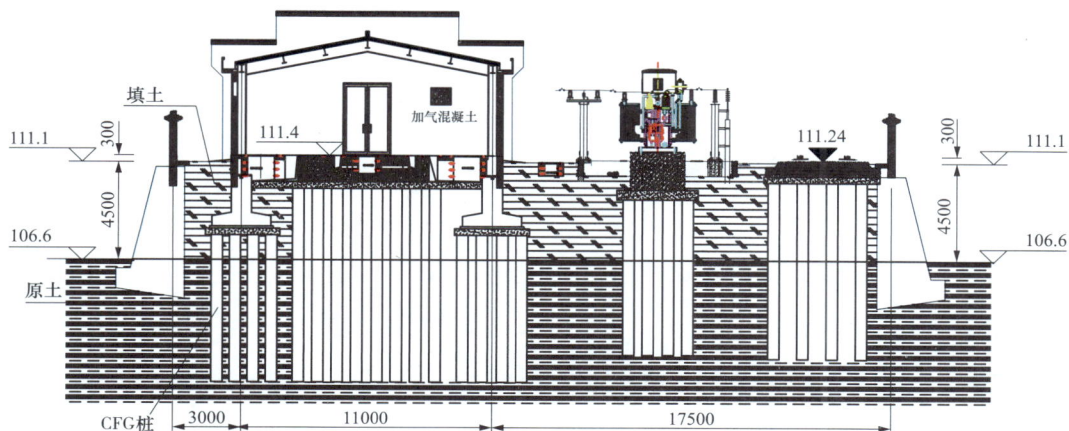

图8.1-2 挡土墙填土抬高方案A-A剖面图（1:100）

（2）存在问题。该种布置方案，可满足洪涝水位要求，但整体填方量非常大；同时会带来地基处理的费用增加，回填质量难以保证；建成后变电站整体凸出于周边环境，不美观。为此可研阶段评审要求增加方案比选，优选站址方案。

3.案例分析

（1）原因分析。变电站竖向设计采用挡土墙填土抬高的方式满足洪涝水位的影响，缺少竖向设计方案比选，对前期阶段技术经济对比不足。

（2）文件依据。参照《220kV及110（66）kV输变电工程可行性研究内容深度规定》（Q/GDW 10270—2017）相关内容。

（3）隐患分析。按照原可研方案实施，存在投资偏大的可能。

4.调整措施

可研阶段采用多方案比选，优选技术经济更优的方案作为实施方案。方案实施后先后抵御了2020年7月和2024年6月洪水影响，项目运行良好。

该工程采用《国家电网公司输变电工程通用设计（2016年版） 35～110kV变电站模块化建设分册》方案35kV-E3-1建设，因站址所处地势较低，50年一遇洪水位高程高于原址高程约4.4m。为满足洪水位要求，新增了整体架空抬高方案和局部架空抬高方案为技术经济比选方案。

（1）整体架空抬高方案。站址高程设计以满足50年一遇洪水位为原则，标高取111.10m。通过结构架空方案。建筑物范围内结构板顶标高110.2m，室内地面完成标高111.4m；站内道路结构板顶标高110.5m，道路铺设完毕中心标高111.24m；站内其他区域结构板顶标高110.5m，完成面标高111.1m。进站道路铺设完毕中心标高108.70～111.24m。负一层设计标高拟定107.1m，将建（构）筑物基槽余土回填场地，事故油池设置于负一层。生产综合室设置4个电缆竖井至负一层，用于敷设10kV及35kV出线电缆。主变压器及开关柜高压电缆、电容器一次电缆均采用结构板下挂电缆桥架形式敷设。该方案主要平面、断面示意图见图8.1-3～图8.1-5。

（2）局部架空抬高方案。站址设计标高以满足内涝水位为原则，设计为107.3m；主要带电设备区域标高通过框架梁柱（主变压器场区、预留带电设备区域、生产综合室及电容器场区）架空抬高至不小于111.6m，满足洪水位及浪高要求。道路、事故油池等均置于107.3m设计标高。生产综合室设置4个电缆竖井至场地标高，用于敷设10kV及35kV出线电缆。主变压器及开关柜高压电缆、电容器一次电缆均采用结构板覆土层设置电缆沟走线（电缆沟900mm深）。架空与地面连接处设置户外楼梯两座，带护笼钢爬梯两个，满足安全疏散要求。架空层周边及楼梯两侧设置不锈钢围栏，架空层平台兼做设备吊装平台。该方案主要平面、断面示意图见图8.1-6和图8.1-7。方案技术经济比较表见表8.1-1。

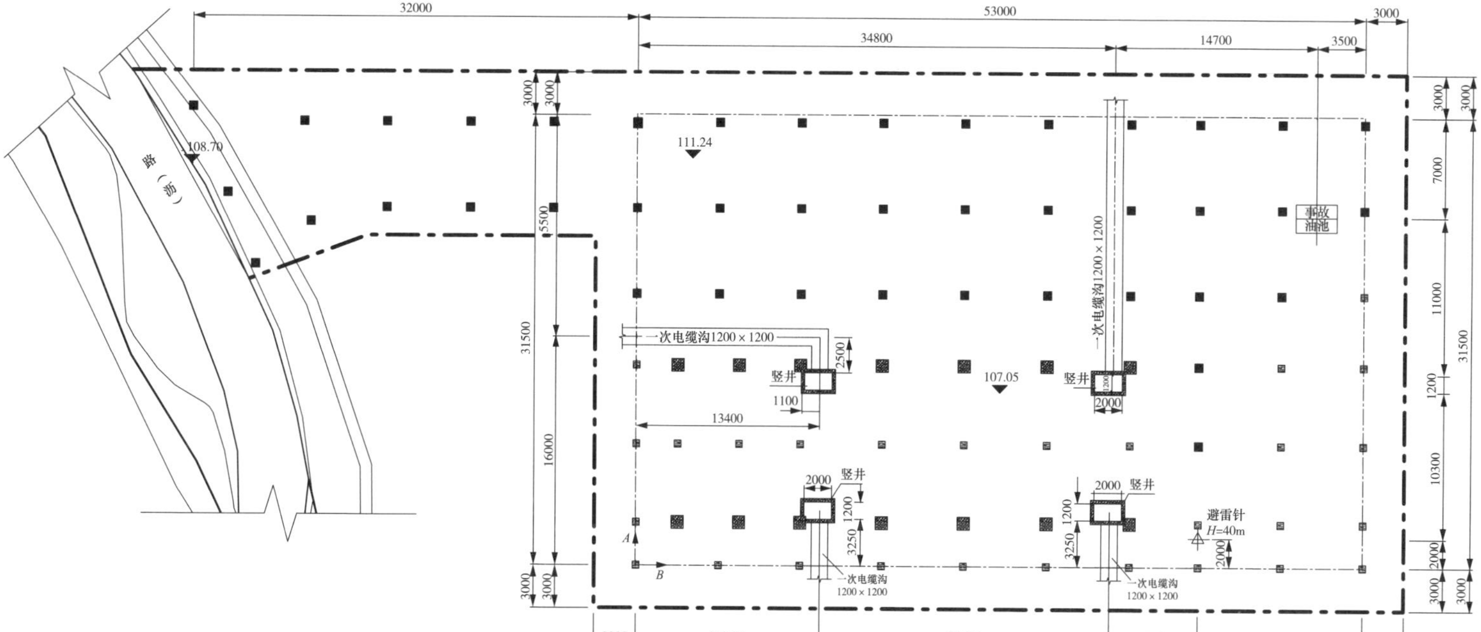

图 8.1-3　整体架空抬高方案土建负一层总平面布置图（1：100）

说明：（1）本图采用坐标系：1980西安坐标系，中央子午线117°；高程系：1985国家高程基准。

（2）站区A轴与正北夹角为5.56°；基槽余土回填场地，分层夯实至设计标高107.05m。

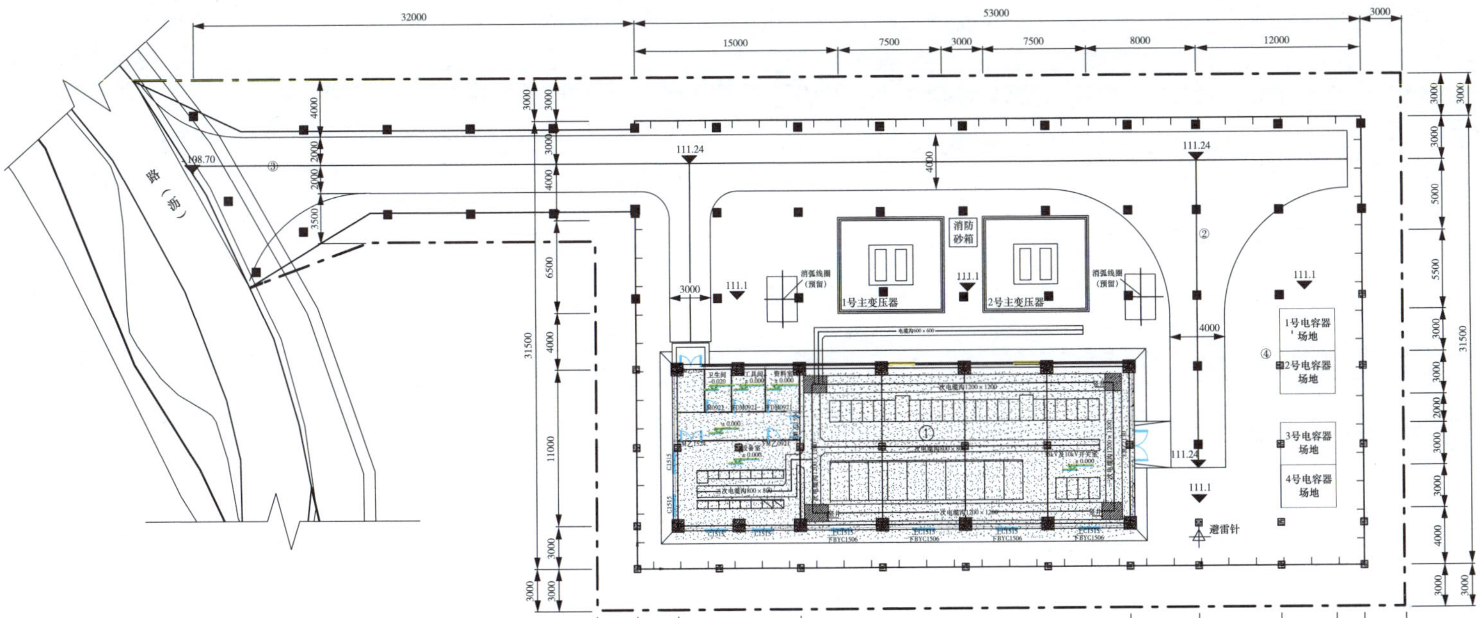

图8.1-4 整体架空抬高方案土建总平面布置图（1：100）

说明：编号①与编号④连接处结构面标高110.5

编号	图例	结构标高	建筑/完成面标高	备注
①		110.2	111.4	建筑物部分
②		110.5	111.24	站内道路
③		110.5	108.70~111.24	站外道路
④		110.5	111.1	其他构筑物部分

150

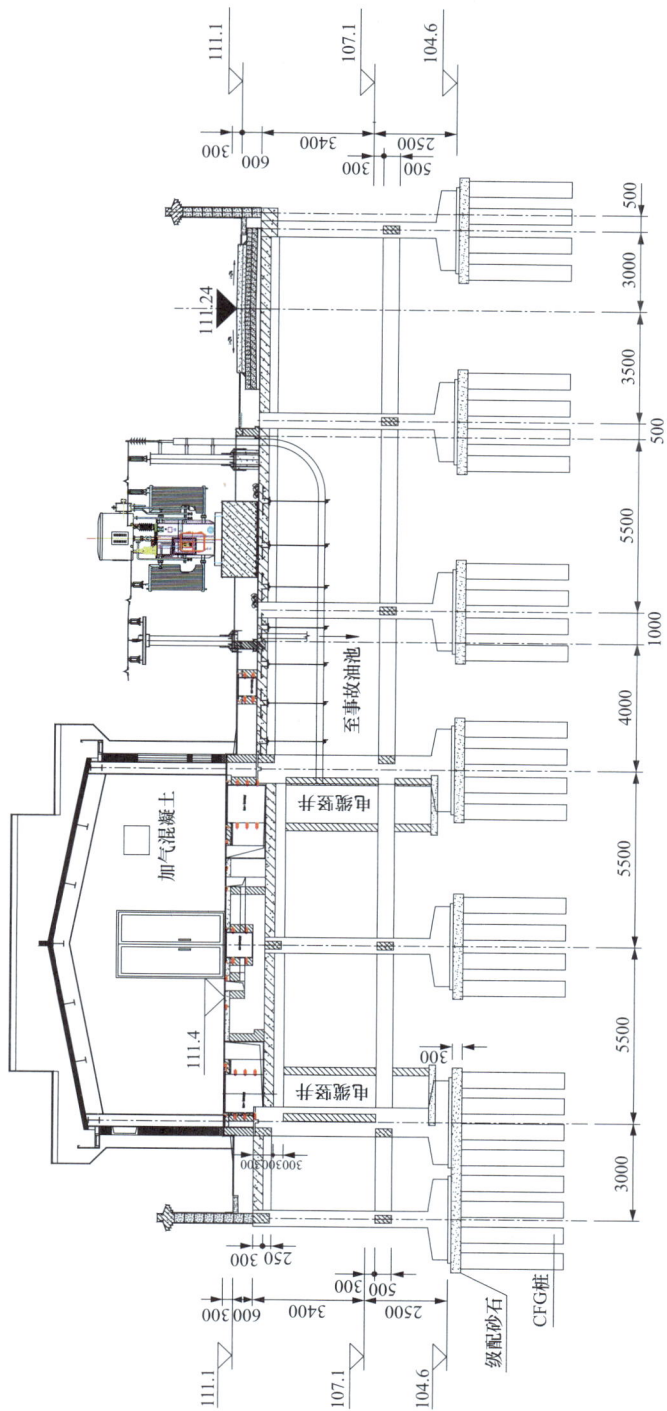

图8.1-5 整体架空抬高方案A-A剖面图（1：100）

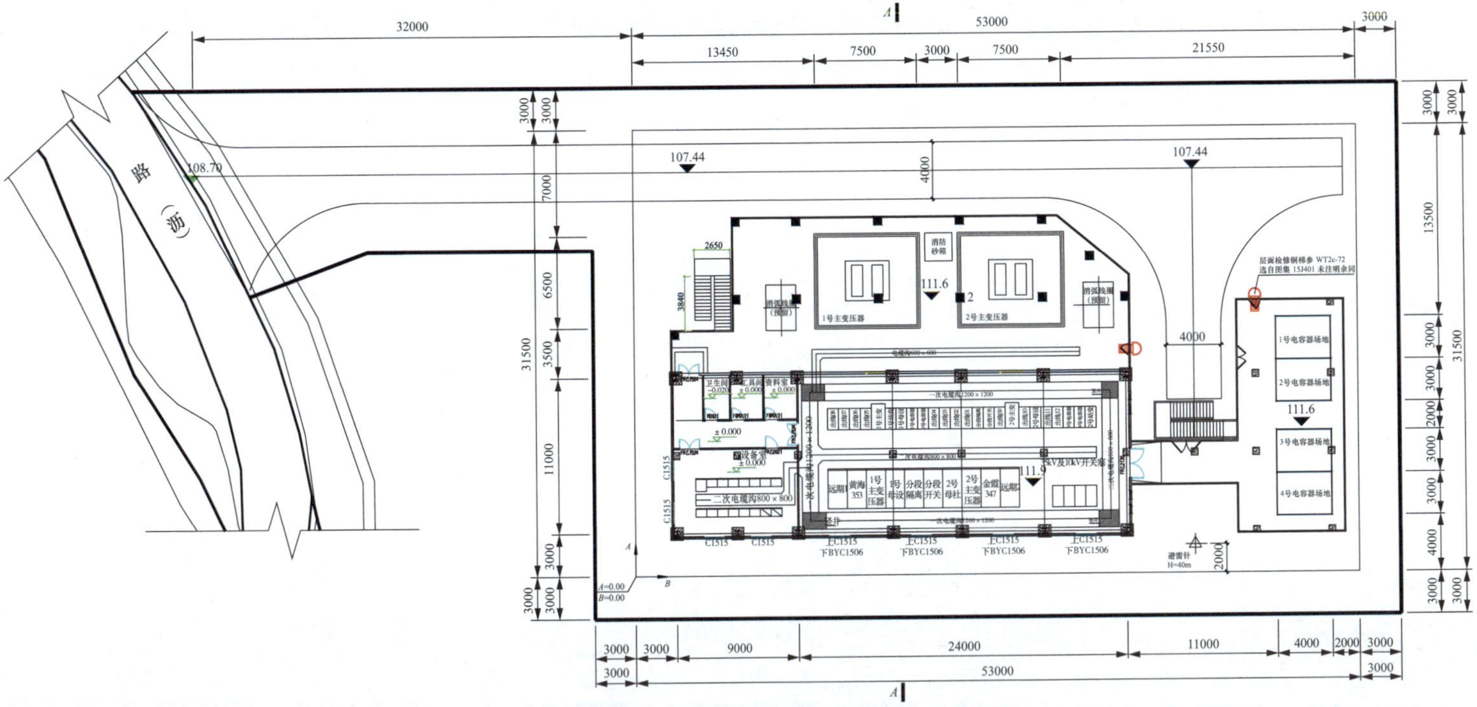

图 8.1-6 局部架空抬高方案土建总平面布置图（1：100 架空面积910m²）

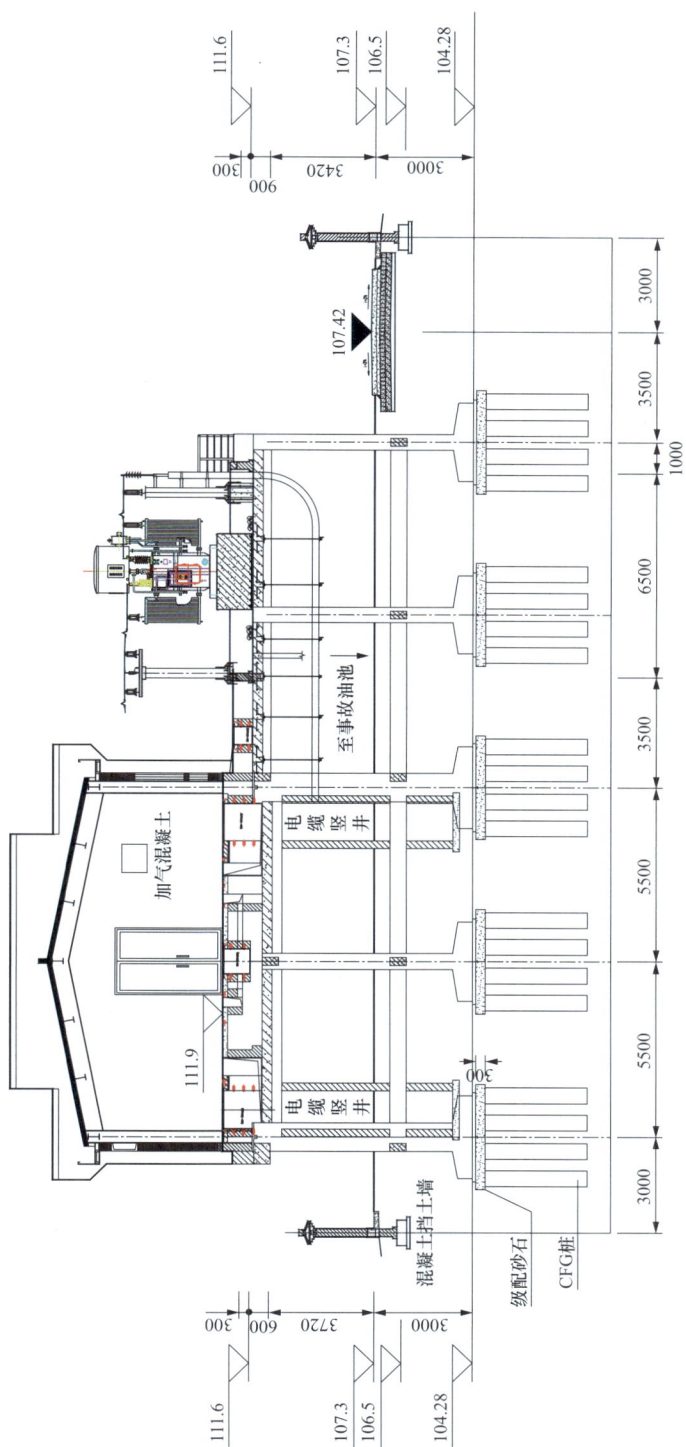

图 8.1-7 局部架空方案断面示意图（1：100）

表8.1-1　方案技术经济比较表

名称	方案优点	方案缺点
方案1 挡土墙填土 抬高方案	该方案较常见，工艺成熟，施工经验丰富，符合运维习惯	（1）填土方量较大，挡土墙方量较大，费用相对较高。 （2）电缆出线在挡土墙处高差处理较复杂
方案2 整体架空 抬高方案	（1）整体架空后简洁明了，运行、运维、检修相对较方便。 （2）疏散逃生简单，设备运输、安装等相对方便，不需因为架空增加其他附属构筑物。 （3）电缆采用围墙内竖井出线，较方便	（1）钢筋混凝土工程量大，桩基工程量大。 （2）整体费用高。 （3）架空后围墙在架空层之上，站址平台下部全部空出，美观度较差
方案3 局部架空 抬高方案	（1）在满足规范的前提下架空面积较小，土建工程量最小，造价较相对较低。 （2）电缆进出线采用围墙内竖井，较方便	整个设备平台相对站内道路在二层，设备吊装、运维相对不便

经过技术、经济比较，从经济、可行的角度综合考虑，最终选用局部架空抬高方案。

5.提升建议

在选址困难或者其他特殊条件限制的情况下，严格按照多方案比选的设计原则，研判外部影响因素，多方案多角度比选方案设计，确保项目实施安全可靠。本项目实施阶段综合优化利用架空层下部的空间，做到空间高效利用。

【案例2】输电线路跨河方案冲突

1.案例背景

为高铁牵引站供电的某220kV线路工程，线路路径长度27km，2018年8月开工建设，2019年6月竣工投产。该线路工程跨越沙颍河，在办理水利部门批复手续时得知水利部门有计划将该处沙颍河弯道取直，线路工程设计的方案不能满足取直后的沙颍河航道要求。但是沙颍河取直方案水利部门也没有最终确定，所以线路工程也无法确定更改方案。经多次与水利部门协商无果，开工前未取得防洪评价批复。

2.技术方案

（1）方案描述。该牵引站线路，在跨越颍河（三级通航河流）采用常规的"耐—直—耐"，如图8.2-1中所示A34-A35-A36段跨越，导线跨越高度满足洪水位和通航要求。

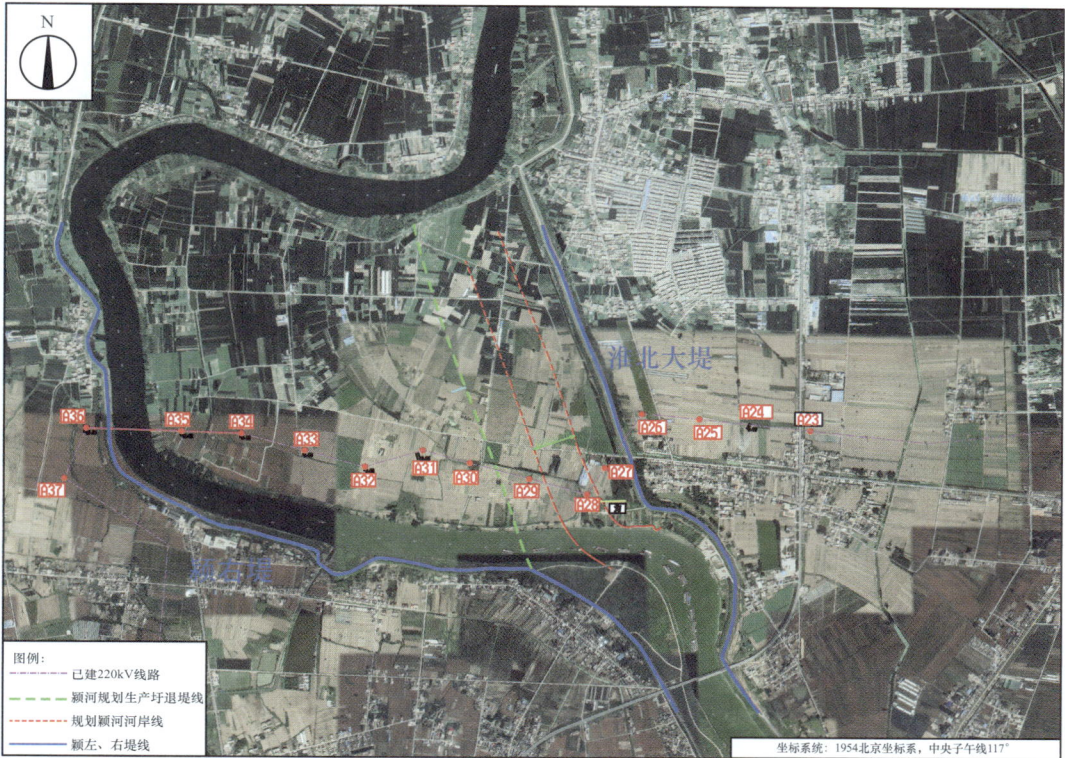

图8.2-1 线路跨沙颍河路径图

（2）存在问题。为满足高铁供电需求，建设管理单位开工建设为高铁牵引站供电的220kV输电线路工程。2017年6月，建设管理单位委托A单位开展跨河防洪影响评价报告（简称洪评报告）编制工作，期间向省水利厅收资被告知跨越点可能规划河道取直项目，但该项目还未启动可研编制，无法提供具体数据，洪评报告编制进度缓慢。

2018年5月，洪评报告编制完成，建设管理单位跟省水利厅沟通评审事宜，被告知河道取直项目有进展，需要修改线路设计方案。

2018年7月起，按尽可能预留规划改直河道位置的原则进行考虑，设计方案经多次修改，省水利厅仍不给与明确意见。

2018年10月，建设管理单位将洪评报告编制单位A换成了B。B单位业务能力强，沟通能力突出。

2019年3月～2020年5月，配合建设管理单位、设计单位协同与省水利厅沟通30余次，按照水利专家意见，将河道取直段预留的跨越档距扩大到946m，最终取得专家审查意见并编制完成洪评报告（报批稿）。

2020年9月，该项目最终取得省水利厅的批复。

该线路工程为高铁配套电源项目，按照高铁调试及试运行时间节点的要求，该工程必须于2019年6月前投产送电。工程实施过程中建设管理单位将实际情况多次向工程所在地县人民政府汇报，政府同意先按照原设计方案实施，方案评审工作同步进行，故工程按照原方案施工完毕。2020年9月取得省水利厅的批复后河道管理部门要求将跨河段线路拆除按照批复的方案重建，经与河道管理部门多次沟通协商，等跨越点沙颍河航道取直时再拆除重建。

3. 案例分析

（1）原因分析。输电线路交叉跨越较多，很多不确定因素可能对工程实施造成较大影响。针对本案例，主要教训是跨越点水利部门有规划项目，其项目在规划可研阶段，具有不确定性，导致批复一再拖延，而高铁牵引站项目工期紧张，只能如期开工（如不能按时送电，政治影响较大）。

（2）文件依据。

1）《中华人民共和国防洪法》。

第二十七条　第一款　建设跨河、穿河、穿堤、临河的桥梁、码头、道路、渡口、管道、缆线、取水、排水等工程设施，应当符合防洪标准、岸线规划、航运要求和其他技术要求，不得危害堤防安全，影响河势稳定、妨碍行洪畅通；其工程建设方案未经有关水行政主管部门根据前述防洪要求审查同意的，建设单位不得开工建设。

2）《中华人民共和国防洪法》。

第五十三条　未经水行政主管部门对其工程建设方案审查同意或未按照有关水行政主管部门审查批准的位置、界限，在河道、湖泊管理范围内从事工程建设活动的，水行政主管部门有权责令停止工程建设，限期拆除，并处以罚款。

（3）隐患分析。后期河道管理部门河道取直项目实施时，线路面临拆除重建的风险。

4. 调整措施

待后期河道取直项目实施时调整。

5. 提升建议

（1）工程开工前必须取得相关批复手续，合法施工。

（2）工程前期选择路径时需要与重要跨越管理部门对接，核实跨越点是否有新规划，线路工程是否具备跨越条件。为确保工程顺利进行，避免重大颠覆，建议跨越批复在可研初步设计评审阶段取得，作为评审收口依据之一。

【案例3】重要交叉跨越遗漏

1.案例背景

某220kV架空输电线路工程，线路长度约3.6km，全线单、双回路架设，其中单回路角钢塔段长约1.7km，双回路角钢塔段长约1.9km。导线采用2×JL3/G1A-400/35钢芯高导电率铝绞线，两根地线采用OPGW光缆。设计气象条件为基本风速25m/s、覆冰10mm。地形比例为平地90%，河网10%。

2.技术方案

（1）方案描述。该工程为新建220kV架空线路工程，全线采用单回、双回混合架设，路径通道为新规划电力通道。

（2）存在问题。施工阶段，施工人员发现A5北侧新增一条35kV输电线路，施工图中无该线路信息，并且发现不满足规范要求最小跨越距离，无法跨越。施工阶段新增35kV风机线路路径图见图8.3-1。

3.案例分析

（1）原因分析。

1）新建35kV风机线路为系统外出资工程，设计人员未有效收资到该线路相关信息，终勘定位时沿线也未见任何标志。

图8.3-1 施工阶段新增35kV风机线路路径图

2）风电线路路径规划信息未向供电公司报备。

（2）文件依据。国家电网有限公司企业标准《输变电工程施工图设计内容深度规定　第7部分：220kV架空输电线路》（Q/GDW 10381.7—2017）5.2.1 b）：应绘制出最大弧垂的地面线，对铁路、高速公路、通航河流（2级及以上）等重要跨越，还应绘出实际悬点高的最大弧垂线并标注相应气象条件。

（3）隐患分析。原设计方案无法满足对35kV线路跨越安全距离要求，因此原方案不具有可行性，需要调整设计方案。

4.调整措施

在该35kV线路原9号塔小号侧10、90m处新建2基单回路电缆终端塔，拆除原9号塔。采用电缆敷设的方式钻越该工程新建220kV线路。电缆路径长度约0.08km。调整措施方案路径图见图8.3-2。

5.提升建议

（1）提高勘测设计深度，深刻认识重要交叉跨越物对线路路径方案、投资的影响；加大收资力度，同时应对资料多方验证。

（2）供电公司加强管理，收集在建的系统外送电线路工程路径信息。另外，对于已通过系统接入方案评审的系统外项目，线路路径规划信息，要求出资方必须向供电公司报备，形成数据库，发展部统一将数据信息及时提供给设计单位共享，避免本案

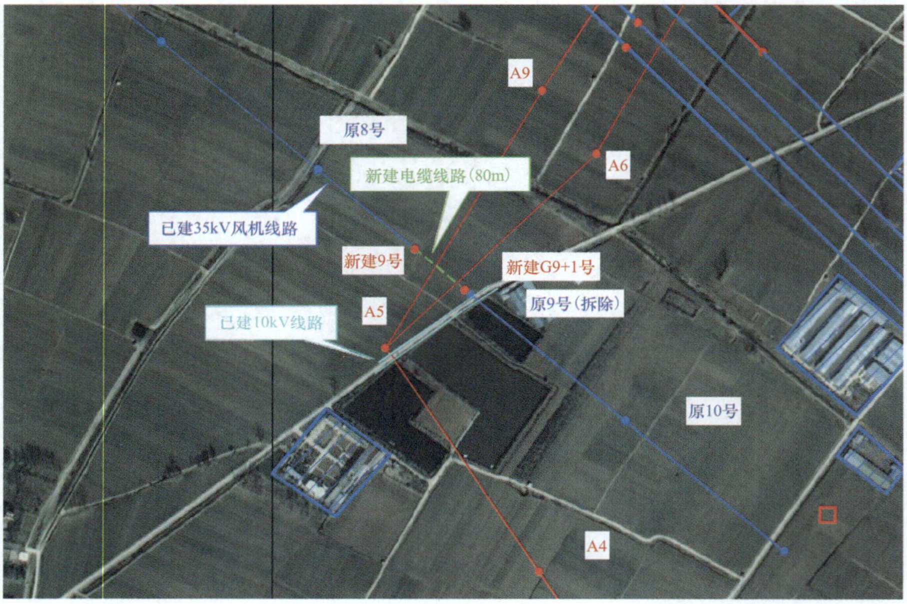

图8.3-2　调整措施方案路径图

例的情形再次发生。

【案例4】跨越方案未考虑施工条件

1. 案例背景

某220kV架空输电线路工程，线路长度约68.9km，其中双回路段长约59.2km，单回路段长约9.7km。中冰区导线采用JL/G1A-400/50钢芯铝绞线，重冰区导线采用JLHA2/G1A-400/50钢芯铝合金绞线，每相2分裂。双回路段两根地线均采用OPGW-120复合光缆；单回路段一根地线采用OPGW-120复合光缆，一根地线采用JLB20A-120铝包钢绞线。全线设计基本风速为29m/s。全线分为15mm中冰区、20mm中冰区、20mm重冰区共三个冰区。沿线地形比例平地占4.5%、丘陵占5.8%、山地占75.5%、高山占11.7%、峻岭占2.5%，交通情况较差。

另需对一条110kV单回线路进行改造，改造段长度0.4km，导线采用JL/G1A-300/40钢芯铝绞线，地线采用OPGW-120复合光缆。

2. 技术方案

（1）方案描述。该工程线路跨越两条平行的110kV单回路线路，考虑将其中一条110kV线路进行局部迁改，新建220kV线路在两个独立耐张段内分别跨越两条线路，迁改及跨越方案详见图8.4-1和图8.4-2。

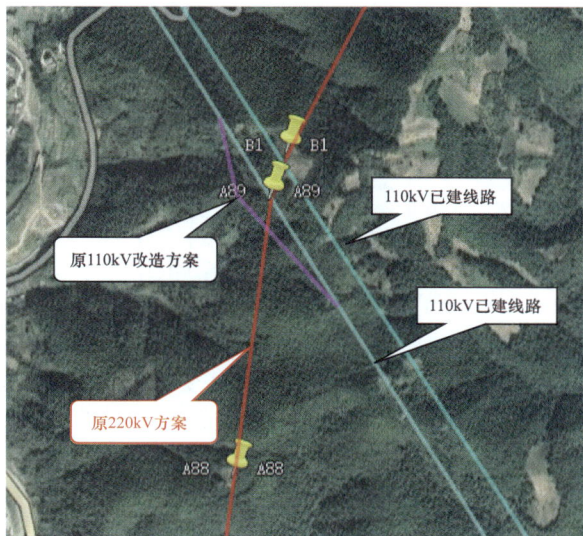

图8.4-1 原跨越及迁改方案示意图

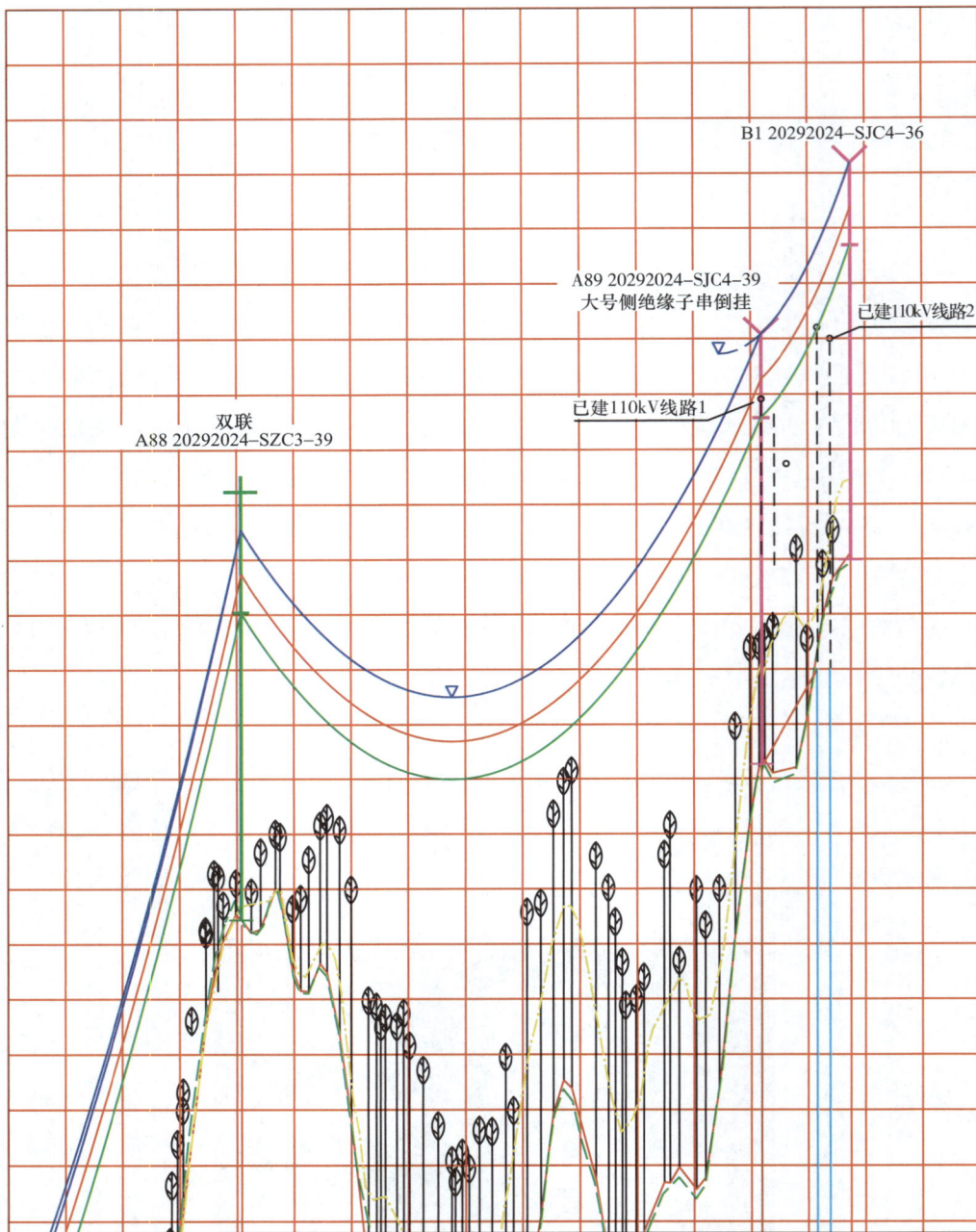

图8.4-2　原跨越方案平断面示意图

（2）存在问题。由于受跨越点地形限制，新建A89塔附近无法布置牵张场，分时停电跨越方案实施难度较大。

3.案例分析

（1）原因分析。该工程线路跨越两条平行的110kV单回路线路，若同时跨越两条

110kV线路，后期停电时，该地区电网仅有一个电源点，且建设年代较早，电力供应不确定因素较大，建议更换跨越点，由于两条110kV线路之间平行间距较小，如需分段跨越，路径需大范围调整，因此考虑将其中一条110kV线路进行局部迁改，新建220kV线路在两个独立耐张段内分别跨越两条线路。

（2）文件依据。国家电网有限公司企业标准《输变电工程初步设计内容深度规定　第6部分：220kV架空输电线路》（Q/GDW 166.6—2010）3.3.1："对路径等重要技术方案应进行多方案综合技术经济比较，提出推荐方案。"

（3）隐患分析。线路跨越点位于山区，该地区无法布置牵张场，按原方案实施，分时停电跨越方案实施难度较大。

4. 调整措施

鉴于上述情况，取消110kV线路迁改，微调新建220kV线路路径，在A89-B1档同时跨越两条110kV线路，同时优化跨越设计方案，A89和B1塔设计辅助横担，施工时采用辅助横担跨越封网方案，尽量缩短跨越施工时110kV线路停电时间；同时避免迁改110kV线路，降低施工难度，减小施工风险。调整后方案详见图8.4-3～图8.4-5。

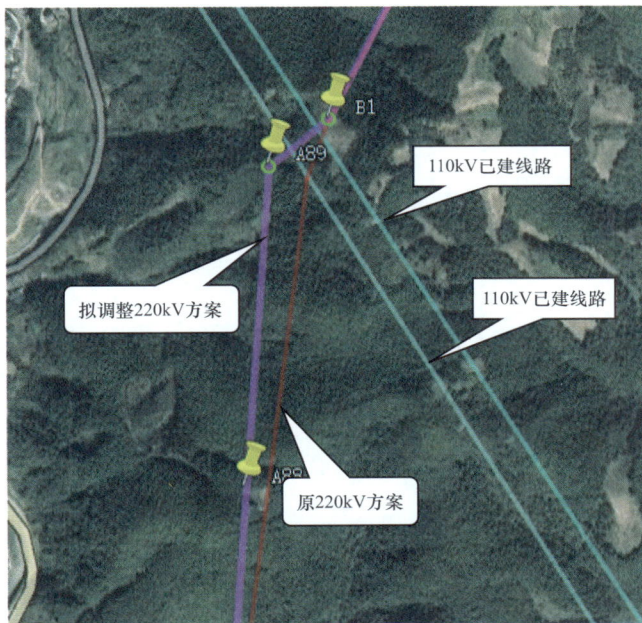

图8.4-3　调整后220kV跨越方案示意图

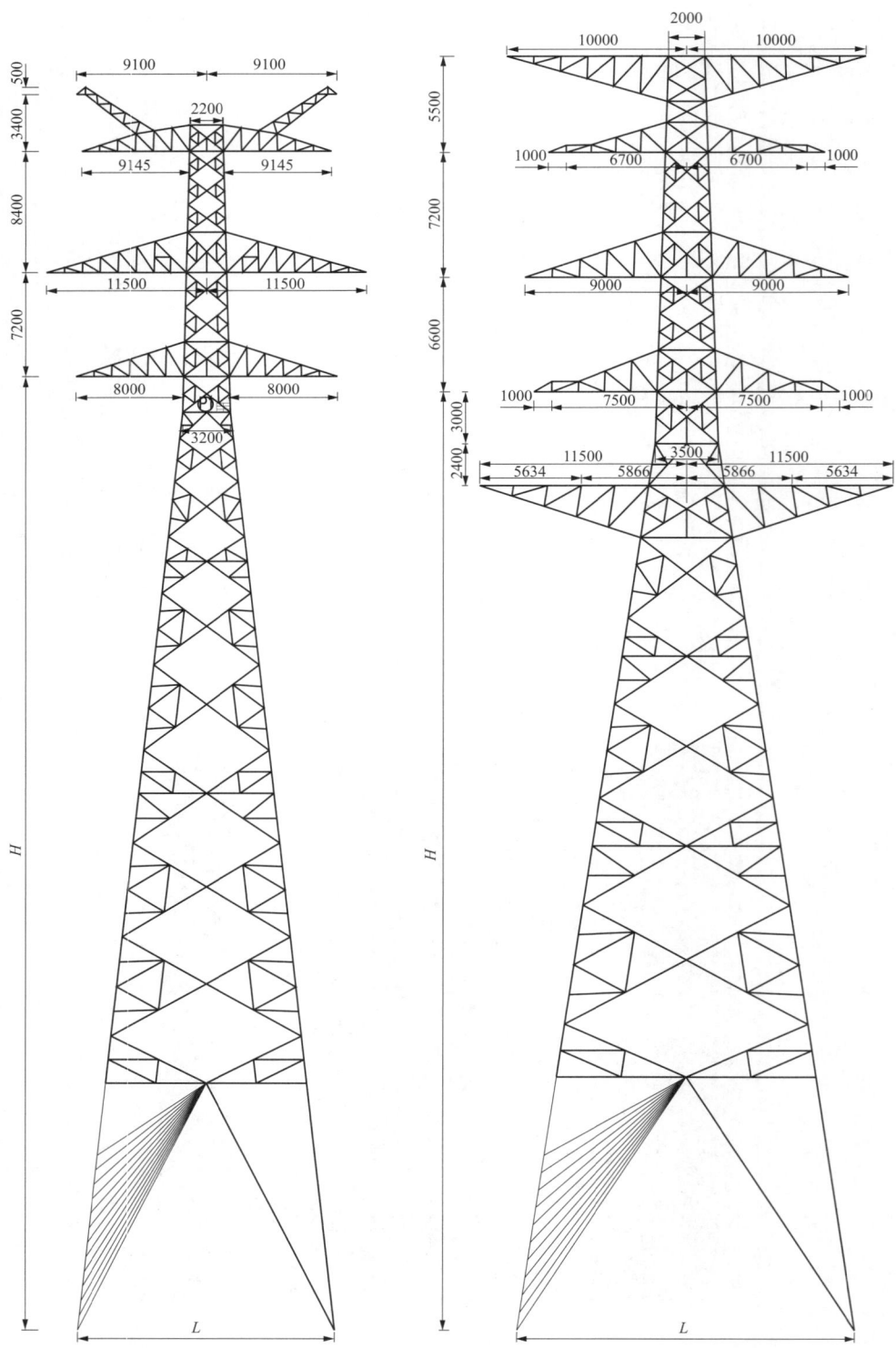

（a）20292024-SZC3（A88号塔）　　　　（b）20292024-SJC4（A89号塔、B1号塔）

图8.4-4　A89和B1塔设计辅助横担示意图

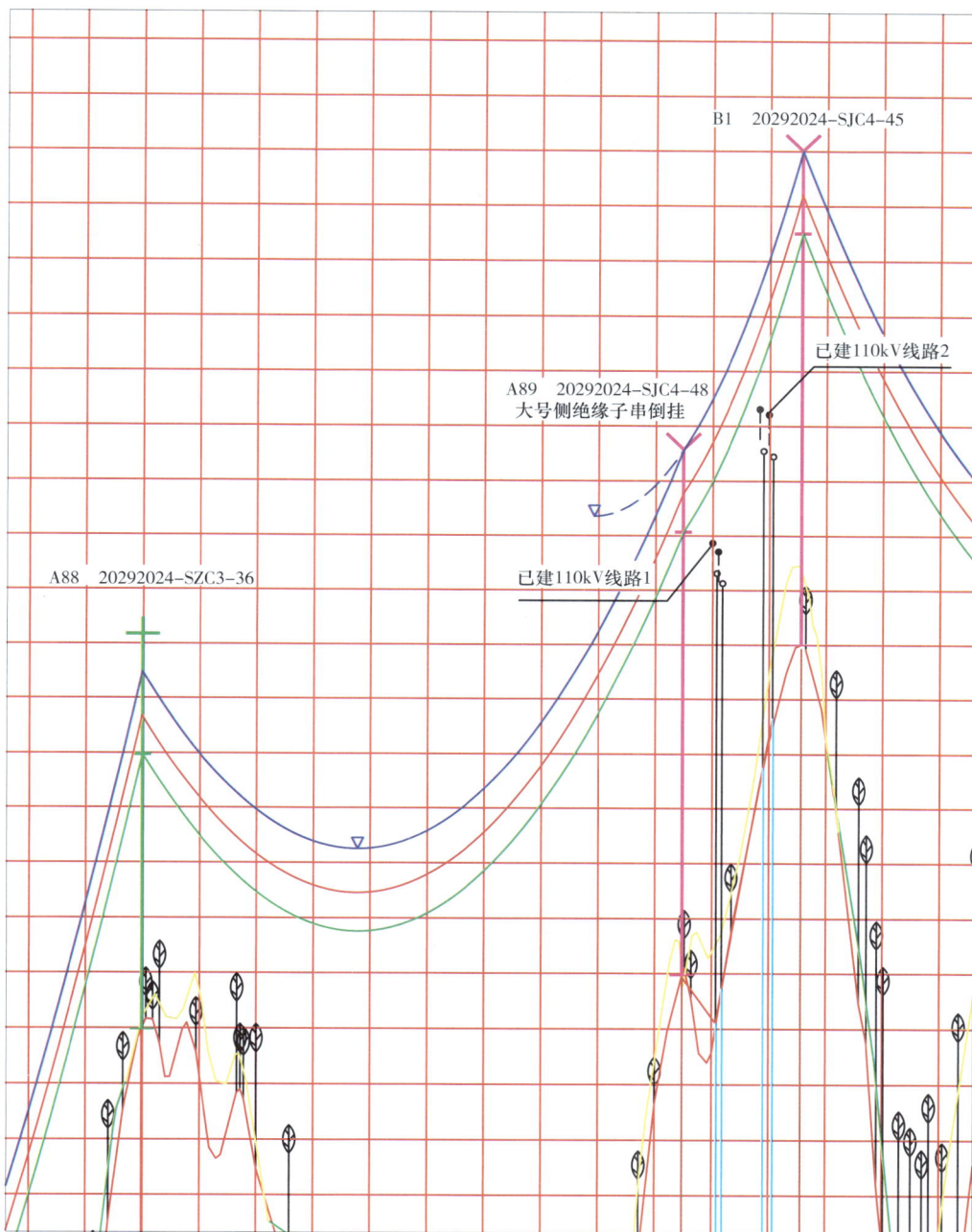

图 8.4-5 调整后跨越方案平断面示意图

调整后方案 220kV 线路路径长度基本无变化，杆塔数量不变；减少 110kV 迁改路径长度 0.4km，减少杆塔数量 4 基。减少工程造价的同时，避免了 110kV 线路迁改，降低施工难度，减小施工风险，因此这样的方案调整是合理的。调整前后方案主要指标对比（一）见表 8.4-1。

表8.4-1 调整前后方案主要指标对比（一）

项目	原方案		调整方案	对比说明
路径长度（km）	220kV新建部分	110kV迁改部分	68.9	评审前后路径长度基本一致，减少110kV线路迁改0.4km
	68.9	0.4		
杆塔使用情况	192	4	192	评审前后杆塔数量无变化
静态投资（万元）	343	215	482	调整后费用减少76万元
综合对比说明	调整前后220kV线路路径长度、杆塔数量基本一致，减少了110kV线路迁改，降低施工难度，减小施工风险，减少了工程投资			

5.提升建议

线路工程在输电线路设计过程中，尤其是山区线路交叉跨越，应考虑现场实际施工条件。

【案例5】电缆进出线未考虑现场地形条件

1.案例背景

某220kV输电线路工程，线路长度约1.16km，其中双回路电缆段路径长0.06km，双回路钢管杆段路径长0.9km，单回路角钢塔段路径长0.2km。架空线路导线采用2×JL3/G1A-400/50钢芯高导电率铝绞线，地线采用2根72芯OPGW光缆。电缆线路采用220kV单芯铜导体交联聚乙烯绝缘皱纹铝护套聚乙烯护套纵向阻水阻燃电力电缆（ZC-YJLW03-Z127/220kV 1×2000mm²），随新建电缆敷设2根72芯普通非金属阻燃光缆。设计条件为基本风速29m/s、覆冰15mm。沿线地形比例平地占100%，交通情况一般。

2.技术方案

（1）方案描述。该工程自拟建220kV变电站220kV配电装置新建2回线路至已建线路拟选开断点。可研设计本期选用南起2、3配电装置，利用南侧电缆沟向东北方向出线。原方案详见图8.5-1。

（2）存在问题。由于拟建变电站站外地形存在高差，站外电缆沟高程高于站址标高。

3.案例分析

（1）原因分析。拟建220kV变电站为半户内站，220kV侧共8个配电装置，架空与电缆均为东北方向出线。由于站址东西侧附近地形为丘陵，站外拟建电缆沟高程高于站址设计标高最大处约7m；且出线方向与线路终点方向不一致。

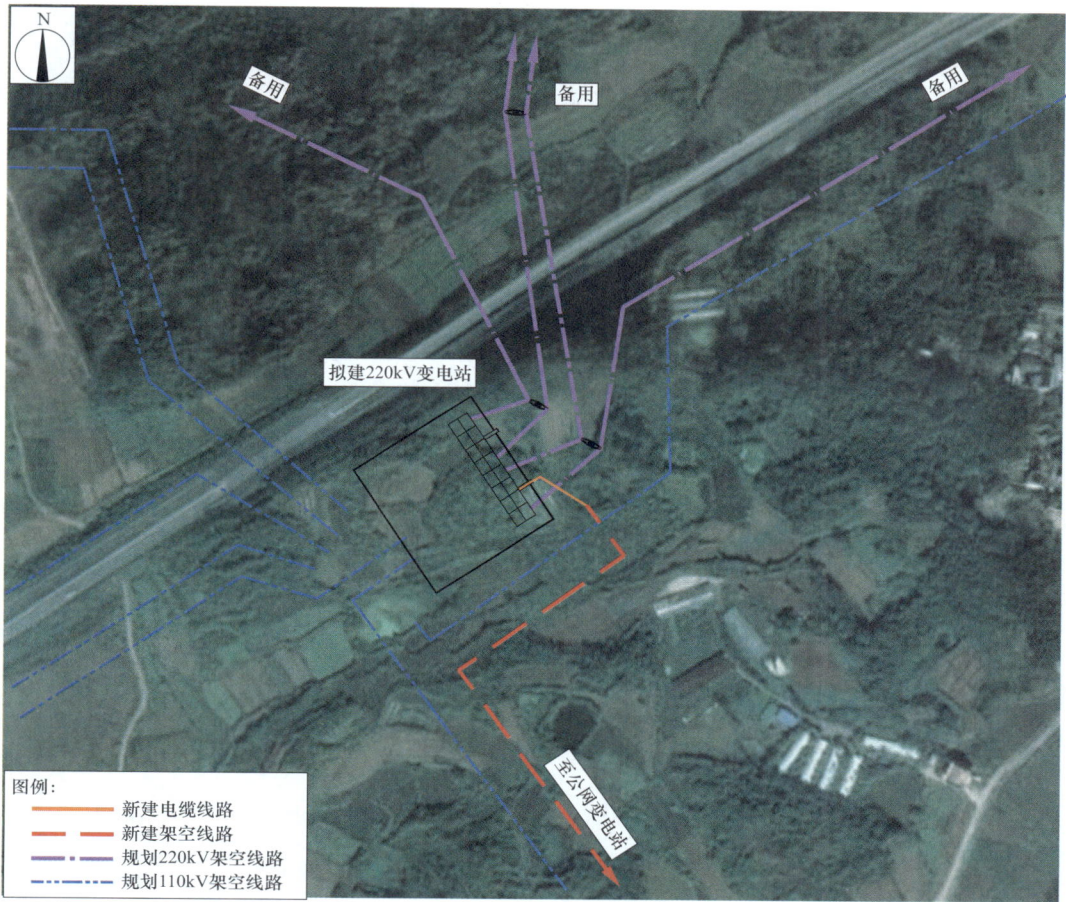

图8.5-1 原220kV变电站出线方案布置示意图

（2）文件依据。国家电网有限公司企业标准《输变电工程初步设计内容深度规定 第1部分：110（66）kV架空输电线路》（Q/GDW 10166.1—2017）3.3.1："对路径等重要技术方案应进行多方案综合技术经济比较，提出推荐方案。"

（3）隐患分析。电缆路径高低起伏，施工难度大，站外电缆沟与站址标高高差较大，后期可能存在雨水倒灌等隐患；且该工程电缆出线方向与线路终点方向不一致，导致新建电缆线路路径较长。

4.调整措施

鉴于上述情况，由于站址南侧地形较为平坦，地面高程与站址标高接近，且与拟选开断点距离较近，经与土建专业沟通，将变电站南侧东北方向出线的电缆沟调整至变电站围墙南侧向东南方向出线。调整后方案详见图8.5-2。

图8.5-2 调整后220kV变电站出线布置示意图

调整后方案减少了线路隐患点、提高了线路运行可靠性；减少工程造价的同时，降低施工难度，减小施工风险，因此这样的出线调整是合理的。调整前后方案主要指标对比（二）见表8.5-1。

表8.5-1 调整前后方案主要指标对比（二）

项目	原方案	调整方案	对比说明
路径长度（km）	电缆0.08km、架空1.15km	电缆0.06km、架空1.1km	评审前后路径长度基本一致
静态投资（万元）	538	461	评审后费用减少77万元
综合对比说明	结合变电站远期出线规划，评审前后路径长度、杆塔数量基本一致，评审后方案较评审前减少电缆路径20m，减少了线路隐患点，降低了施工难度，减少了工程投资		

5.提升建议

线路工程在输电线路设计过程中，尤其是山区变电站电缆出线方向的选择，应考虑现场实际地形高差及施工条件。

【案例6】系统方案考虑不全面

1.案例背景

某35kV变电站现状为单电源供电，不满足双电源可靠性供电要求，需开展单线治理。

2.技术方案

（1）方案描述。自本35kV变电站新建1回35kV线路，T接至周边附近的35kV线路，接入系统方案见图8.6-1。

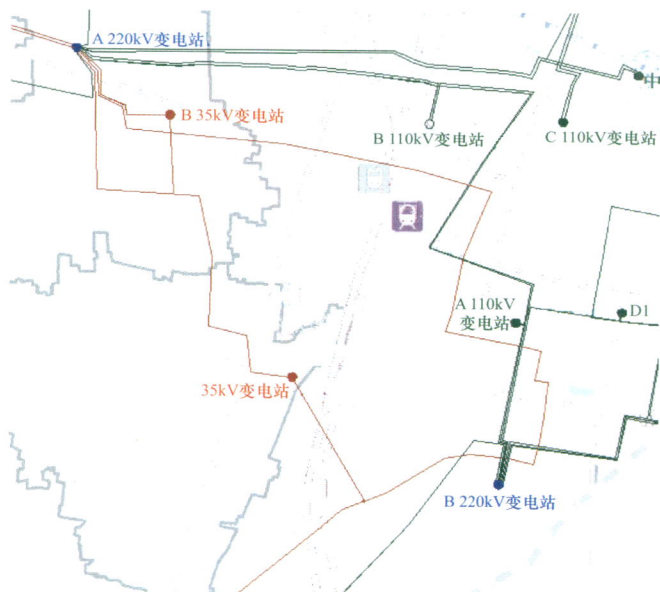

图8.6-1　某35kV变电站本期接线示意图

（2）存在问题。本35kV变电站现状供电电源为A 220kV变电站，T接的35kV线路电源同样来自A 220kV变电站，且与本35kV变电站同接于A 220kV变电站35kV同一段母线。不满足双电源供电要求。

3.案例分析

（1）原因分析。在规划阶段，未对接入系统方案进行深入论证分析。

（2）文件依据。省公司关于做好35kV变电站单线单变问题治理前期工作的通知要求。

（3）隐患分析。如果A 220kV变电站35kV母线，因故障停电，将导致本35kV变电站全站失电。

4.调整措施。

建议把本35kV变电站的其中一回35kV电源线路改接至A 220kV变电站其他35kV母线。

5.提升建议

为避免同类问题再次发生，建议在前期规划阶段，要把工作做细，要进一步深入论证分析方案的可行性。

【案例7】变电站出线方向论证不全面

1.案例背景

拟建的某220kV变电站位于某区东北部规划区域边缘，变电站南侧为铁路，东侧为高速。该变电站为半户内变电站，220kV远期出线8回（4回架空、4回电缆），110kV远期出线14回（4回架空、10回电缆）。

2.技术方案

（1）方案描述。可研提出本站220kV和110kV出线规划方案见图8.7-1。

（2）存在问题。从该区域近远期电网规划来看，该变电站220kV和110kV线路出线

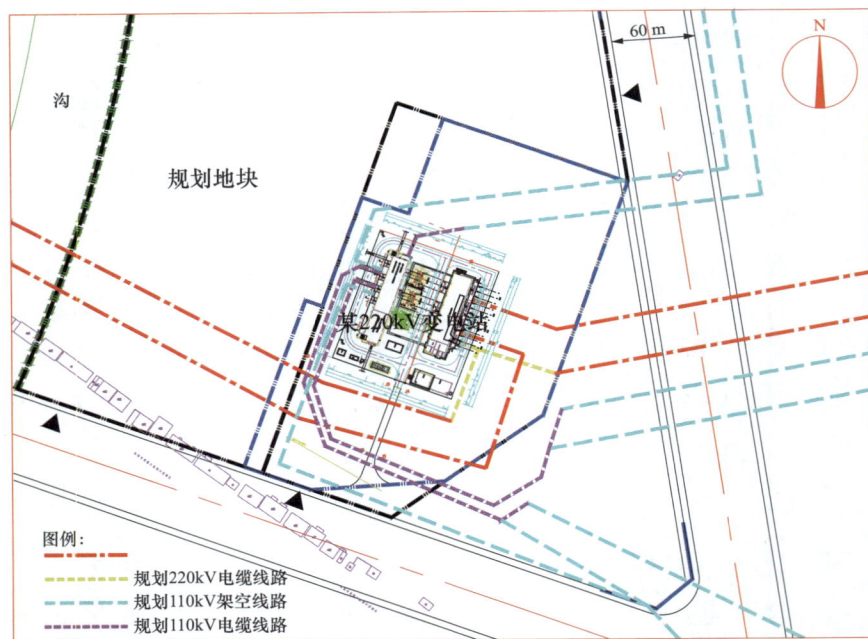

图8.7-1 某220kV变电站出线规划示意图（原方案）

方向欠合理。

3.案例分析

（1）原因分析。该变电站220kV本期出线6回，4回出站后向西走线，2回出站后向东走线。110kV本期出线9回，均需要向东出线，然后再分散沿规划道路走线。此出线方案高压线路把变电站包围，220kV与110kV线路在变电站附近存在多次交叉情况，且110kV出线电缆较长。

（2）文件依据。《220千伏及110（66）千伏输变电工程可行性研究内容深度规定》（Q/GDW 10270—2017）关于出线条件章节。

（3）隐患分析。

1）220kV与110kV线路在变电站存在交叉情况，后续线路改造和检修时会存在大面积线路陪停。

2）由于110kV出线需避让220kV架空线路，导致电缆较长，从而导致工程建设成本增加。

4.调整措施

结合远期电网规划布局，合理选择变电站出线方向。将220kV改为向西出线，110kV向东出线。某220kV变电站出线规划示意图（调整后方案）见图8.7-2。

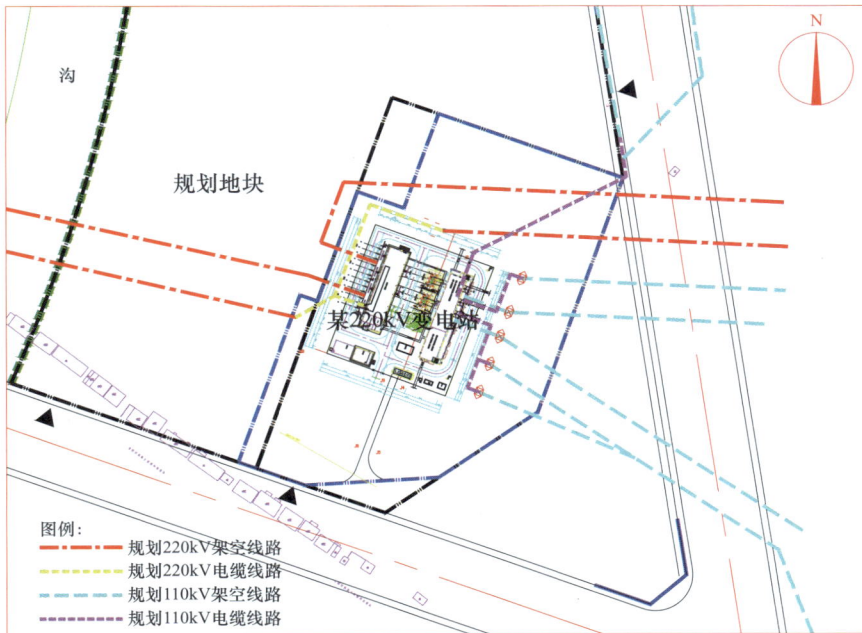

图8.7-2　某220kV变电站出线规划示意图（调整后方案）

5. 提升建议

在输变电工程的可研设计阶段，地市公司、设计单位应根据系统需要，按照可研深度的要求，根据电网规划，合理布置变电站出线方向。

【案例8】选择开断点位置不合理

1. 案例背景

现状某110kV变电站2回110kV电源线均T接于某220kV变电站同塔双回110kV线路。线路运行可靠性较差，需对"双T"接线方案进行改造。某110kVA变电站现状接入系统方案示意图见图8.8-1。

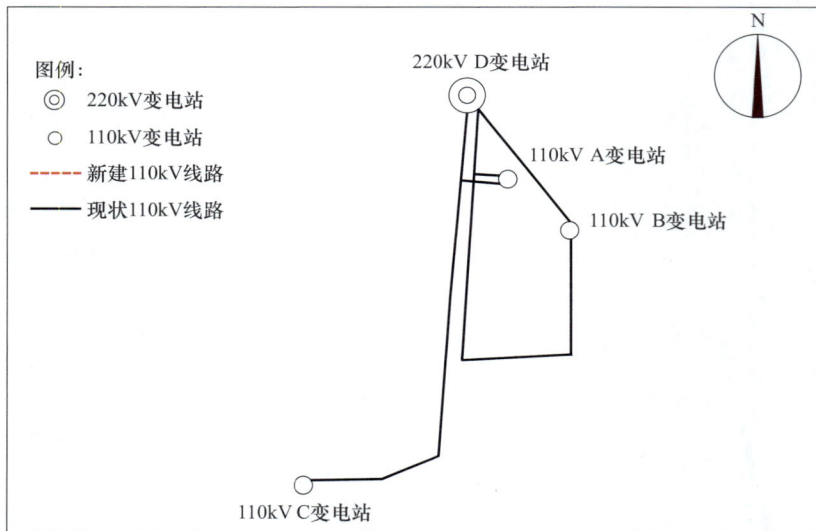

图8.8-1 某110kVA变电站现状接入系统方案示意图

2. 技术方案

（1）方案描述。某110kV的A变电站"双T"改为"单开"，由于原线路"双T"在出线档，即构架档实现，可研提出在D变电站出线档新增加1电缆终端杆塔，并利旧老线路电缆来实现"单开"方案。改造后接入系统方案示意图见图8.8-2，线路改造方案示意图见图8.8-3。

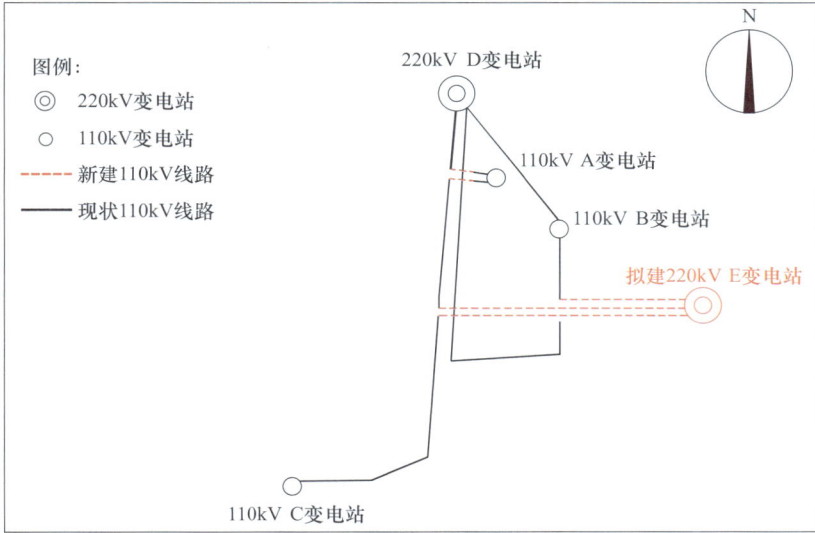

图8.8-2 改造后接入系统方案示意图

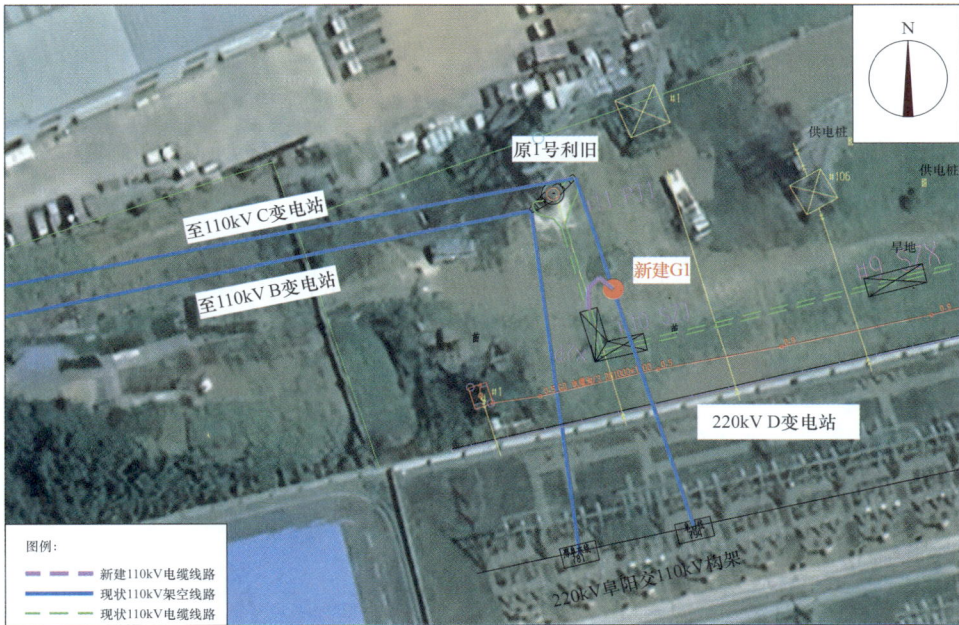

图8.8-3 线路改造方案示意图

（2）存在问题。方案复杂，施工需对原线路长时间停电。

3.案例分析

（1）原因分析。开断方案欠妥，实施较困难。

（2）文件依据。《220kV及110（66）kV输变电工程可行性研究内容深度规定》（Q/GDW 10270—2017）关于线路路径方案章节。

（3）隐患分析。

1）原线路下方立塔，停电时间较长；

2）需对原电缆排管进行破坏，施工较困难，存在安全隐患。

4.调整措施

原"双T"位置不动，通过220kV的D变电站至110kV的C变电站线路开断进拟建220kV E变电站新建的开断杆塔上实现。接入系统方案同时调整，即改为"单T"联络线+从220kV的D变电站出1回线路。此方案避免了施工敏感区，同时减小了线路投资，并增加了110kV的A变电站运行稳定性。改造后接入系统方案示意图（调整方案）见图8.8-4。

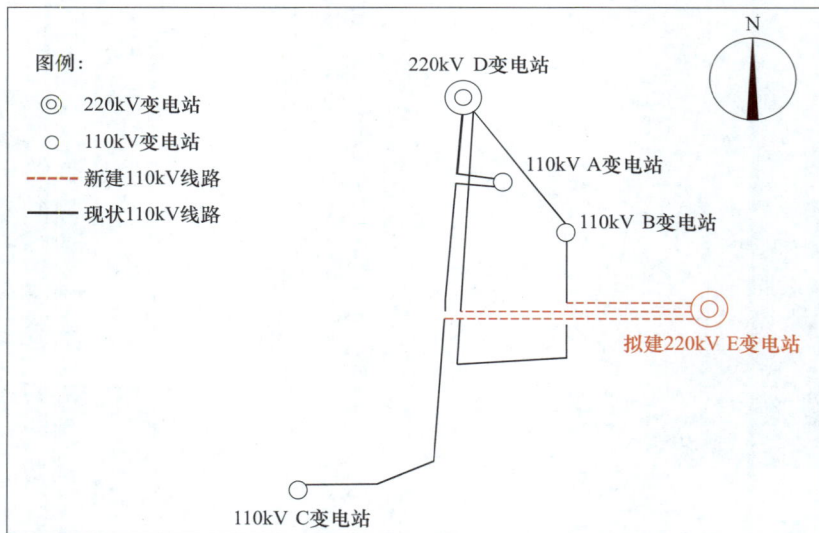

图8.8-4 改造后接入系统方案示意图（调整方案）

5.提升建议

新建线路应尽量避免在施工敏感区域操作，应放观电网全局，通过多种方式解决隐患。

【案例9】工程基础施工与已建线路下导线距离较近

1.案例背景

某220kV架空输电线路工程，线路长度约11.743km。导线采用 $2 \times JL3/G1A - 400/35$ 钢芯高导电率铝绞线，地线采用2根72芯OPGW光缆。设计条件为基本风速27m/s、覆冰10mm。沿线地形比例平地占100%，交通情况良好。

2.技术方案

（1）方案描述。工程于已建输电线路下方新建2基转角塔，将已建双回线路的其中一回路进行开断见图8.9-1，杆塔基础选择钻孔灌注桩基础。

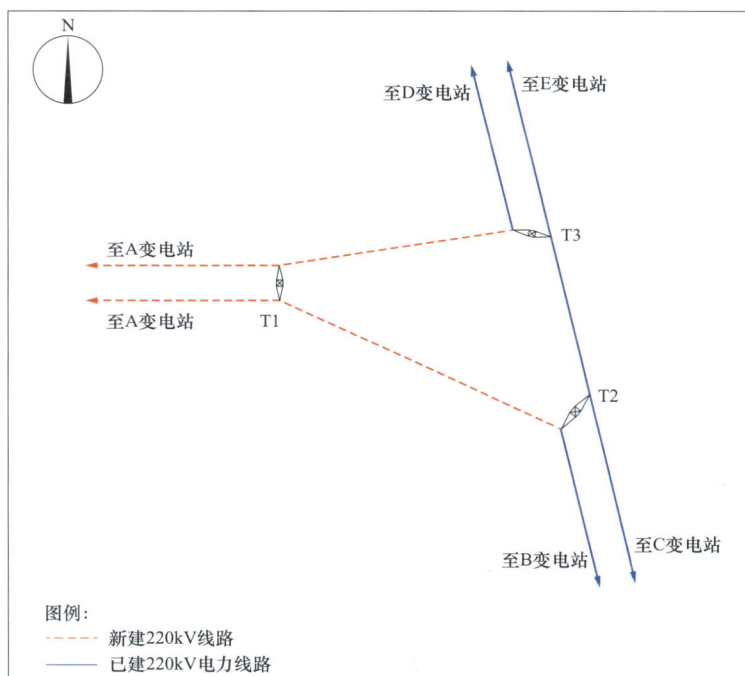

图8.9-1 开断方案示意图

（2）存在问题。新建塔位位于已建线路下方，基础形式为钻孔灌注桩基础，基础施工机械对已建线路下导线距离较近，若带电施工则存在一定的施工安全隐患且风险等级为二级风险。

3.案例分析

（1）原因分析。根据现场实际测量，新建T2、T3杆位上方导线对地距离为12～14m，无法满足作业人员或机械器具与带电线路的风险控制值（220kV控制值为8.0m）。作业人员或机械器具与带电线路及其他带电体风险控制值见表8.9-1。

表8.9-1　作业人员或机械器具与带电线路及其他带电体风险控制值

电压等级（kV）	控制值（m）	电压等级（kV）	控制值（m）
≤10	4.0	±50及以下	6.5
20~35	5.5	±400	12.6
66~110	6.5	±500	13.0
220	8.0	±660	15.5
330	9.0	±800	17.0
500	11.0	±1100	24.0
750	14.5		
1000	17.0		
流动式起重机、混凝土泵车、挖掘机等施工机械作业，应考虑施工机械回转半径对安全距离的影响。			

注　±400kV数据是按海拔3000m校正的。

（2）文件依据。《国家电网有限公司关于全面强化电网建设安全责任落实的通知》（国家电网基建〔2022〕286号）、《输变电工程建设施工安全风险管理规程》（Q/GDW 12152—2021）、《国家电网有限公司电力建设安全工作规程》（Q/GDW 11957.2—2020）。

（3）隐患分析。作业人员或机械器具与带电线路的最小距离不小于控制值，小于控制值属于临近带电体施工，该工序为二级风险。常用钻孔灌注桩基础成孔机械高度6m，且施工时容易突破与已建线路的安全距离，不调整基础型式则需要对已建线路进行停电配合施工。Q/GDW 11957.2—2020中表5规定了起重机及吊件与带电线路及其他带电体的安全距离。

表5　起重机及吊件与带电线路及其他带电体的安全距离

电压等级 kV	安全距离 m	
	沿垂直方向	沿水平方向
≤10	3.00	1.50
20~35	4.00	2.00
66~110	5.00	4.00

电压等级 kV	安全距离 m	
	沿垂直方向	沿水平方向
220	6.00	5.50
330	7.00	6.50
500	8.50	8.00
750	11.00	11.00
1000	13.00	13.00
±50及以下	5.00	4.00
±400	9.70	9.20
±500	10.00	10.00
±660	12.00	12.00
±800	13.00	13.00
±1100	20.00	20.00

注1 ±400kV数据为按海拔3000m校正，海拔4000m时安全距离为10.00m，海拔1000m时安全距离为8.50m；750kV数据为按海拔2000m校正，其他等级数据按海拔1000m校正。

注2 表中未列电压等级按高一档电压等级的安全距离执行。

4. 调整措施

基础型式由钻孔灌注桩基础调整为钢筋混凝土板柱基础，满足工程安全管控要求，同时也减少了已建线路的停电时间。

5. 提升建议

设计阶段在满足规程规范要求的同时，还应充分压降施工风险。优化设计方案并提供施工方法建议，有效压降风险等级，从源头上改善安全生产条件，防止生产安全事故的发生；针对无法压降风险的施工工序，作出设计专项说明，并提出风险管控的措施建议。

【案例10】蓄洪区路径协议落实难度大导致改线

1. 案例背景

某特高压直流输电线路工程某标段一般线路全长为112.692km，按单回双极架设，导线采用6×JL1/G3A-1250/70钢芯铝绞线，一根JLB20A-150铝包钢绞线，另一根采用36芯OPGW－150光缆；三跨区段采用2根72芯OPGW－150光缆。设计条件为基本风速27（29）m/s、覆冰10mm。沿线地形比例为平地75%、河网泥沼25%，交通情况一般。

2.技术方案

（1）方案描述。特高压直流输电线路工程路径途经阜阳市颍上县、六安市霍邱县、裕安区，受路径走廊限制，线路在霍邱县和裕安区需穿越涉及水利部淮委管理的城东湖蓄洪区、城西湖蓄洪区，工程可研阶段经咨询洪评单位，洪评单位表示方案可行，可研阶段已正式征询淮委意见，未获回复，但对方口头表示原则上同意可研路径方案，后期按正常程序办理行政许可审批即可，公司继续开展后续的初步设计、施工图设计评审工作。

（2）存在问题。工程进入初步设计阶段，公司根据前期较为确定的路径方案完成了全线终勘定位工作，随后将路径坐标提供给洪评单位省水利设计院，洪评单位编制洪评报告后随建设方案一起报送至水利部淮委审批，淮委在审阅报告后认为该工程路径在蓄洪区内立塔数量过多，影响蓄洪区库容，要求调整路径方案。

3.案例分析

（1）原因分析。特高压直流输电线路工程涉及水利部淮委管理的蓄洪区，可研阶段未取得淮委对于路径方案可行性的书面回复，仅有原则同意的口头表示，手续不甚完备，为后续设计工作埋下隐患。

（2）文件依据。《中华人民共和国水法》第三十八条：在河道管理范围内建设桥梁、码头和其他拦河、跨河、临河建筑物、构筑物，铺设跨河管道、电缆，应当符合国家规定的防洪标准和其他有关的技术要求，工程建设方案应当依照防洪法的有关规定报经有关水行政主管部门审查同意。因建设前款工程设施，需要扩建、改建、拆除或者损坏原有水工程设施的，建设单位应当承担扩建、改建的费用和损失补偿。原有工程设施属于违法工程的除外。

《中华人民共和国防洪法》第三十三条：在洪泛区、蓄滞洪区内建设非防洪建设项目，应当就洪水对建设项目可能产生的影响和建设项目对防洪可能产生的影响作出评价，编制洪水影响评价报告，提出防御措施。洪水影响评价报告未经有关水行政主管部门审查批准的，建设单位不得开工建设。

（3）隐患分析。特高压直流输电线路工程涉及水利部淮委管理的蓄洪区，可研阶段未取得淮委对于路径方案可行性的书面回复，初步设计阶段洪评单位上报洪评报告和建设方案后淮委不同意路径方案，此时若改线则需从西侧绕行（此处做支线1、2、3方案进行比选），需要新开辟高压走廊，除路径长度增加而导致工程投资会有大幅上升外，还涉及影响沿线相关城镇的区域整体规划和区域线型基础设施廊道控制（详见图8.10-1中支线1、2、3方案）。

图8.10-1　绕行方案路径示意图

4.调整措施

根据前文所述，绕行方案代价巨大，后期经多次和水利部淮委沟通协调，本着进一步减少该工程在蓄洪区内塔基数量，减少对蓄洪区库容影响的原则，拟选择对霍邱县石店镇穿越城西湖蓄洪区段路径进行局部优化，即将N2291-N2306段路径向东调整，城西蓄洪区内路径长度减少3.5km，塔基数量可减少7基。调整后线路长度增加0.5km，转角增加4个，房屋拆迁增加约2460m^2，工程投资增加约1538万元（后经核实工程投资可控制在可研估算范围内），改线方案因房拆面积较大，增加了民事协调难度，石店镇政府一度持反对意见，但本着工程能够整体有序推进，以期尽快获得淮委洪评批复，公司多次与政府协调，石店镇政府同意按改线方案执行，该方案最终也得到水利部淮委认可，改线路径示意见图8.10-2，改线前后指标对比见表8.10-1。

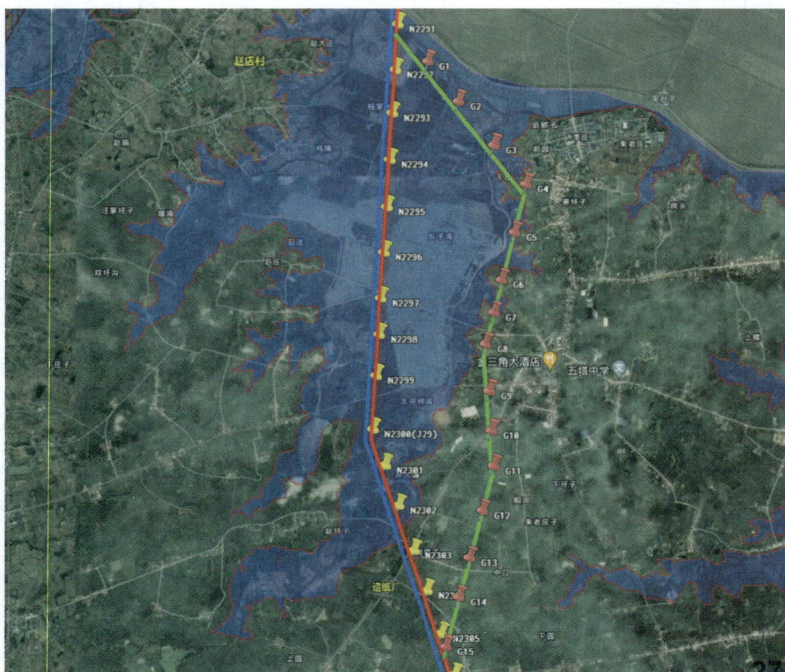
图8.10-2 石店镇段改线方案路径示意图（绿线为改线方案）

表8.10-1 改线前后方案方案主要指标对比

项目	原方案	调整方案	对比说明
路径长度（km）	6.8	7.3	整体路径长度增加0.5km
蓄洪区段路径长度（km）	5.7	2.2	蓄洪区段路径长度减少3.5km
蓄洪区段立塔情况（基）	13	6	蓄洪区段杆塔数量减少7基
静态投资（万元）	4225	5763	投资增加1538万元
综合对比说明	改线后城西蓄洪区内路径长度减少3.5km，塔基数量减少7基。调整后线路长度增加0.5km，房屋拆迁增加约2460m²，工程投资增加约1538万元，最终水利部淮委同意该方案		

5.提升建议

线路工程建设周期长，和水利设施的冲突不可避免，尤其在重要河道周边区域走线时，往往会涉及各类蓄洪区，在前期路径协议办理时需高度关注蓄洪区主管单位和沿线水利部门协议的落实，原则上应取得相关单位对路径原则同意的书面回复后方可进行下一步设计工作，若无法及时取得协议则需在后续设计过程中与洪评单位紧密配合，及时关注洪评报告和建设方案审批的进展，以便及时调整路径方案，同时在可研阶段应视情况对本体工程量和房拆费进行合理预留，避免工程超估或超概情况的发生。

第9章　变电一次案例

【案例1】出线侧上层跨线和下层梁不满足规范带电距离要求

1. 案例背景

某500kV变电站新建工程500kV出线远期10回，其中至A变电站的4回出线侧各装设1组高压并联电抗器；500kV出线本期8回，其中在A变电站的4回出线侧装设4组（3×150+1×180）Mvar高压并联电抗器。

2. 技术方案

（1）方案描述。描述原方案的具体情况。500kV配电装置参照《国家电网有限公司输变电工程通用设计　330～750kV变电站分册（2024年版）》方案500-B-4模块设计，采用户外悬吊管形母线中型布置及户外HGIS设备一字形布置。由于配串和线路出线方向的限制，第三串和第四串采用双层出线，下层导线挂点高度26m，上层导线挂点高度38m。原500kV配电装置断面图见图9.1-1。

（2）存在问题。未对上层跨线和下层梁的带电距离进行详细校验，可能存在带电距离不足的问题。

3. 案例分析

（1）原因分析。在绘制图纸时没有按照实际比例绘制架梁、绝缘子串、金具等，导致核实带电距离时未能发现带电距离不够。

（2）文件依据。《高压配电装置设计规范》（DL/T 5352—2018）第5.1节最小安全净距相关内容。

（3）隐患分析。如果变电站的导线间带电距离不够，会造成如下后果：

1）导致电弧闪络，释放大量能量，损坏设备并引起火灾。

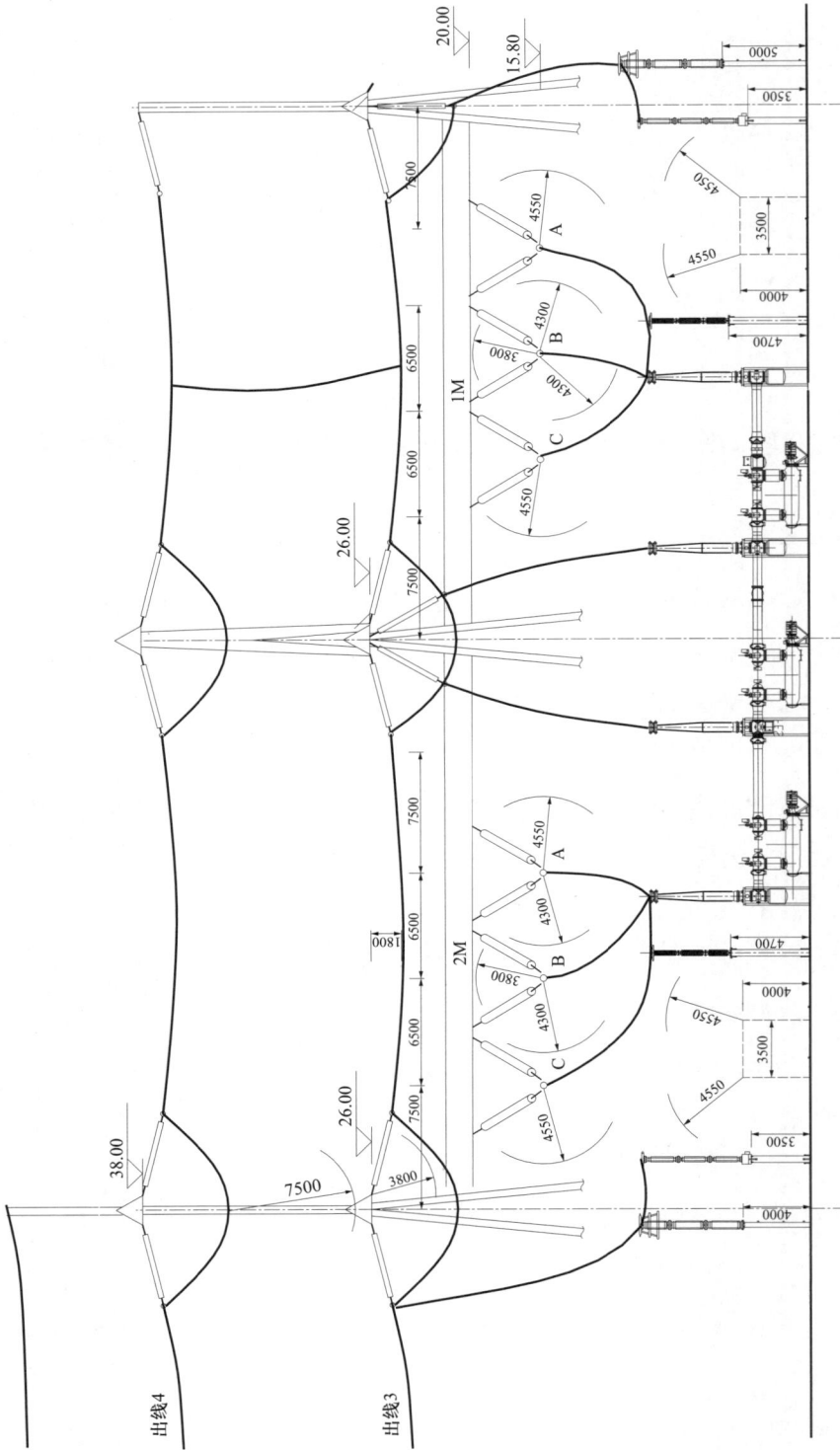

图9.1-1 原500kV配电装置断面图

2）电弧闪络和短路事故可能对在变电站工作的人员造成严重伤害，包括烧伤、电击甚至死亡。

3）导线之间的短路会导致电路保护装置动作，从而切断电源，造成局部或大面积的电力中断，影响工业生产、居民生活和公共服务。

4）设备损坏和维修、电力中断导致的生产力损失、事故处理和赔偿费用都会带来巨大的经济损失。

4. 调整措施

图纸中以实际比例绘制构架梁、绝缘子串、金具等，详细核实后发现带电距离确实不足，需将上层线挂点升高1m，调整为39m。调整后500kV配电装置断面图见图9.1－2。

5. 提升建议

在绘制断面图时要按照实际比例绘制构架、绝缘子串、金具等尺寸，保证在图中能够准确核实带电距离，防止事故的发生。

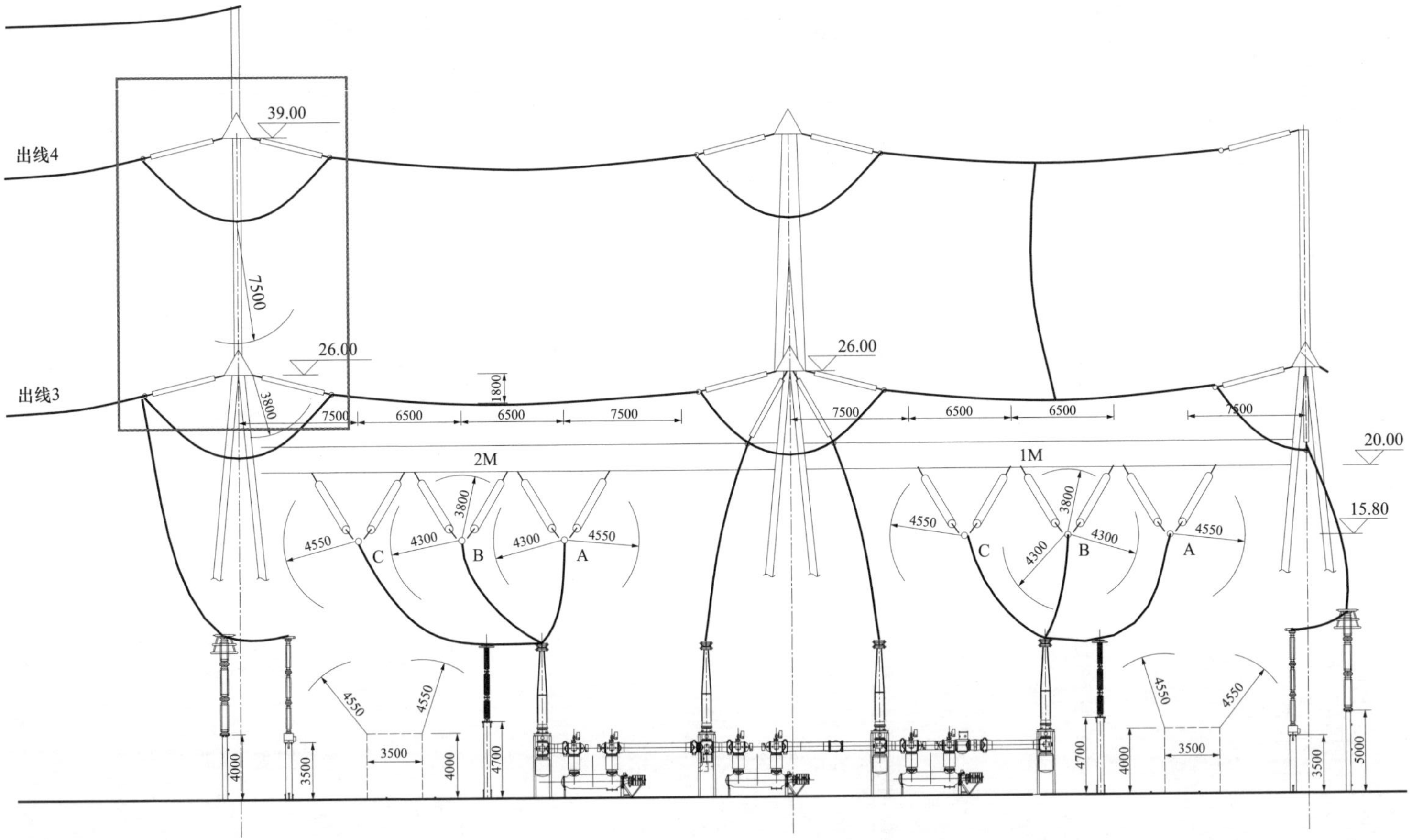

图 9.1-2　调整后 500kV 配电装置断面图

【案例2】主供线路同母线

1.案例背景

某110kV新建输变电工程，新建110kV变电站具体规模及接线如下：

（1）主变压器：远期3×50MVA主变压器，本期1×50MVA主变压器。

（2）110kV出线：本期3回，远期4回。

（3）电气主接线：110kV本、远期均为单母线分段接线，户外AIS设备。

2.技术方案

（1）方案描述。变电站3回110kV出线中2回来自上级220kV变电站，为本站电源进线，另1回为风电接入。110kV配电装置接线图详见图9.2－1。

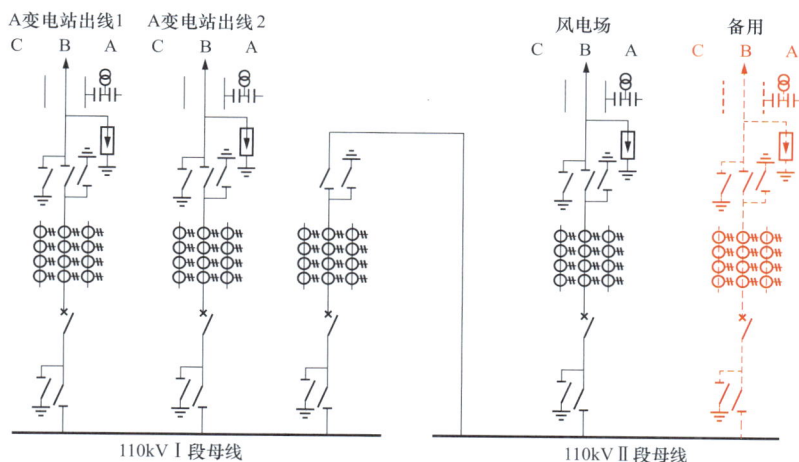

图9.2－1　110kV电气主接线图（调整前）

（2）存在问题。本期2回110kV的A变压器出线为本站电源主供线路，风电场出线仅通过本站接入电网。原设计方案将2回110kV的A变压器出线均接入同一段母线，当远期扩建主变压器位于110kV两段母线（本期1号主变压器接于Ⅰ段母线，没有影响），Ⅰ母线发生故障或检修时，全站将失去主供电源。

3.案例分析

（1）原因分析。没有考虑远期扩建主变压器位于110kV两段母线，Ⅰ母线发生故障或检修时，全站将失去主供电源。

（2）文件依据。《35～110kV变电站设计规范》（GB 50059—2011）第3.2.1条：

变电站的主接线，应根据变电站在电网中的地位、出线回路数、设备特点及负荷性质等条件确定，并应满足供电可靠、运行灵活、操作检修方便、节约投资和便于扩建等要求。

（3）隐患分析。主供电源位于同一段母线，当该段母线故障或检修时，全站失去主供电源，可能造成风电场与本站孤网运行，更甚者可致使全站甩负荷，单母线分段接线的优势得不到发挥。

4.调整措施

将2回110kV A出线分别接入110kV两段母线，详见图9.2-2。

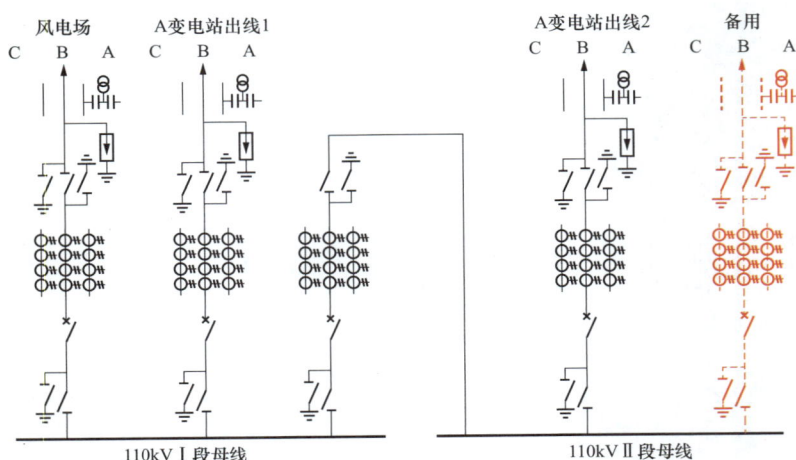

图9.2-2　110kV电气主接线图（调整后）

5.提升建议

新建110kV双电源进线工程，应结合接线型式合理排列间隔，避免全站失去主供电源的情况发生。

【案例3】设备选型未计算平行长线路感应电压

1.案例背景

某新建220kV输变电工程，220kV变电站具体规模及接线如下：

（1）主变压器：远期3×180MVA，本期1×180MVA。

（2）220kV出线：本期4回出线，远期8回出线；110kV出线：本期6回，远期12回。

（3）电气主接线：220kV本期双母线接线，远期双母线单分段接线，户外AIS设备；110kV本、远期均为双母线接线，户外AIS设备。

2.技术方案

（1）方案描述。220kV本期4回出线中有两回同塔双回出线线路侧接地开关按A类设计。

（2）存在问题。原设计方案并未进行电磁感应计算，而是直接按常规配置，选择了A类接地开关。

为确保运行的可靠性和安全性，要求线路上采用的接地开关和隔离开关附装的接地开关，必须具有开合感应电流的能力。

同塔双回架设的两回线路间有很强的静电和电磁感应，停电线路上可感应较高的电压和电流，这将影响线路检修及两端接地开关选择。

3.案例分析

（1）原因分析。在设计初期，忽略了同塔双回架设的两回线路间有很强的静电和电磁感应，没有计算线路的额定电压和额定电流就选择了A类接地开关。

（2）文件依据。《交流高压隔离开关和接地开关》（DL/T 486—2010）规定接地开关的额定感应电流和额定感应电压的标准值，见表9.3-1。

表9.3-1　接地开关的额定感应电流和额定感应电压的标准值

额定电压（kV）	电磁耦合				静电耦合			
	额定感应电流（A，有效值）		额定感应电压（kV，有效值）		额定感应电流（A，有效值）		额定感应电压（kV，有效值）	
	A类	B类	A类	B类	A类	B类	A类	B类
252	80	160	1.4	15	1.25	10	5	15

（3）隐患分析。同塔双回输电线路中，当一回线路正常运行、另一回线路停电进行检修时，由于两回输电线路间的静电感应和电磁感应作用，在检修回路中会产生感应电压和感应电流，会对正在检修的工作人员的安全造成危害。

4.调整措施

在两条或多条共塔或邻近运行布置的架空输电线中，当某一回或几回线路停电检修后，由于检修线路与相邻带电线路间较强的静电感应及电磁感应作用，将在停运线路上产生较大的感应电压（电磁感应和静电感应）和感应电流（电磁感应和静电感应），考虑到接地开关关合感应电流能力，需选择合理型式。

本站预留两回220kV同塔出线间隔，后期两回线路同塔双回路架设。经电磁感应计算感应电流和感应电压，2回220kV同塔双回出线间隔及对侧均需配置B类接地隔离开关。

5. 提升建议

随着电网的发展，同塔双回线路越来越普遍，线路侧接地开关开合感应电流的问题越来越突出。设计单位应针对同塔双回输电线路的特点，对同塔双回输电线路中，当一回正常运行，另一回停电检修时的不同运行工况进行理论分析；运用EMTP程序对检修线路上感应电压、感应电流进行研究计算，为接地开关的选择及设计提供依据。

【案例4】总平面布置不优导致投资大

1. 案例背景

某220kV输变电工程新建1座220kV开关站，开关站远期为220kV变电站，采用《国家电网公司输变电工程通用设计　220kV变电站模块化建设》220-A3-2半户内方案。

220kV本期7回出线，远期10回出线，本、远期均采用双母线单分段接线；110kV本期无出线；远期18回出线，采用双母线单分段接线；10kV本期无出线；远期18回出线，采用单母线三分段接线；本期不配置无功补偿装置；远期安装总容量3×2×20Mvar并联补偿电容器和3×10Mvar并联电抗器。

本站设1座220kV配电装置楼，地上2层，布置于站区西侧。电容器布置于一层，220kV配电装置布置于二层南侧；设1座110kV配电装置楼，地上2层，布置于站区东侧；35kV配电装置布置于一层，110kV配电装置布置于二层南侧，二次设备室布置于二层北侧。主变压器布置在站区中部，站区大门设于站区东侧。

2. 技术方案

（1）方案描述。本站直接套用国网通用设计220-A3-2半户内方案。二次设备室布置于110kV配电装置楼二层，见图9.4-1。

（2）存在问题。110kV及10kV本期均无出线，本期也不新上110kV及35kV的配电装置。本期新建了110kV配电装置楼，蓄电池室布置于配电装置楼一层，二次设备室布置于配电装置楼二层。本期空置房间较多。

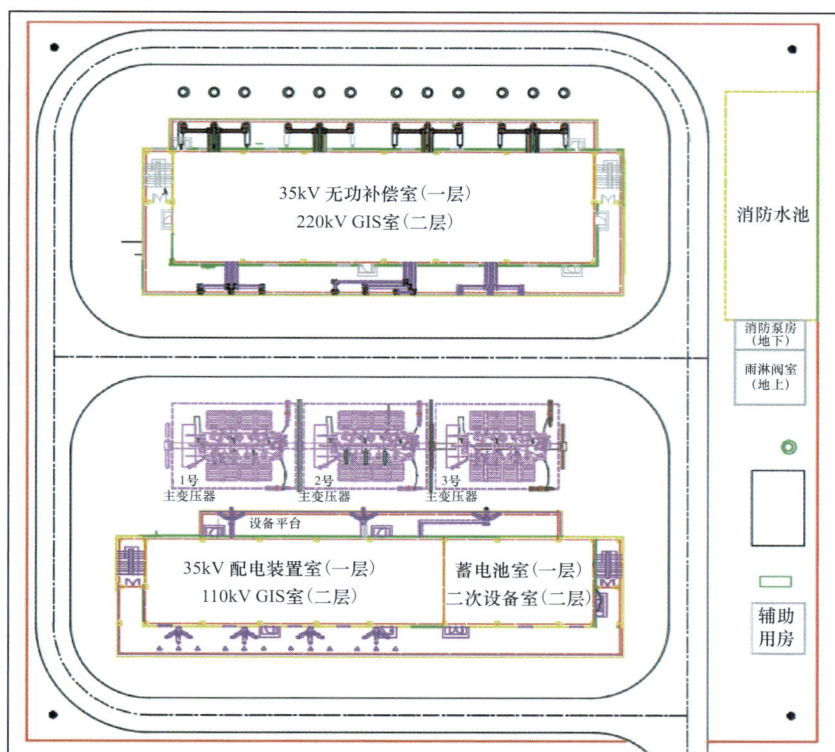

图9.4-1 设计方案平面布置图（调整前）

3.案例分析

（1）原因分析。未考虑电气设备与二次设备室距离较大导致的二次电缆用量较大的问题，且为方便后期扩建，本期建设的空置房间较多。

（2）文件依据。《变电站总布置设计技术规程》（DL/T 5056—2007）第5.1.3条：变电站总平面宜将近期建设的建（构）筑物集中布置，以利分期建设和节约用地。

（3）隐患分析。本期仅上220kV电气设备，与本期二次设备室距离较远，二次电缆用量大。110kV配电装置楼房间多为空置，较为浪费。本期工程造价较高。

4.调整措施

调整本站总平面布置，适当增加站区横向长度及220kV配电装置楼长度，将二次设备室及蓄电池室布置于220kV配电装置楼二层，消防水池及消防泵房布置于110kV配电装置楼旁。本期不建设110kV配电装置楼。调整后将大大减小本期工程投资规模。调整后总平面详见图9.4-2。

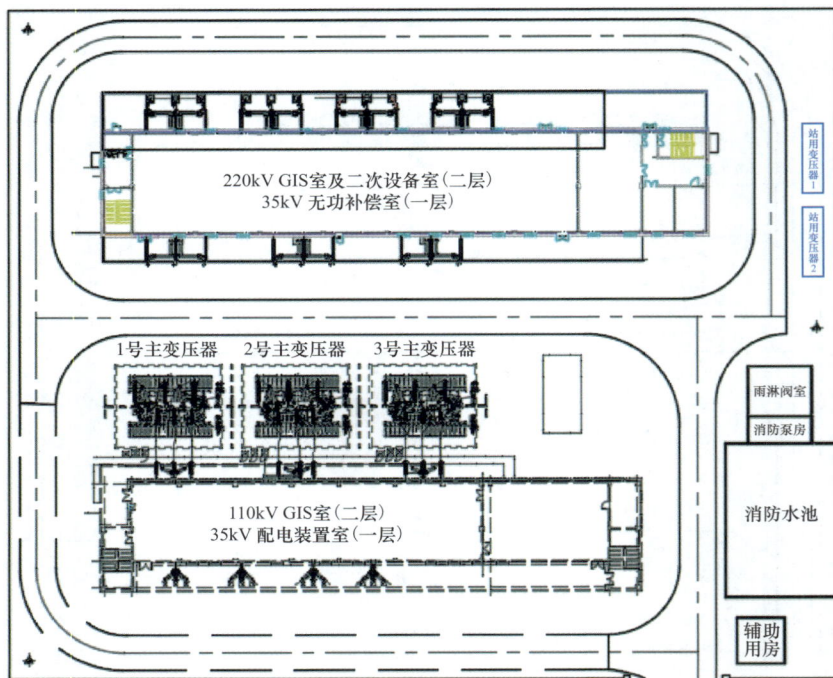

图9.4-2 设计方案平面布置图（调整后）

5.提升建议

变电站总平面布置应按最终规模进行规划设计，布置合理、功能分区明确、近远结合，以近为主。

【案例5】平面布置方案选择不合理

1.案例背景

某110kV变电站新建工程，采用《国家电网公司输变电工程通用设计 35~110kV变电站模块化建设施工图设计（2016年版）》方案110-A1-2，为户外站；110kV侧本期2回出线，远期出线4回，本、远期均采用单母线分段接线；35kV侧出线：本期6回，达到远期规模，本、远期均采用单母线分段接线；10kV侧出线：本期16回，远期24回，本期采用单母线接线，远期采用单母线三分段接线；本期装设2×（3.6+4.8）Mvar并联电容器接入10kV母线；远期装设3×（3.6+4.8）Mvar并联电容器；本期安装2台800kVA的接地变压器及消弧线圈（并小电阻）成套装置分别接入10kV Ⅰ、Ⅱ段母线，其中消弧线圈容量为630kVA。

本站周边区域规划见图9.5-1，黄色区域为二类居住用地，紫色区域为行政用地。

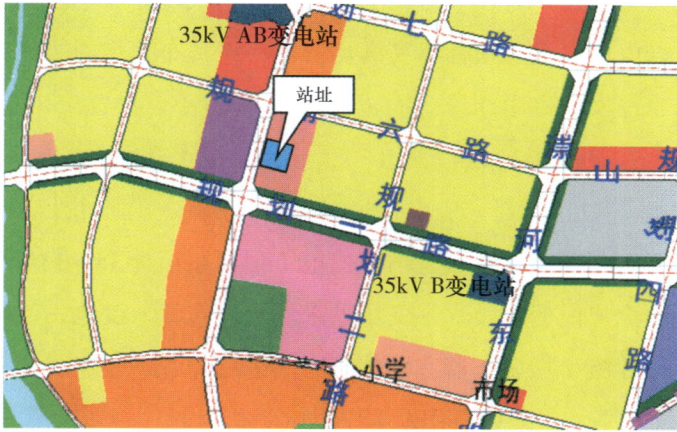

图9.5-1　站址周边规划图

2.技术方案

（1）方案描述。110kV主变压器采用户外布置，110kV配电装置采用户外GIS布置、架空出线。

（2）存在问题。本站周边规划多为居住用地与行政用地，本站采用户外布置方案与周边规划不协调。本站所在区域虽有2个35kV变电站，但周边无新增工业负荷，本站建成后部分10kV负荷也将逐步转移至本站，设置35kV电源点必要性不强。

3.案例分析

（1）原因分析。设计初期没有考虑到变电站周围的环境因素，户外方案会影响周围居民的正常生活。

（2）文件依据。《变电站总布置设计技术规程》（DL/T 5056—2007）第4.0.1条：变电站总体规划应与当地城镇规划、工业区规划相协调。

第4.0.2条：城市地下（户内）变电站的总体规划应满足当地城市规划的要求，宜避免与相邻民居、企业及设施的相互干扰。

《声环境质量标准》（GB 3096—2008）第4条声环境功能区分类及第5.1条各类声环境功能区的环境噪声等效声级限值，居民住宅属1类声环境功能区，环境噪声限值昼间不大于55dB，夜间不大于45dB。

根据《电磁环境控制限值》（GB 8702—2014）第4.1条公众曝露控制限值，本案例评价范围内电场强度控制限值为4kV/m，同时架空输电线路下的耕地、园地、牧草地、畜禽饲养地、养殖水面、道路等场所，其频率50Hz的电场强度控制限值为10kV/m。

（3）隐患分析。本站距居住用地较近，主变压器为户外布置，其噪声水平多为60dB，噪声限制不易满足声环境质量的要求。架空出线线路噪声限值、无线电干扰水平、电磁辐射、静电场限值等指标不易满足。电气设备布置与周边规划不协调，工程建设、后期运维也易发生民事纠纷。周边35kV负荷较小，设置35kV等级无法发挥电气设备供电效能。

4. 调整措施

本站设计方案改为《国家电网公司输变电工程通用设计35～110kV变电站模块化建设》110-A2-6全户内变电站，主变压器采用户内布置。变电站使用低噪声主变压器、风机及消音百叶窗，主变压器室墙体及大门采用隔音、吸声材料等措施，可明显降低主变压器噪声水平。110kV采用电缆出线，入地敷设。

5. 提升建议

变电站选址及电气布置应统筹兼顾、因地制宜。考虑规划、建设、环境保护等方面的要求，主体建筑应与周边环境相协调。

【案例6】隔离开关电气距离校验未考虑打开状态

1. 案例背景

某220kV变电站工程110kV配电装置采用支持式管形母线中型置，断路器单列布置，配电装置间隔宽度8m，间隔内出线隔离开关选用双柱水平旋转式隔离开关；主变压器高压绕组中性点隔离开关选用V形旋转的GW13隔离开关。

2. 技术方案

（1）方案描述。间隔内出线隔离开关相间距离2.2m，边相设备至门形构架柱子中心距离为1.8m，出线隔离开关中心线距离构架中心线2.0m。

在图9.6-1中，出线隔离开关在打开状态时，导电臂与构架之间的电气距离不能满足B_1值（栅状遮拦至绝缘体和带电部分之间距离）要求。另外，主变压器高压侧中性点隔离开关布置定位见图9.6-2。

在图9.6-2中，中性点隔离开关在打开状态时，导电臂与防火墙之间的电气距离不能满足A_1值要求。

（2）存在问题。110kV出线隔离开关布置设计相间距过大，在打开状态时，导电臂与构架之间的电气距离不能满足B_1值要求。

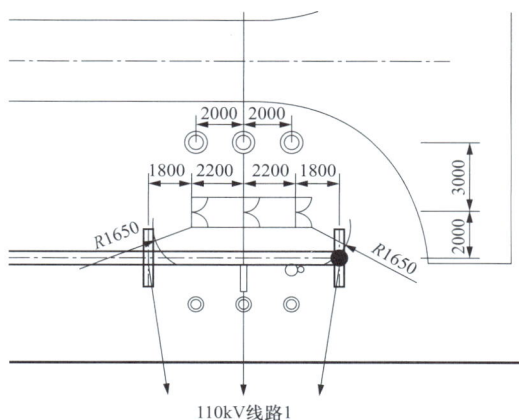

图9.6-1　某工程110kV配电装置出线隔离开关布置图

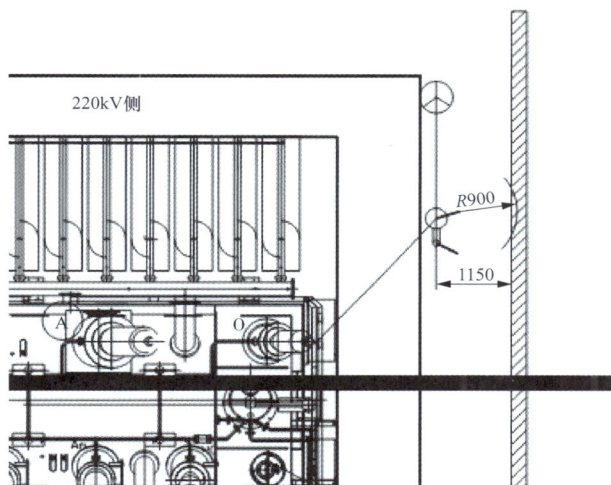

图9.6-2　某工程220kV主变压器中性点设备布置图

主变压器中性点隔离开关布置设计过于靠近防火墙，在打开状态时，导电臂与防火墙之间的电气距离不满足要求。

3.案例分析

（1）原因分析。采用水平旋转式隔离开关或V形旋转式隔离开关设备的配电装置时，仅核实隔离开关关闭状态的带电距离，没有考虑隔离开关打开状态的带电距离。

（2）文件依据。根据《高压配电装置设计技术规范》（DL/T 5352—2018）"屋外配电装置的最小安全净距不应小于表5.1.2-1的规定"，其中110kV B_1 值为1650mm。

主变压器220kV侧中性点绝缘水平按110kV考虑，A_1 值900mm，主变压器110kV侧中性点绝缘水平按66kV考虑，A_1 值650mm。

（3）隐患分析。无论是110kV出线隔离开关还是主变压器中性点隔离开关，若不校验打开状态下导电臂的电气安全净距要求，则存在事故放电隐患，严重的还可能危及人身安全。

4.调整措施

针对水平旋转式隔离开关或V形旋转式隔离开关，在电气需注意校核打开状态电气安全距离。对于三相隔离开关可采用关相间距、布置远离构架等方式避免此类问题。或主变压器中性点关打开方向远离防火墙来避免此类问题，分别见图9.6-3和图9.6-4。

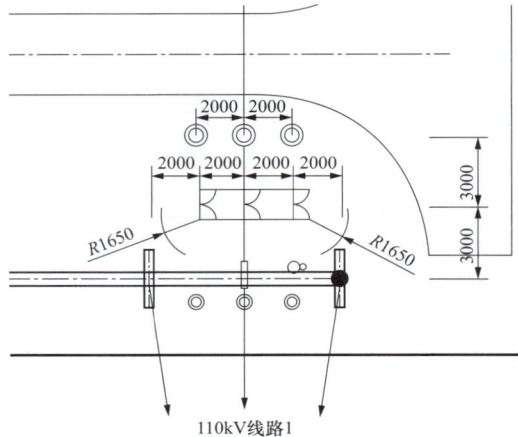

图9.6-3　110kV配电装置出线隔离开关合理布置示例图

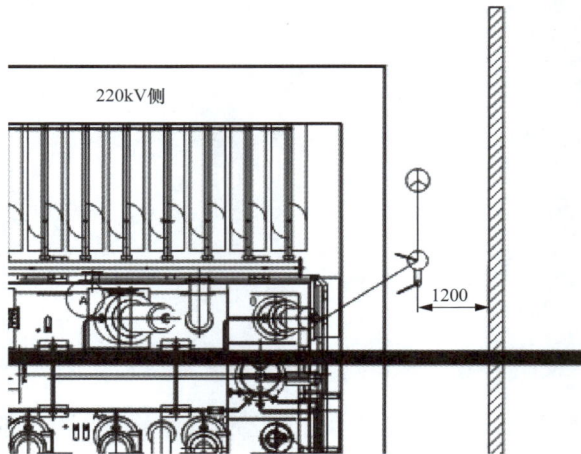

图9.6-4　220kV主变压器中性点设备合理布置示例图

5.提升建议

凡采用水平旋转式隔离开关或V形旋转式隔离开关设备的配电装置，电气布置图需采用隔离开关打开状态绘制图纸并校核电气距离。

【案例7】电容器组相间带电距离不满足要求

1.案例背景

某220kV变电站工程，方案本期建设2台220kV、240MVA变压器，最终规模3组220kV、240MVA三相三绕组变压器。

本期主变压器35kV侧配置4组12Mvar并联电容器，最终6组12Mvar并联电容器，户外布置。

2.技术方案

（1）方案描述。35kV电容器为户外分相布置型式，单星形接线，电缆进线，由进线隔离开关、干式空芯串联电抗器、避雷器、放电线圈、组装式并联电容器及连接导线等组成。为节省占地，多组电容器临近布置，见图9.7-1。

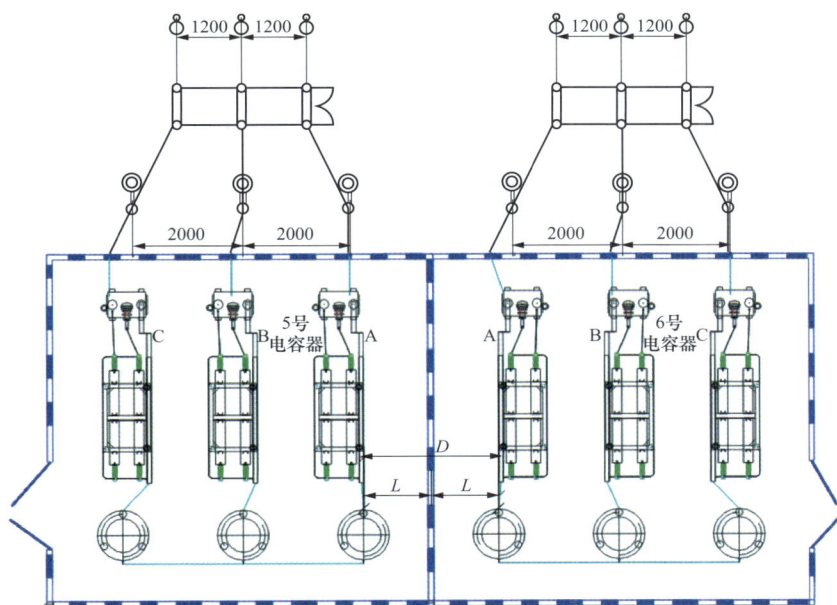

图9.7-1　扩建区域平面布置图

（2）存在问题。设计时未注意核实厂家图纸中电容器组相之间以及电容器与围墙之间的电气距离。

3.案例分析

（1）原因分析。相邻电容器或电容器与围墙边沿之间的电气距离校验不满足要求。图9.7-1中D值需不小于2400mm。

（2）文件依据。根据《高压配电装置设计技术规程》（DL/T 5352—2018）"屋外配电装置的最小安全净距不应小于表5.1.2-1所列数值"，其中35kV D 值为2400mm。D 值是保证配电装置检修时，人和带电裸导体之间净距不小于 A_1 值。

（3）隐患分析。若 D 值不满足要求，则相邻电容器组检修时，另一组电容器需陪停。

4.调整措施

新工程首先需严格按照相关规范设计，保证电容器电气安全净距校验要求。已建工程可在计划检修期间，在相邻电容器组之间的围栏上方再加设网状遮拦或绝缘护板，以确保人员检修安全。

5.提升建议

电容器组招标规范需明确边相框架台或导体与网门的电气距离需满足要求。设联会以及产品确认过程需注意校核上述尺寸要求。

【案例8】母线桥设计不满足带电距离要求

1.案例背景

某110kV变电站2号主变压器扩建工程，本期2号主变压器容量由31.5MVA增容为50MVA。10kV侧现采用单母线分段带旁路接线，10回出线，本期扩建至16回出线，接线型式改为单母线分段接线，利用现有开关室将10kV开关柜拆除重建。

2.技术方案

（1）方案描述。2号主变压器10kV进线采用户外敞开式铜排母线，跨越站内运输道路，详见图9.8-1中红色标注部分。

（2）存在问题。原设计方案10kV铜排母线架空进线与站内运输道路间安全距离不满足DL/T 5352—2018表5.1.2-1中 B_1 值（即设备运输时其设备外廓至无遮拦带电部分之间的安全距离，应为950mm）。

3.案例分析

（1）原因分析。设计初期在核实带电距离时，仅核实带电体之间的安全距离，没有考虑运输道路外廓与带电体直接的安全距离。

（2）文件依据。DL/T 5352—2018表5.1.2-1中 B_1 值（即设备运输时其设备外廓至无遮拦带电部分之间的安全距离，10kV应为950mm）。B_1 值是保证考虑摆动情况下可移动设备在移动中至无遮拦带电部分的净距不小于 A_1 值，$B_1 = A_1 + 750$ mm。

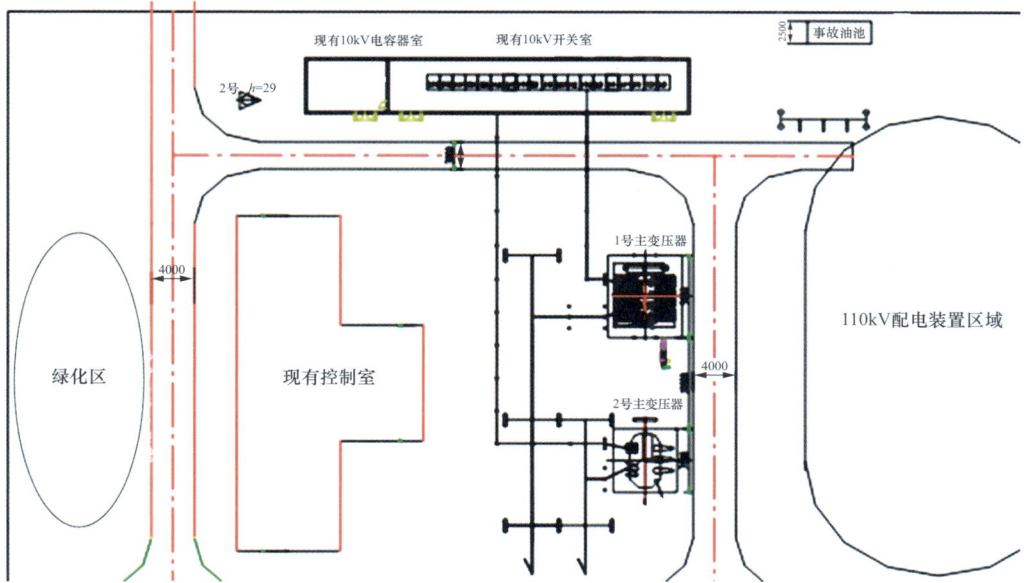

现有10kV电容器室   现有10kV开关室   2500 事故油池

2号 h=29

1号主变压器

110kV配电装置区域

4000

绿化区   现有控制室

4000

2号主变压器

图9.8-1 变电站平面布置图

（3）隐患分析。最小安全净距指的是在此距离内，带电部分对外部接地物体不会发生放电、危及生命的感应等现象。否则将会产生设备放电，损毁电力设备现象。

4.调整措施

破除部分道路，满足带电距离要求，同时破除站内部分道路后仍满足运输、运行维护要求，详见图9.8-2。

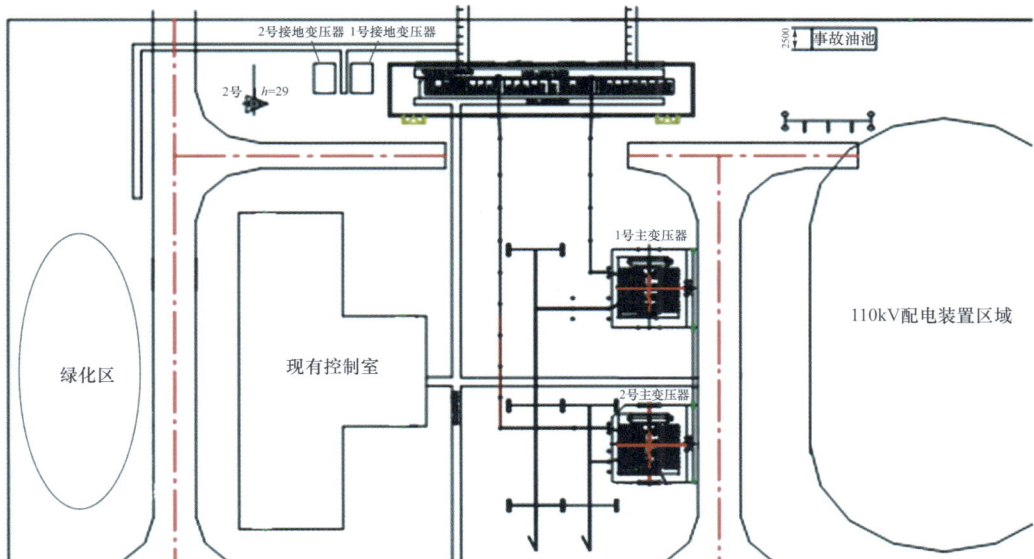

2号接地变压器 1号接地变压器   2500 事故油池

2号 h=29

1号主变压器

110kV配电装置区域

绿化区   现有控制室

2号主变压器

图9.8-2 变电站平面布置图（调整后）

5. 提升建议

安全净距及设备外绝缘是设计人员在设计时必须掌握的最基本的守则。

【案例9】主变压器低压侧套管引线设计不合理

1. 案例背景

某500kV变电站工程一期建设一组单相自耦变压器3台，变压器型号：ODFS-334000/500，额定电压：（515/$\sqrt{3}$）/（230/$\sqrt{3}$）/36kV，额定容量334/334/100MVA。主变压器低压侧无功补偿远期按每组主变压器安装2组6万Mvar并联电容器（电抗率5%）和2组6万Mvar并联电抗器规划，本期按远期一次性上齐。

站址环境条件：海拔＜1000m，最热月平均最高温度为+35℃。

2. 技术方案

（1）方案描述。单相主变压器每台低压侧两支套管引出线均采用2×NAHLGJQ-1440导线，与总断路器回路导体选型相同。

某500kV变电站工程主变压器低压侧配电装置断面图见图9.9-1。主变压器低压侧套管引出线跨距约6.5m，弧垂约0.35m。

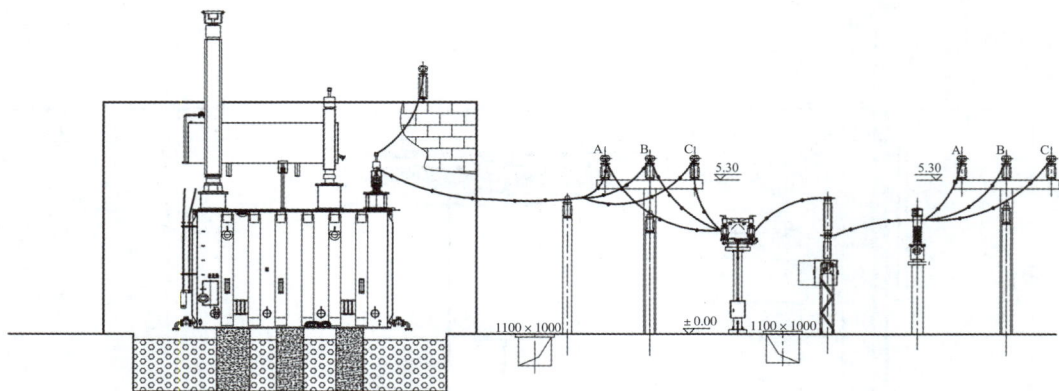

图9.9-1　某500kV变电站工程主变压器低压侧断面图

（2）存在问题。该工程主变压器低压侧导体引接设计不合理，弧垂紧张，导致主变压器低压套管引出线跨距较长，加重了套管受力负担。

按最大风速35m/s，最大覆冰10mm验算导线张力，计算得最大荷载时3058kN，最大风速时2880kN。

3.案例分析

（1）原因分析。在设计时主变压器低压侧导体引接弧垂紧张，没有考虑套管的受力负担。

（2）文件依据。

1)《导体和电器选择设计技术规定》（DL/T 5222）；

2)《高压配电装置设计技术规程》（DL/T 5352）；

3)《国家电网有限公司输变电工程通用设备》。

（3）隐患分析。由于500kV主变压器低压侧导体引接设计不合理，导致套管受力最大时超出承受范围（根据《国家电网有限公司输变电工程通用设备》，500kV主变压器低压侧套管端子板受力标准为水平纵向3kN）。变电站运行一段时间后，主变压器低压侧套管端子板及封端盖变形导致绝缘油渗漏。

4.调整措施

35kV配电装置设计需合理规划主变压器低压侧导体引接支柱绝缘子支架定位，避免距离主变压器太远，减小软导线跨距，减小导线张力，减轻套管受力负担。主变压器低压侧配电装置断面图见图9.9-2。

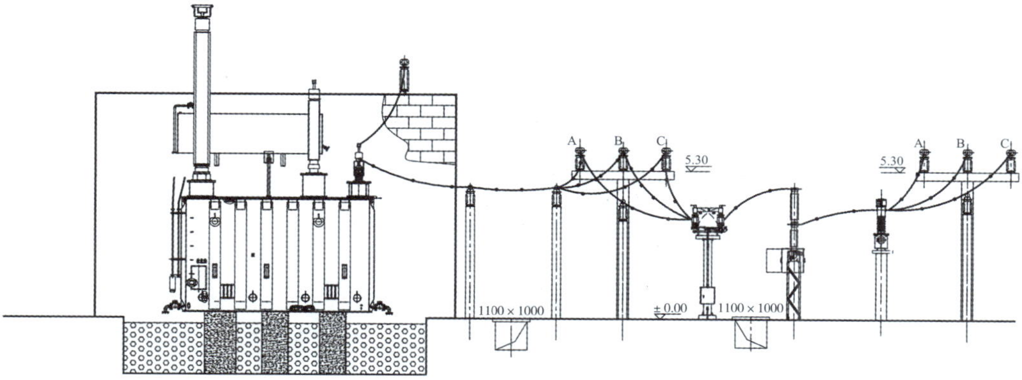

图9.9-2　110kV配电装置出线隔离开关合理布置示例图

在图9.9-2，按最大风速35m/s、最大覆冰10mm验算导线张力，主变压器低压套管引出线跨距3.5m，计算得最大荷载时772kN，最大风速时749kN，均在套管端子板受力标准以内。

5.提升建议

（1）变电站导体设计需根据接线型式、设备型式、回路实际工作电流情况、站址环境条件等因素计算确定。

（2）主变压器低压侧导体引接设计则需严格校验主变压器套管受力，套管距离油坑外支架较远时需考虑增加瓷瓶支撑，或者选用硬导体并配软导电带伸缩节连接主变压器套管。

【案例10】GIS接地引线设计不合理

1. 案例背景

某工程110kV配电装置采用GIS，地面以上接地引线由厂家提供，设计单位确认设备厂家布置方式。

2. 技术方案

（1）方案描述。GIS避雷器内置，接地点布置在套管上方，见图9.10-1。

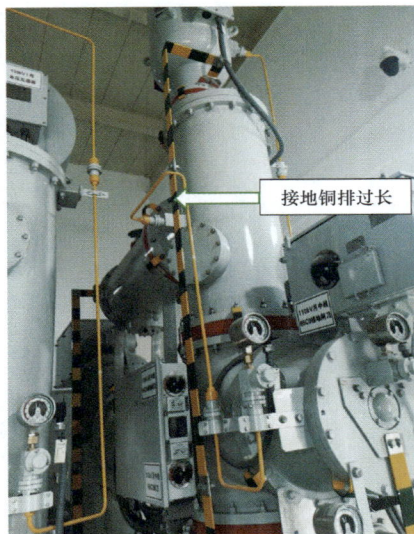

图9.10-1　接地点布置示意图

（2）存在问题。接地铜排较长，缺乏固定措施。

3. 案例分析

（1）原因分析。设备厂家对于自己产品的细节把控不足，设计单位对于设备的细节关注度不足。

（2）文件依据。《国家电网有限公司输变电工程标准工艺　变电工程电气分册》第3章第十一节：底座及支架应每个间隔不少于2点可靠接地，接地引下线应连接牢固，无锈蚀、损伤、变形，导通良好。明敷接地排水平部分每隔0.5～1.5m，垂直部分每隔

1.5～3m，转弯部分每隔0.3～0.5m应增加支撑件。

（3）隐患分析。设备运行过程中，接地引下线出现不同程度的震动，影响设备安全运行。

4.调整措施

要求设备厂家现场整改增加支点。

5.提升建议

为避免同类问题发生，需在设联会阶段要求厂家针对此种结构，设置固定措施，避免接地铜排过长而晃动。验收阶段关注此类问题，及时整改。

第10章　二次系统案例

1.案例背景

某电厂新建 $2 \times 660MW$ 机组通过本期新建的两回 220kV 线路，接入系统内某 500kV 变电站 220kV 侧。500kV 变电站内使用备用 220kV 间隔接入。

2.技术方案

（1）方案描述。在该电厂的初步设计送出工程中，继电保护专业设计方案根据系统一次初步计算，接入系统推荐方案正常高峰方式下，正常 $N-1$ 及 $N-2$ 方式下该工程没有热稳定和暂态稳定问题。根据稳控专题计算结论，该工程暂不计列安全自动装置费用。

（2）存在问题。在该工程初步设计审查过程中，电厂送出配套的安全稳定控制专题研究报告编制工作暂未开展，初步设计审查缺少安稳专题研究结论及其审查意见作为支撑。

3.案例分析

（1）原因分析。在电厂送出工程初步设计开展时，电厂和供电部门均未进行安全稳定控制专题研究的委托工作，造成该项工作开展滞后。

（2）文件依据。《国家电网有限公司输变电工程初步设计内容深度规定》（Q/GDW 10166—2017）。

（3）隐患分析。由于送审的送出工程设计方案中缺少明确的安全稳定控制专题研究报告及其正式审查意见，送出工程正式审查难以敲定评审结论，造成工程初步设计收口困难。

另外，该送出工程变电部分审定投资额度约为385万元。如初步设计方案中不计列系统安全自动装置，同时后续安全稳定控制专题研审查意见明确，需要在电厂侧及所接入的500kV变电站侧加装系统安全稳定控制装置，每侧需要增加设备备用约120万元，会对送出工程审定的实际投资规模造成较大的影响。

4. 调整措施

该工程初步设计审查意见中暂不明确提出关于系统安全稳定控制配置的具体审查意见，仅在初步设计收口报告文件中提出："根据稳控专题计算结论，本工程暂不计列安全自动装置费用，安全自动装置是否配置最终以阜润二期安自专题审查意见为准"。

该工程初步设计审查收口完成之后，在安全稳定控制专题研究报告及其正式评审中，安全稳定控制专题的结论基本符合算了上述送出工程初步设计审查意见和收口报告，并未发生造成送出工程投资大幅度增加的情况。

5. 提升建议

（1）电厂、大电源、直流特高压等项目在接入系统或可研阶段均应正式明确是否需要开展系统安全稳定控制专题研究并预留设备费用。

（2）在开展送出工程初步设计前应完成系统安全稳定控制专题研究，或至少同步开展上述专题研究工作。在送出工程初步设计送审之前，应取得系统安全稳定控制专题研究的正式审查意见。

【案例2】差动保护装置TA极性错误

1. 案例背景

某220kV变电站新建工程，该变电站220kV电气主接线为双母线双分段接线，220kV母线均配置有双重化的母线差动保护装置，220kV线路均配置有双重化的线路光纤电流差动保护装置。

2. 技术方案

（1）方案描述。该变电站为常规变电站，保护装置至GIS及其他主设备间采用电缆硬接线连接。每组220kV双母线段配置有2套220kV母线差动保护装置，全站共配置有4套220kV母线差动保护。每套母线保护的TA回路均将P1朝向母线侧，母联断路器分段间隔将TA回路的P1朝向母线标号较小的母线侧。

每回220kV线路保护均将线路TA回路的P1朝向本站220kV母线侧。

（2）存在问题。实际实施时，发现220kV母线保护厂家对间隔TA极性朝向定义不统一。

对于第一套220kV母线差动保护装置对母联断路器分段TA极性要求，可参见图10.2-1。图10.2-1中，如在Ⅰ母小差中，"＋"母联1电流，"＋"分段1电流；如在Ⅱ母小差中，"－"母联1电流，"＋"分段2电流；如在大差A中，"＋"分段1电流，"＋"分段2电流；如在Ⅲ母小差中，"＋"母联2电流，"－"分段1电流；如在Ⅳ母小差中，"－"母联2电流，"－"分段2电流；如在大差B中，"－"分段1电流，"－"分段2电流。

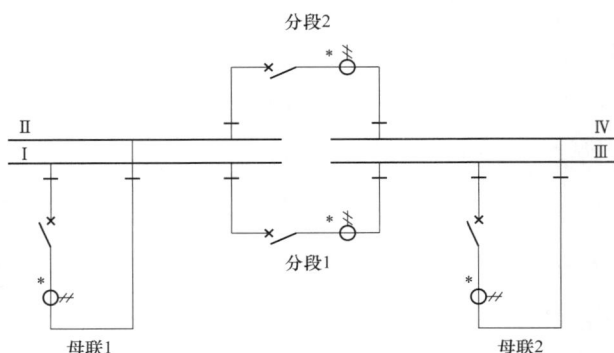

图10.2-1　第一套母差对母联断路器分段TA极性要求

对Ⅰ/Ⅱ段和Ⅲ/Ⅳ段母差均为，母联断路器1的TA极性端在Ⅰ母侧；母联断路器2的TA极性端在Ⅲ母侧；分段1的TA极性端在Ⅰ母侧；分段2的TA极性端在Ⅱ母侧；其他所有连接单元的TA极性端在母线侧。

对于第二套220kV母线差动保护装置对母联断路器分段TA极性要求，可参见图10.2-2。图10.2-2中，各支路TA的极性端必须一致：装置默认母联的TA极性同Ⅱ母上的支路，分段1和分段2的TA极性同各支路的极性。

1）对Ⅰ/Ⅱ段母差：母联断路器1的TA极性端在Ⅱ母侧；分段1的TA极性端在Ⅰ母侧；分段2的TA极性端在Ⅱ母侧；其他所有连接单元的TA极性端在母线侧。

2）对Ⅲ/Ⅳ段母差：母联断路器2的TA极性端在Ⅳ母侧；分段1的TA极性端在Ⅲ母侧；分段2的TA极性端在Ⅳ母侧；其他所有连接单元的TA极性端在母线侧。

220线路两侧保护装置间隔TA回路极性定义不统一，本侧TA极性与接线为P1朝向母线，P2朝向线路，二次接线S3出S1入，与对侧变电站220kV出线间隔回路设置TA极性朝向不一致。

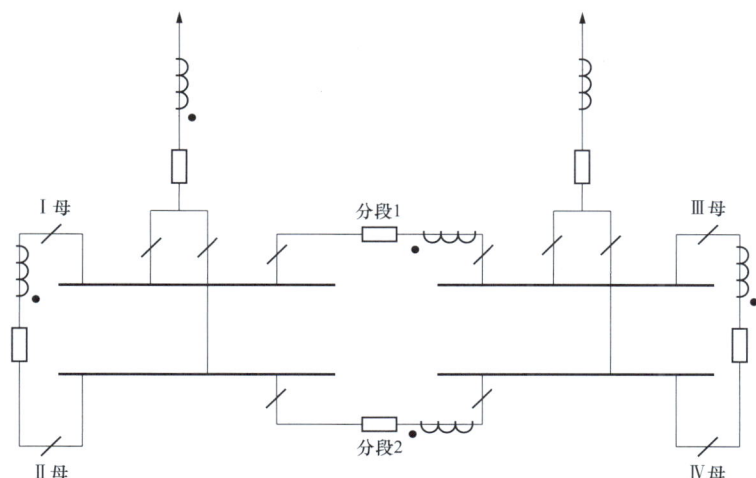

图10.2-2　第二套母差对母联断路器分段TA极性要求

3.案例分析

（1）原因分析。

1）设计单位。设计单位在回路设计过程中，未仔细研究设备不同厂家设备对于间隔TA极性的具体定义；未和对侧间隔设计单位就TA极性定义达成统一。

2）施工调试单位。施工调试单位未做好跨间隔保护装置的调试及传动试验工作；未做好线路保护两侧联调工作。

（2）文件依据。《继电保护安全自动装置技术规程》（GB/T 14285—2023）、《火力发电厂、变电站二次接线设计技术规程》（DL/T 5136—2012）、《电流互感器和电压和互感器选择及计算规程》（DL/T 866—2004）。

（3）隐患分析。同一段母线所配置的220kV母线保护装置关于同一母联断路器、分段间隔的TA回路极性定义不一致会造成差动逻辑错误，220kV母线保护装置误动，或者扩大事故范围等问题。

220kV线路两侧线路差动保护装置TA回路极性设置不一致会造成主保护差动逻辑错误，220kV线路保护装置误动，或者扩大事故范围等问题。

4.调整措施

将错误定义的220kV母线保护装置、220kV线路保护装置的TA回路极性设置更改回来，可采用调整TA回路或者修改保护装置控制字定义等方式，具体需要参照保护装置特性。

5.提升建议

（1）设计单位应在施工图设计阶段充分结合保护装置和一次设备的设计技术资料，根据符合工程实际的设备参数和回路进行施工图设计，另外对于和其他工程有接口的如线路保护、安全稳定控制系统等设备要和对侧设计单位做好对接。

（2）施工调试单位应充分研究设计单位提供的施工图资料和设备厂家资料，做好设备联调，设定好正确的压板控制字等，以保证调试完成的设备回路符合整体设计意图及相关规程规范。

【案例3】线路保护通道长度问题

1.案例背景

某220kV变电站新建工程，开断原有系统某220kV同塔双回线路中的1回220kV回线路环入新建站，新建站对侧变电站A使用现有220kV出线间隔，对侧站B新建1个220kV出线间隔用于接入新建变电站，对侧站B的原有的开断线路间隔本期待用。系统方案示意图见图10.3-1。

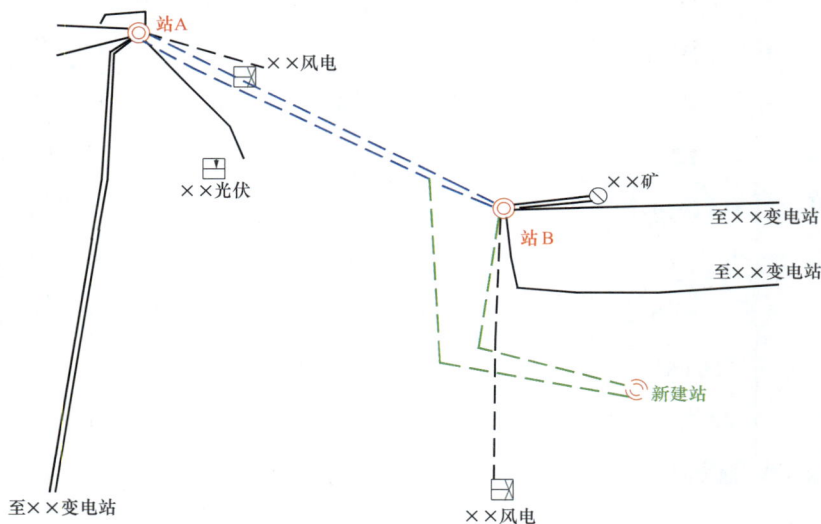

图10.3-1　系统方案示意图

2.技术方案

（1）方案描述。在该工程设计方案中，新建站侧线路保护装置本期新配置，对侧站A开断线间隔保护利旧；对侧站B新建间隔保护装置新配置，原有开断线间隔本期待用，保护暂停使用。对侧站 A～对侧站 B 同塔双回线的另一回未开断的线路两侧保护装置利旧，不做升级改造。

（2）存在问题。在该工程线路设计方案中，为考虑新建站建设完成后的后续其他项目，上述 A 站～B 站原有同塔双回线路在 220kV 新建站输变电工程中将线路两回线路光缆均整体开断环入了新建变电站。

A 站至新建站线路光缆长度约为 70km。同时由于光缆开断，220kV 不开断的 A 站～B 站线路光缆路由长度由原有的月 30km 增加为约 90km。上述线路所配保护装置的专用光纤芯通道在初步设计阶段均未考虑上述通道长度变化，无大功率插件。

3. 案例分析

（1）原因分析。输变电工程可行性研究及初步设计阶段，系统通信专业及线路专业其最终实施的通信方案不够明确，线路保护通道路由设计方案中通道路由长度设计漏项，通信专业及二次专业间配合不完善。

（2）文件依据。《继电保护安全自动装置技术规程》（GB/T 14285—2023）、《国家电网有限公司输变电工程初步设计内容深度规定》（Q/GDW 10166—2017）。

（3）隐患分析。由于 220kV 线路光纤电流差动保护装置的通信内容较为复杂，其传输的数据要参与到线路保护差动电流计算中。线路保护专用光纤通道变长，线路保护传输的通信信息难以保证可靠性，会造成通信断线或者信号传输不稳定等问题，进一步影响到线路保护装置的差动计算，可能会造成线路保护通道告警，并且有线路差动主保护逻辑拒动、事故范围扩大等风险。

4. 调整措施

在该项目具体实施过程中，通过协调建设单位及信通主管部门，变电站 A～站 B 未开断的 220kV 线路，其光缆本期不完全开断，保留线路保护专用芯通道。A 站～新建站线路保护专用芯通道的部分，协调设备厂家提供大功率插件。

5. 提升建议

（1）在存在线路开断的输变电工程中，其线路专业、系统通信专业在开断方案的设计工作中应充分考虑对工程相关的线路保护的影响，并应评估光缆开断后对该工程不直接相关的其他线路的保护通道的影响。

（2）设计单位的系统通信专业应和二次专业建立好良好的专业间互相提资机制，预防设计漏项。

【案例4】二次设备套别和电源不对应

1.案例背景

某500kV变电站新建工程，500kV侧采用二分之三断路器接线、220kV采用双母线双分段接线，本期建设750MVA主变压器2台，按照智能变电站建设。

2.技术方案

（1）方案描述。在该工程设计方案中，该500kV变电站220kV及以上电压等级保护装置均按照双重化配置、测控装置单套配置。每个主设备的两套保护装置按照套别均分别接站内的2组直流电源，即保护装置1接直流电源1、保护装置2接直流电源2。测控装置经电源切换装置接站内两组直流。每台间隔层交换机接两组直流电源。

（2）存在问题。该站施工图设计过程中，部分保护装置的电源回路在引接的时候，装置套别未和电源一一对应，即存在部分保护装置2电源引接了直流电源1回路。同时由于电源回路原理图错误，该柜的端子排接线也发生错误，见图10.4-1和图10.4-2。

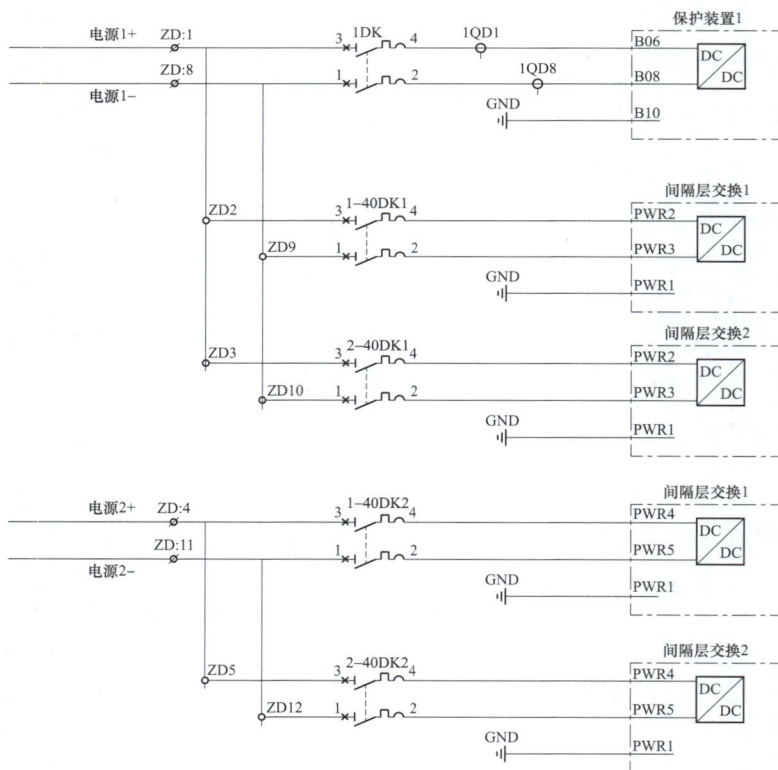

图10.4-1 主变压器保护柜电源回路原理图

		ZD		说明
1	KM1+	1	1DK-3 &	变压器保护装置电源+
		2	1-40DK1-3 &	中压侧交换机电源1+
		3	2-40DK1-3 &	中压侧交换机电源1+
1	KM2+	4	1-40DK2-3 &	中压侧交换机电源2+
		5	2-40DK2-3 &	中压侧交换机电源2+
		6		
		7		
2	KM1-	8	1DK-1 &	变压器保护装置电源-
		9	1-40DK1-1 &	中压侧交换机电源1-
		10	2-40DK1-1 &	中压侧交换机电源1-
2	KM2-	11	1-40DK2-1 &	中压侧交换机电源2-
		12	2-40DK2-1 &	中压侧交换机电源2-
			1QD	说明

ZC-KVVP2-22-1.0-4×4 (2)
2ZE-111
ZC-KVVP2-22-1.0-4×4 (2)
1ZE-111

至220kV Ⅱ段直流分屏 I (=EA22+S3)
至220kV Ⅰ段直流分屏 I (=EA22+S1)

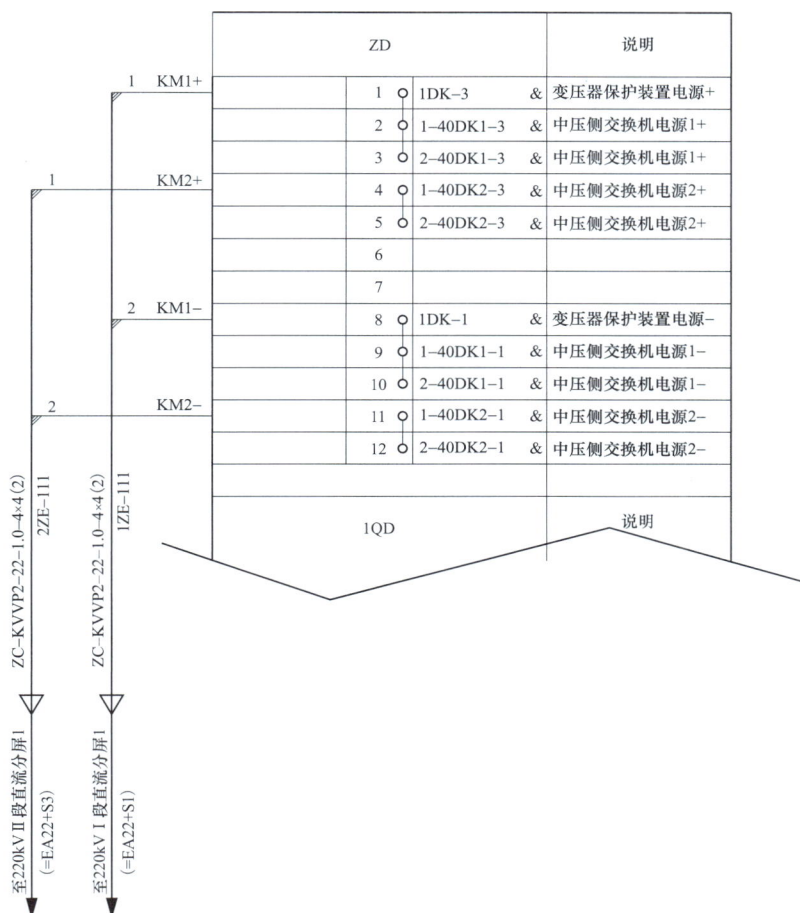

图 10.4-2 主变压器保护柜端子排略图

3. 案例分析

（1）原因分析。设计单位施工图阶段图纸设计错误，且未做好校审核工作。施工调试单位未做好设备单体调试及电源系统联调工作。

（2）文件依据。《继电保护安全自动装置技术规程》（GB/T 14285—2023）、《电力工程直流电源系统设计技术规程》（Q/GDW 10166—2017）、《火力发电厂、变电站二次接线设计技术规程》（DL/T 5136—2012）。

（3）隐患分析。第二套主变压器保护及其相关交换机电源错接，会造成站内单套直流电源（第一套）系统检修工况下或第一套直流电源系统故障时，主变压器两套保护及其主设备断电，主变压器装置无保护运行等问题。

4. 调整措施

结合该变电站主变压器保护单套运维检修工作，在主变压器保护2柜停电检修过程中对该电源回路进行改接，修改为正确的接线。

5.提升建议

（1）变电站建设设计过程中应做好校审核工作，避免出现套别错误。

（2）施工图调试单位在投运前调试过程中、运检单位在验收过程中均应做好相关核对工作，避免出现套别错误等明显问题。

【案例5】变电站电缆沟设置不合理

1.案例背景

某500kV变电站新建工程，500kV侧采用二分之三断路器接线、220kV采用双母线双分段接线，本期建设750MVA主变压器2台，按照智能变电站建设。低压侧采用35kV单母线接线。

2.技术方案

（1）方案描述。按照现行《国家电网公司标准化建设成果（35～750kV输变电工程通用设计、通用设备）应用目录》，500kV智能变电站新建工程中，全站模拟量二次回路采用电缆硬接线，不配置合并单元。该500kV变电站的35kV母设智能柜和主变压器35kV智能柜布置在主变压器区电缆沟和35kV区电缆沟之间，二次电缆设计利用镀锌钢管埋设到邻近的电缆沟。

（2）存在问题。在该工程现场实施过程中，因全站采用模拟量采样，35kV母设智能柜和主变压器35kV智能柜需要埋设的钢管很多，施工反馈现场施工量较大，难以敷设。

500kV HGIS机构到HGIS智能汇控柜的二次电缆敷设路径土建作图时将槽盒至800mm×600mm二次电缆沟之间设计为埋管，写明"此处需预埋热镀锌钢管，详情参见电气施工图"。现场施工单位反馈，该部分线缆埋管敷设工作较为复杂，影响工期。

3.案例分析

（1）原因分析。电气专业和土建专业在配合过程中，未能提前预估该部分二次电缆整体体量及现场实施难度。

（2）文件依据。《电力工程电缆设计标准》（GB 50217—2018）、《火力发电厂、变电站二次接线设计技术规程》（DL/T 5136—2012）。

（3）隐患分析。该部分线缆敷设路径及敷设方式设计方案较为拥挤，不利于现场安装及敷设实施，在变电站投运后的运维检修过程中，此处线缆拆装调整也较为困难。

4.调整措施

该工程在现场施工的实施过程中，结合施工单位、建设单位及运维单位的意见，35kV母设智能柜和主变压器35kV智能柜之间采用设置支沟的方式进行处理；500kV HGIS机构到HGIS智能汇控柜的二次电缆敷设路径最终采用电缆槽盒，由施工单位提供，电气二次计列材料解决。

5.提升建议

（1）初步设计、可研阶段在复核会签变电站平面，尤其是500kV变电站及以上工程，应充分考虑智能柜与电缆沟的布置，尽量将智能柜都靠近电缆沟布置。

（2）在电缆敷设施工图设计阶段，向土建、电气一次专业收资各场区埋管、电缆沟相关图纸，核实二次电缆全路由的敷设路径（尤其是末端二次厂供电缆的敷设设施，如埋管、槽盒、二次电缆沟等），确保满足敷设需求。

（3）500kV HGIS/GIS机构至汇控柜的电缆数量较多，二次电缆引下槽盒敷设至地面后建议优先采用支沟型式与主二次电缆沟连通。

【案例6】OPGW光缆入站时遗漏三点接地的设计

1.案例背景

某220kV新建变电站工程，本期220kV出线4回，线路均同塔双回架设。本期新建220kV线路均架设2根OPGW光缆。每根OPGW光缆采用非金属普通光缆在变电站出线构架处沿构架立柱引下。

2.技术方案

（1）方案描述。该工程通信专业施工图卷册中包含一张"OPGW光缆引下安装示意图"，图中要求OPGW光缆应在构架顶端、最下端固定点（余缆前）和光缆末端分别通过匹配的专用接地线与构架进行可靠的电气连接，见图10.6-1。

（2）存在问题。工程验收时发现OPGW光缆入站时遗漏三点接地的设计。

3.案例分析

（1）原因分析。该工程OPGW光缆进站引入施工图设计中，由于通信、变电电气及线路电气专业设计界限不清，设计配合不充分，仅通信专业出具了OPGW光缆进站引入接地的示意图，而变电电气专业和线路电气专业的施工图中均未设计OPGW光缆进站接地的相关图纸，遗漏了OPGW光缆进站三点接地的设计，造成OPGW光缆进站接地设计不符合相关规定要求。

（2）文件依据。《电力系统通信光缆安装工艺规范》（Q/GDW 10758—2018）7.2.2光缆敷设安装阶段。

（3）隐患分析。OPGW光缆进站遗漏三点接地，该部分设计不符合相关规定要求，影响工程顺利验收。若验收时未发现此问题，在后期OPGW光缆运行中，将会存在由于OPGW光缆未可靠接地，导致OPGW光缆上短时感应电流较大、电流流过接触点产生热量从而局部烧熔OPGW光缆外层股线的隐患。

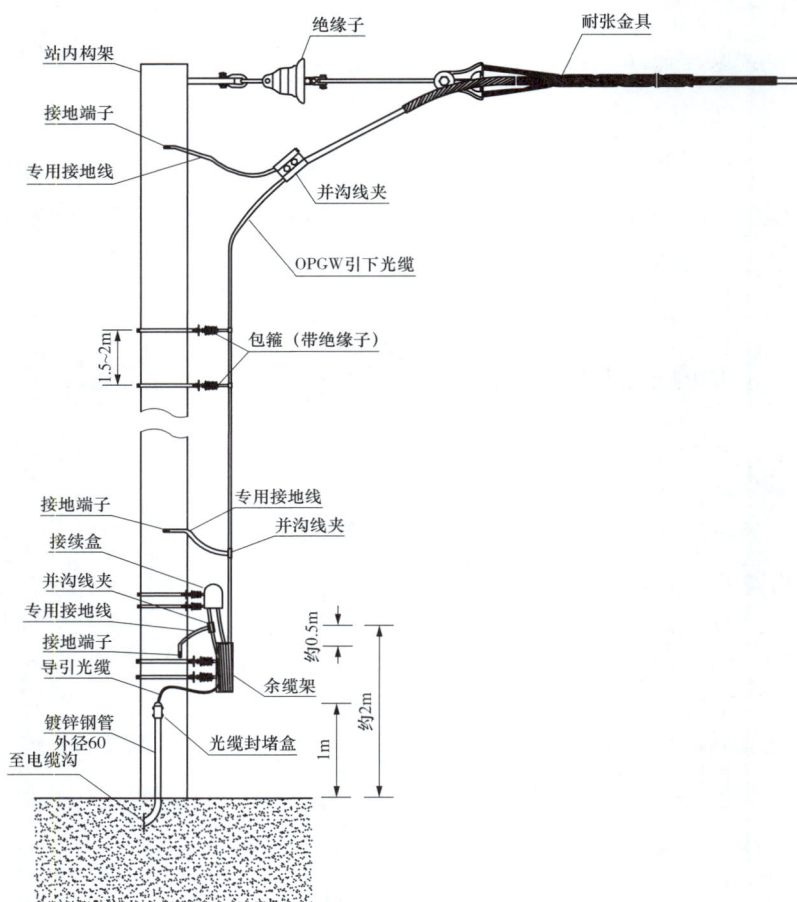

图10.6-1　OPGW光缆引下安装示意图

4.调整措施

在施工图设计阶段，通信专业应先向变电电气和线路电气专业提出OPGW光缆接地需求，由变电电气和线路电气专业配合设计。各专业需严格按照Q/GDW 10758—

2018相关规定进行施工图设计。

5. 提升建议

该案例由于专业间设计界限不清、配合不足，导致三点接地在施工图设计中遗漏。设计单位应明确各专业设计分工界面。在工程设计时，通信专业应及时向相关专业提资，并加强专业间设计配合的规范性。

【案例7】设计方案与通信现状不匹配，缺少通信过渡方案

1. 案例背景

某电站500kV送出工程，电站以2回500kV线路接入500kV变电站，为避免与已建500kV双回线路在变电站出口处交跨，将已建500kV双回线路调整至南侧相邻间隔，需拆除已建500kV双回线路约0.3km，在其东南侧新建同塔双回路约0.3km（折单0.6km）。

2. 技术方案

（1）方案描述。根据线路改造方案，通信专业提出随500kV双回线改造线路架设2根72芯OPGW光缆/长约2×0.3km，新建光缆各取36芯分别与原线路上已有2根OPGW光缆相熔接，恢复原有的2条36芯光缆通道，剩余纤芯预留。

（2）存在问题。可研评审会上，业主方提出本次改造线路上的2根光缆承载了国网及华东网光路，线路改造涉及光缆中断，且中断时间可能超过8小时，设计人员未考虑通信过渡方案。

3. 案例分析

（1）原因分析。设计收资不全，未对通信现状进行系统全面的描述，光缆路由图、通信网络拓扑图等关键图纸不完整，未充分考虑线路改造对相关光缆及承载业务的影响，导致通信方案的系统合理性支撑力度不足，通信过渡方案缺失，影响工程造价。

（2）文件依据。《国家电网公司输变电工程初步设计内容深度规定　第4部分：电力系统光纤通信》（Q/GDW 166.4—2010）4.3.1.2传输网方案。

（3）隐患分析。光缆中断造成业务或光路长时间中断，严重影响电力通信系统安全稳定运行。

4. 调整措施

在可研设计阶段，因线路改造导致已有光缆中断、业务中断，通信专业需考虑过

渡方案，根据工程具体情况，可采用电路迂回或光路迂回方式；当不具备直达或与迂回光缆时，可考虑架设临时过渡光缆；将重要业务通道提前组织迂回过渡，并计列临时过渡方案需增加的相关费用，见图10.7-1。

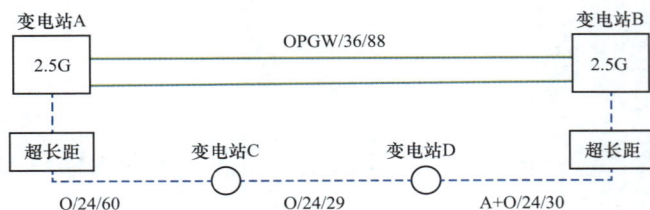

图10.7-1　光路迂回方案

5.提升建议

应加强设计收资的深度与质量，严格依据相关标准规范以及文件要求开展通信设计工作，确保通信设计方案合理、通信网络运行稳定。

第11章 变电土建案例

1. 案例背景

某110kV变电站新建工程，采用户内布置方案，选址单一，无多个站址可比选。

2. 技术方案

（1）方案描述。拟选站址用地西邻某已建成35kV变电站，南侧道路对面为一新建住宅小区，站址西北侧道路两边为居民建筑物，东侧为农用地和一条沟渠，见图11.1-1。

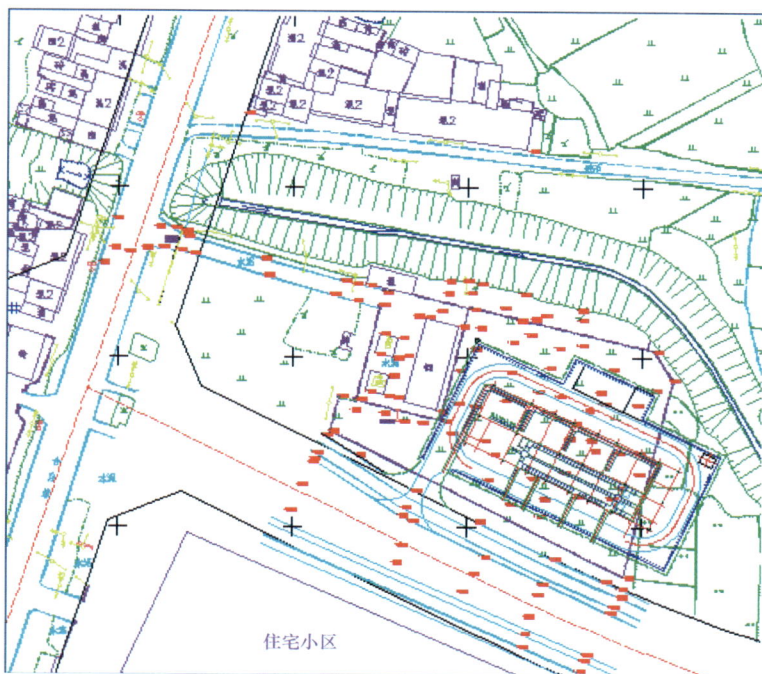

图 11.1-1 某 110kV 变电站站址规划图

（2）存在问题。拟选站址未考虑与周边35kV变电站防火距离的要求，不利于后期建设、运维；未考虑噪声和电磁干扰对周边住宅的影响。

3.案例分析

（1）原因分析。拟选站址存在下述不利因素：第一，拟选站址紧邻35kV变电站，西侧围墙已与现状变电站东侧围墙有部分重叠，两工程的进出线电缆沟有部分交叉，不仅不满足防火距离要求，也不利于后期线路进出线和施工建设，更为后期运行维护带来诸多安全隐患；第二，变电站南侧为高层小区，西北侧为多层的住宅，均为该变电站建设的噪声和电磁干扰的敏感点，不仅需对主变压器室进行较高要求的封闭降噪，还给后期建设过程带来一定的民事协调问题；第三，变电站用地受限，需避让东侧为一处较宽沟渠，需对《国家电网公司标准化建设成果（35～750kV输变电工程通用设计、通用设备）应用目录》中总平面布置方案进行压缩调整，可能造成配电装置与建（构）筑物之间的距离不满足检修运行要求。综合考虑经济技术因素、远期进出线规划等原因，该站址不利条件较多，不能作为变电站的选址落点。

（2）文件依据。《变电站总布置设计技术规程》（DL/T 5056—2007）第4.0.1条：变电站站址位置应与当地城镇规划、工业区规划、自然保护区规划或旅游规划区规划相协调，不得将站址建在已有滑坡、泥石流、大型溶洞、矿产采空区等地质灾害地段，站址不宜压覆矿产及文物，应避免与军事、航空和通信设施的相互干扰，站外交通应满足大件设备运输要求，应充分利用就近的生活、文教、卫生、交通、消防、给排水等公用设施。

对于山区等特殊地形地貌的变电站，其站址选择应考虑地形、山体稳定、边坡开挖、洪水及内涝的影响。在有山洪及内涝影响的地区建站，宜充分利用当地现有的防洪、防涝设施。

（3）隐患分析如下。

第一，新旧两变电站工程的进出线电缆沟有部分交叉，不仅不满足防火距离要求，也不利于后期线路进出线和施工建设，更为后期运行维护带来诸多安全隐患；

第二，由于变电站用地受限还需对国家电网公司模块化建设通用设计中总平面布置方案进行调整；

第三，对周边的住宅等邻近设施有较大影响，不仅需对主变压器室进行较高要求的封闭降噪，还给后期建设过程带来一定的民事协调问题。

4.调整措施

针对站址可行性做充分论述，结合远期电网规划布局，重新选择站址位置。

5.提升建议

在选择站址前期阶段明确拟选站址周边环境和建设条件，如站址处现状、远期进出线规划、周边路网建设情况、站址附属物拆迁改造、设计标高等。在站址选择初期选择多个站址，对技术方案、经济指标和远期规划等进行综合比选。在对线路进出线受限，电缆交叉过多情况的站址应直接规避，建议重新选择站址。

【案例2】变电站土建工程量过大

1.案例背景

某110kV变电站新建工程，拟选站址位于三面环山的低洼汇水处，高差最大约28m，且处于地质灾害易发区。

2.技术方案

（1）方案描述。为满足技术方案要求，围墙下需设置挡土墙和护坡；另外，站址地形复杂，地质较差，场平后，部分回填区需对建、构筑物基础进行地基处理，采用钻孔灌注桩方式。

（2）存在问题。拟选站址处地形复杂、地质较差，导致土建工程量过大，影响工程造价和建设周期。

3.案例分析

（1）原因分析如下。

第一，拟选站址处地势低洼，为满足不受山洪影响的要求，围墙外需设置截洪沟，宽度4m；周边高差较大，场地平整后围墙下需设置挡墙和护坡，造成额外费用增加，还不含额外增加的征地费用。

第二，该站址地形复杂，进站道路不满足设备运输要求，需对其进行加固改造。

第三，站址地形复杂，地质较差，场平后，部分回填区需对建（构）筑物基础进行地基处理，采用钻孔灌注桩方式，同样增加工程费用。

（2）文件依据。依据《变电站总布置设计技术规程》（DL/T 5056—2007）第3.0.3条：变电站总布置设计应遵守《中华人民共和国土地管理法》的有关规定，符合国家土地使用政策，因地制宜，节约用地，合理使用土地，提高土地利用率，尽量利用荒地、劣地、坡底、不占或少占农田；应合理利用地形，较少场地平整土（石）方量和现有设施、建（构）筑物拆迁，避免或较少带（代）征地，通过多方案技术经济比较，优化设计方案，降低工程造价，缩短建设周期，并为文明施工创造条件。

（3）隐患分析。拟选站址需进行的地质条件和周边环境较为复杂，土方工程量和地基处理量较大，不仅提高了建设难度、延长了建设周期，建设过程一方面可能会对现有环境造成较大破坏，另一方面存在水土流失和地质灾害风险，需额外增加诸多防控投资，同时对后期扩建和运行维护带来诸多不利因素。

4.调整措施

综合考虑经济技术元素、远期进出线规划等原因，该站址不利条件较多，经济性较差，不推荐作为变电站的选址落点，建议重新选择站址。

5.提升建议

一般情况下，如站址所处地质条件较差、所处为地质灾害易发区、高差起伏较大、周边进出线复杂等环境下，宜尽量避免选择该类站址。

【案例3】变电站护坡方案不合理

1.案例背景

某110kV新建变电站工程选址位于某市山体高差较大区域，山体原始地面高程为130.00～172.60m，相对最大高差达42.60m。同时，该地区地形起伏较大，山坡坡度多为30°左右，局部区域较陡峭。

2.技术方案

（1）方案描述。该开关室所在场地属场平填方区，填方平均高度约5m左右，采用碎石土分层压实回填，开关室结构为框架结构，基础采用钢筋混凝土桩基承台。某110kV变电站征地范围见图11.3-1。

（2）存在问题。该变电站所在区域地形起伏一般较大，土地资源稀少，政府相关部门一般不愿将周边环境好、土地价值高的用地提供给变电站建设。在现有的周边条件下，为满足技术方案要求，变电站平整后围墙外需进行挡土墙和护坡处理；同时需考虑站外2基终端塔的建设，护坡后坡度不宜太大，护坡材质应考虑方便杆塔架设施工的破除恢复。设计单位在初始设计时，护坡采用的是分级削坡＋挡土墙方案，该技术方案虽然比较常规，施工较为方便，但经计算后，边坡治理需征地6亩，总征地面积11.18亩，护坡范围较大，其护坡征地面积占总征地面积54%，不含征地费用护坡治理需195.2万元，经济性较差。

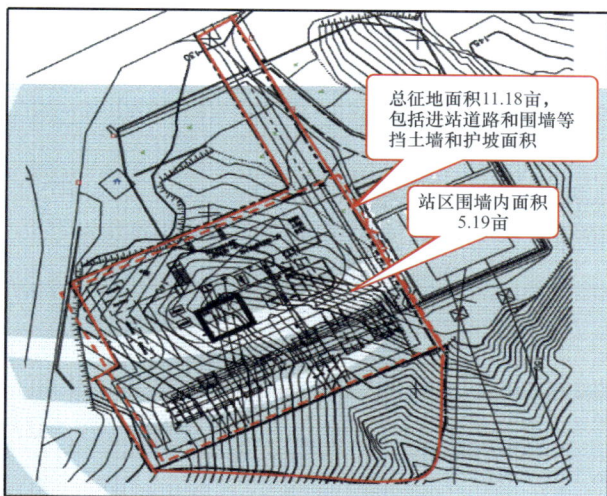

图11.3-1 某110kV变电站征地范围

3.案例分析

（1）原因分析。采用最简单、较常规的直接放坡方案，未对站外护坡方案进行优化。

（2）文件依据。

1）《建筑边坡工程技术规范》（GB 50330—2013）第3.1.4条：边坡支护结构形式应考虑场地地质和环境条件、边坡高度、边坡侧压力的大小和特点、对边坡变形控制的难易程度以及边坡工程安全等级等因素综合确定。

2）《变电站总布置设计技术规程》（DL/T 5056—2007）：

第4.0.1条：对山区等特殊地形地貌的变电站，其总体规划应考虑地形、山体稳定、边坡开挖、洪水及内涝的影响。在有山洪及内涝影响的地区建站，宜充分利用当地现有的防洪、防涝设施。

第6.1.3条：站区竖向设计应合理利用自然地形，根据工艺要求、站区总平面布置、交通运输、雨水排放、土石方平衡、挡墙护坡工程量等综合考虑。因地制宜确定竖向布置形式，尽量减小边坡用地、场地平整土石方量、挡土墙及护坡工程量，并使场地排水路径短而顺畅。

（3）隐患分析。护坡挡墙占地范围较大，护坡治理费用较高，不满足国家电网公司两型一化和造价控制的要求，存在可以调整优化的空间。

4.调整措施

在考虑土层结构、地下水作用、重力影响等多方面因素下，优化护坡设计方案，减少征地面积。优化后采用分级切坡，锚杆+微型桩+板墙支护方案，该技术方案应用已较为成熟。技术方案优化后，边坡治理征地面积约3.9亩，总征地面积9.08亩，减少征地面积2.1亩，核减率约35%；护坡费用需135.8万元，核减59.4万元。

5.提升建议

变电站征地范围要合理利用自然地形，综合考虑站区总平面布置、交通运输、雨水排放、土石方平衡、挡墙护坡工程量等。因地制宜确定竖向布置形式，尽量减小边坡用地、场地平整土石方量、挡土墙及护坡工程量，减少对现有资源环境的破坏，符合电网建设的"资源节约型、环境友好型"的基本理念，防止水土流失，保证站内电网设备安全。

变电站由于竖向设计要求，需对场地现状进行开挖或填筑的，应保证其边坡稳定，在围墙周边需采取结构性支挡和加固措施。边坡和挡墙的设计应综合考虑安全和经济等因素，选择合理的方案。

【案例4】变电站扩建时事故油池有效容积不足

1.案例背景

某500kV变电站2号主变压器扩建工程，一期事故油池容量按油量最大的设备的60%油量确定；本期扩建一台主变压器，事故油池容量按油量最大的设备的100%油量确定。

2.技术方案

（1）方案描述。某500kV变电站2号主变压器扩建工程，前期事故油池的有效容积为99m³，本期扩建一台主变压器，按照主变压器油量的100%设计时事故油池需要有效容积为168m³。

（2）存在问题。本期主变压器扩建工程设计时并未核实现有事故油池，未校核是否满足现有规范和后期消防、环评的验收要求。

3.案例分析

（1）原因分析。现有事故油池体积不满足《火力发电厂与变电站设计防火标准》（GB 50229—2019）第6.7.8条和《高压配电装置设计规范》（DL/T 5352—2018）第5.5.4条的有关事故油池容量的规定，若主变压器发生漏油事故，事故油无法完全排至事故油池，可能残留在主变压器至事故油池管道内，也有可能溢出事故油池进入到排水系统内，从而随着排水系统流入到周边水系或市政雨水管网内，造成环境污染，为满足新规范的要求本期需要对事故油池进行扩建改造。

（2）文件依据。《火力发电厂与变电站设计防火标准》（GB 50229—2019）第6.7.8条：总事故储油池的容量应按其接入的油量最大的一台设备确定，并设置油水分离装置。

《高压配电装置设计规范》（DL/T 5352—2018）第5.5.4条：当设置有总事故储油池时，其容量宜按其接入的油量最大一台设备的全部油量确定。

（3）隐患分析。全站变压器的事故排油是集中排至总事故油池。总事故油池设有油水分离设施以防止大量事故油排至下水道，污染环境。一期建设的事故油池有效容积不够，发生主变压器漏油事故时事故油存在泄漏至站区排水管网的风险；火灾事故时，也容易造成火灾扩大蔓延。

4.调整措施

由于更新的 GB 50229 和 DL/T 5352 调增了对事故油池的容量要求。事故油池容量按规范增加后，若主变压器发生漏油事故，事故油可以被全部收集在事故油池中，避免了事故油通过雨水系统对周边环境产生影响的可能性，增加了事故油处理的安全性。该工程扩建时采取拆除重建现有事故油池的方案，同时布置时满足周边建（构）筑物的防火距离要求。

5.提升建议

对于事故油池相关问题，在工程设计阶段，应综合考虑防火间距、管道布置、事故油池开挖施工对周边影响等多个因素后，选择安全性高，工作量小，施工空间大，施工速度快的扩建方案。在施工阶段，扩建变电站新增或拆除新建事故油池时，由于事故油池较深，站内带电设备较多，施工单位应做好施工组织设计，选择合适施工方式，尽量减少事故油池施工对周边的影响。

在类似的扩建工程中，相关设计人员应加强规程规范的学习，留意标准文件等修订情况，在方案核查过程中，重点关注是否满足现有要求。

【案例5】变电站建筑物与设备防火间距不合理

1.案例背景

某110kV变电站2号主变压器扩建工程，110kV构架、开关室室内电缆沟部分已按远期规模建成，本期扩建2号主变压器为前期的预留位置，扩建的电容器布置在35kV开关室东南侧。

2.技术方案

（1）方案描述。本期扩建的电容器位置已在前期工程中预留，但其余建（构）筑物及设备布置较为紧凑，同时站内可能经过多次生产技术改造，2台10kV电容器预留空间有限。10kV电容器距生产综合楼北侧大门洞口距离仅为5.05m。某110kV变电站扩建工程平面示意图见图11.5-1。

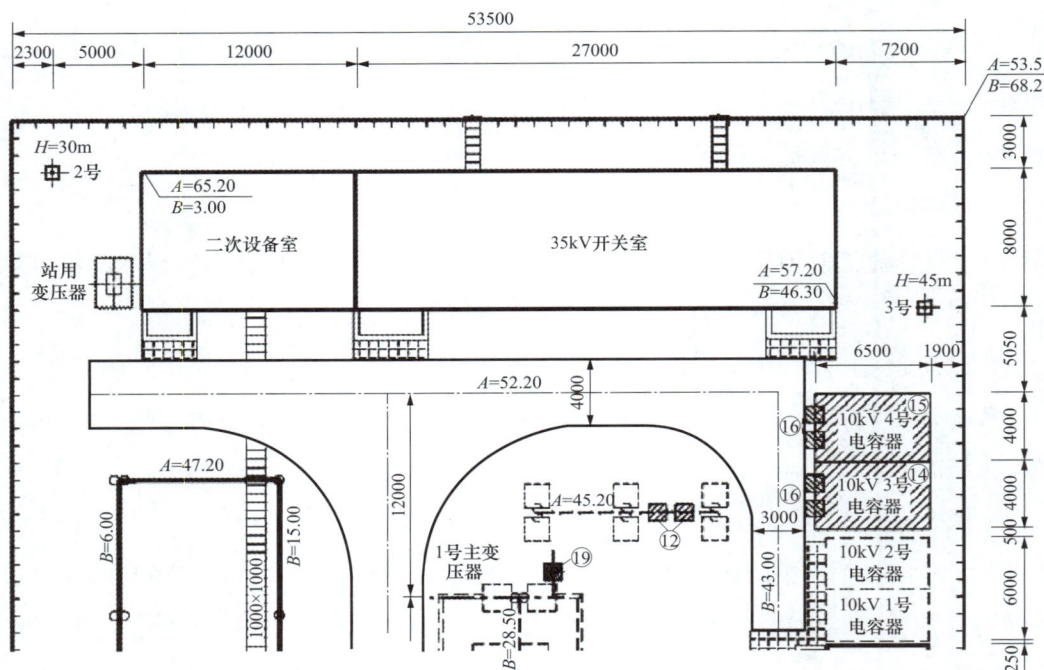

图11.5-1 某110kV变电站扩建工程平面示意图

（2）存在问题。本期扩建的电容器位置已在前期工程中预留，但其余建（构）筑物及设备布置较为紧凑，同时站内可能已经过多次改造，导致现有2台10kV电容器预留空间有限。

本期新增10kV电容器距生产综合楼南侧大门洞口距离仅为5.05m，不满足《火力发电厂与变电站设计防火标准》（GB 50229—2019）11.1.5条中建筑物距可燃介质电容器最少为10m防火间距的要求。

3.案例分析

（1）原因分析：扩建工程由于场地受限，无空余位置进行布置。

（2）文件依据。GB 50229—2019第11.1.5条：变电站内建（构）筑物及设备的防火间距不应小于下表的规定。

表11.1.15　变电站内建（构）筑物及设备之间防火间距　　　　　　　（m）

建（构）筑物、设备名称	丙、丁、戊类生产建筑耐火等级		屋外配电装置每组断路器油量（t）		可燃介质电容器（棚）	事故储油池	生活建筑耐火等级	
	一、二级	三级	＜1	≥1			一、二级	三级
可燃介质电容器（棚）	10		10		—	5	15	20

第11.2.1条：生产建筑物与油浸变压器或可燃介质电容器的间距不满足11.1.5条的要求时，应符合下列规定：当建筑物与油浸变压器或可燃介质电容器等电器设备间距小于5m时，在设备外轮廓投影范围外侧各3m内的建筑物外墙上不应设置门、窗、洞口和通风孔，且该区域外墙应为防火墙，当设备高于建筑物时，防火墙应高于该设备的高度；当建筑物外墙5m～10m范围内布置有变压器或可燃介质电容器等电器设备时，在上述外墙上可设置甲级防火门，设备高度以上可设防火窗，其耐火极限不应小于0.90h。

（3）隐患分析。电容器带油设备与配电装置室之间的防火距离不满足规范要求，一旦其中之一发生火灾事故，将可能大规模蔓延，造成事故扩大。

4.调整措施

由于场地受限，无空余空间完全按照11.1.5条进行布置，但可依据上述规范中11.2.1条要求，将建筑物外墙设置甲级防火门时，可将防火距离缩至5～10m。该工程中生产综合楼靠近电容器的大门为乙级防火门，故本次扩建中需将35kV开关室靠近电容器的乙级防火门拆除，并更换为甲级防火门。

5.提升建议

该工程中35kV开关室已按照远期规模建设，本期扩建的电容器布置距离开关室不足10m，但超过5m，可采取将开关室南侧乙级防火门更换为甲级防火门的方式。为防止在扩建工程中出现对运行变电站内建筑物改造的情况，建议在变电站一期新建时就要考虑到远期扩建的建筑物、设备的防火距离。如果远期扩建设备间或建筑物间的防火距离不满足要求，一期建设时就应该要按照不利情况提前采取相应措施。

【案例6】变电站室外电缆沟存有积水

1.案例背景

某已建成变电站位于市政道路旁,站区雨水汇集后排入市政雨水管网。

2.技术方案

(1)方案描述。室外电缆沟采用混凝土浇筑,沟深1.5m或1.0m,电缆沟内积水通过排水管接入旁边的雨水检查井,排入站区雨水管网。

(2)存在问题。变电站发现室外电缆沟雨水无法正常排出,存有积水现象。

3.案例分析

(1)原因分析。部分电缆沟至站区排水主网的连接管道发生堵塞,导致电缆沟内的水无法排入站内排水管网;站区排水主网对站外排水不畅,排水管网内存在积水,倒灌至电缆沟。

(2)文件依据。《变电站和换流站给水排水设计规程》(DL/T 5143—2018)第5.1.3条:排水系统宜设置为自流排水系统,不具备自流排水条件时应采用水泵升压排水方式。

(3)隐患分析。室外电缆沟积水对电缆沟中电缆产生不利影响,对设备的正常运行存在隐患。

4.调整措施

疏通电缆沟至站区排水主网的连接管道,并在端部用镀锌钢丝网封口,防止异物进入;增加地下雨水泵池,将站内排水管网内的水强排至站外市政管网,减少站内排水管内积水。

5.提升建议

在今后的工程设计及建设过程中,首先站区总排水方案应合理可靠,根据需要设置排水泵池,避免排水主网出现严重积水,另外电缆沟底部排水横坡和排水槽纵坡的坡度应满足排水要求,电缆沟至排水主网的排水管应通畅,避免异物进入堵塞。

【案例7】变电站地基处理方案不合理

1.案例背景

某110kV变电站新建工程,站址自然高程为5.90~7.60m(1985国家高程基准),

站址不受洪水影响，站址设计高程取 7.0m，站区地质条件差，淤泥土层厚较深。

2.技术方案

（1）方案描述。该工程全站建、构筑物考虑采用地基处理，主要建筑物基础采用 PHC 桩处理，道路采用三七灰土换填处理，其他构筑物采用级配砂石换填处理。

换填处理就是将基础底面以下一定范围和深度的软弱层（淤泥、淤泥质土、冲填土、杂填土或高压缩性土层构成的地基）或其他不均匀土层挖出，换填其他性能稳定、无侵蚀性、强度较高的材料，并分层压实形成的垫层。换填是一种浅层地基处理常用方法，通过垫层的应力扩散作用，满足地基承载力及变形设计要求。换填处理一般处理深度不超过 3m。

水泥搅拌桩是一种良好的软弱地基处理方式，对软土进行就地加固，能够最大限度地利用原状土的承载力或其他力学性能。水泥搅拌桩适用于处理包括淤泥、淤泥质土、粉土、砂性土、泥炭土等各种成因的饱和软粘，最大加固深度可达 30m。

（2）存在问题。在该工程中，根据地质报告，该工程场地内淤泥土层厚较深，站区内 2 层淤泥质粉质黏土约 25m 深，压缩模量低，道路和其他构筑物地基采用换填处理不满足地基承载力及变形设计要求。其他构筑物地基只考虑采用换填处理是存在较大隐患的。

3.案例分析

（1）原因分析。根据地质报告，该工程道路和其他构筑物采用三七灰土或级配碎石换填不满足规程规范的要求，存在安全隐患。

（2）文件依据。《电力工程地基处理技术规程》（DL/T 5024—2005）第 5.0.2 条：地基处理方案的选择，应根据工程场地岩土工程条件、建筑物的安全等级、结构类型、荷载大小、上部结构和地基基础的共同作用，以及当地地基处理经验和施工条件、建（构）筑物使用过程中岩土环境条件的变化。经技术经济比较后，在技术可靠、满足工程设计和施工进度的要求下，选用地基处理方案或加强上部结构与地基处理相结合的方案。采用的地基处理方法应符合环境保护的要求，避免因地基处理而污染地表水和地下水；避免由于地基土的变形而损坏邻近建（构）筑物；防止振动噪声及飞灰对周围环境的不良影响。

（3）隐患分析。道路和电缆沟等地基处理方式不合理，不仅会导致地基不满足上部荷载要求，造成道路和电缆沟下沉、开裂，更会对站内运行设备造成较大安全隐患，威胁全站安全。

4.调整措施

变电站地基处理方案需要综合考虑工程地质条件、建筑物的安全等级、结构类型、荷载大小、上部结构和地基基础的共同作用，以及当地地基处理经验和施工条件，满足工程设计和施工进度的要求下，选用合适的地基处理方案。经评审后，道路和其他构筑物地基改为水泥搅拌桩处理，安全可靠。

5.提升建议

应充分收集站区地质情况，结合建（构）筑物的布置位置、荷载大小和分布情况等选择安全经济的地基处理方案。

【案例8】配电装置室通风设置不合理

1.案例背景

某110kV全户内布置变电站，配电装置室为单层建筑，配电装置室布置主变压器室、电容器室、开关室、二次设备室等。其中，电容器室采用机械排风、自然进风方式，事故排风机兼作通风机用。

2.技术方案

（1）方案描述。建筑物平面布置方式为电容器室两侧均设置设备房间，另一侧为过道，均不能布置轴流风机和进风口，设计方案采取轴流风机和进风口同时设在同一面外墙上，导致进排风口气流短路。

（2）存在问题。电容器室采用自然进风、机械排风的暖通方案。轴流风机和进风口设在同一面墙体上，造成该房间内气流短路，通风方案不满足《工业建筑供暖通风与空气调节设计规范》（GB 50019—2015）第6.3.5条规定。

3.案例分析

（1）原因分析。电容器室的通风设置不合理，导致进排风口气流短路。

（2）文件依据。GB 50019—2015第6.3.5条：

机械送风系统进风口位置应符合下列规定：

1 应直接设置在室外空气较清洁的地点；

2 近距离内有排风口时，应低于排风口；

3 进风口的下缘距室外地坪不宜小于2m，当设置在绿化地带时，不宜小于1m；

4 应避免进风、排风短路。

（3）隐患分析。该工程室内未形成气流循环，通风量不足，室内热量无法及时有效排出，易造成设备故障和安全隐患。

4. 调整措施

为保证室内气流有组织，送、排风口宜采取房间对侧或者对角布置，确因房间布置或设备布置影响，送、排风口距离较近时，轴流风机可采取加装风管措施，以保证通风效果。由于该工程已处于施工阶段，建筑物已建成，只能在电容器室轴流风机内侧增加风管，避免了进排风口布置在同侧。经上述处理后，室内散热问题基本解决，事故通风量不满足规范造成有安全隐患的问题也得以解决。

5. 提升建议

工程设计应根据建筑和电气设备工艺要求，严格执行 GB 50019—2015 等规范，确定通风设计方案，合理地布置送、排风口，确保整个气流走向的畅通，获得最佳的通风效果。

同时，对于 GIS 室、SF_6 断路器开关室房间，依据《民用建筑电气设计规范》（JGJ 16—2008）第 4.10.8 条："装有六氟化硫（SF_6）设备的配电装置的房间，其排风系统应考虑有底部排风口"，含 SF_6 设备的配电装置室应考虑排风装置，当配电装置室 SF_6 浓度超标时，自动启动相应的风机。同时，应加强工程设计阶段的图纸核查，避免后期施工建设完成整改困难。

第12章　架空线路案例

1.案例背景

某110kV线路工程新建架空线路路径长度0.269km，共新建5基钢管杆。

2.技术方案

（1）方案描述。该工程自已建220kV变电站110kV出线间隔新建2回线路至拟建开断点。设计单位根据开断点附近已建杆塔上悬挂杆号牌的相序开展相序施工图编制。导线相序布置示意图见图12.1－1。

（2）存在问题。开断点附近杆塔上悬挂的相序牌错误，导致图纸中新建段相序错误。

3.案例分析

（1）原因分析。设计人员在开展设计工作时，仅根据现场杆塔悬挂相序牌作为设计依据，未考虑到相序牌错误的情况，未开展相序多途径核实工作。

（2）文件依据。国家电网有限公司企业标准《输变电工程初步设计内容深度规定　第1部分：110（66）kV架空输电线路》（Q/GDW 10166.1—2017）11.4：对π接线路或改接线路，应明确原线路换位方式、位置，新建线路与原线路换位位置的关系，为完善原线路排列采取的措施，以及线路相序调整情况。

（3）隐患分析。图纸相序错误，导致后期无法送电，存在安全隐患。

4.调整措施

设计人员根据多方收资，并从原线路两端变电站逐步梳理已建线路相序布置情况，根据实际情况调整开断线路相序图。

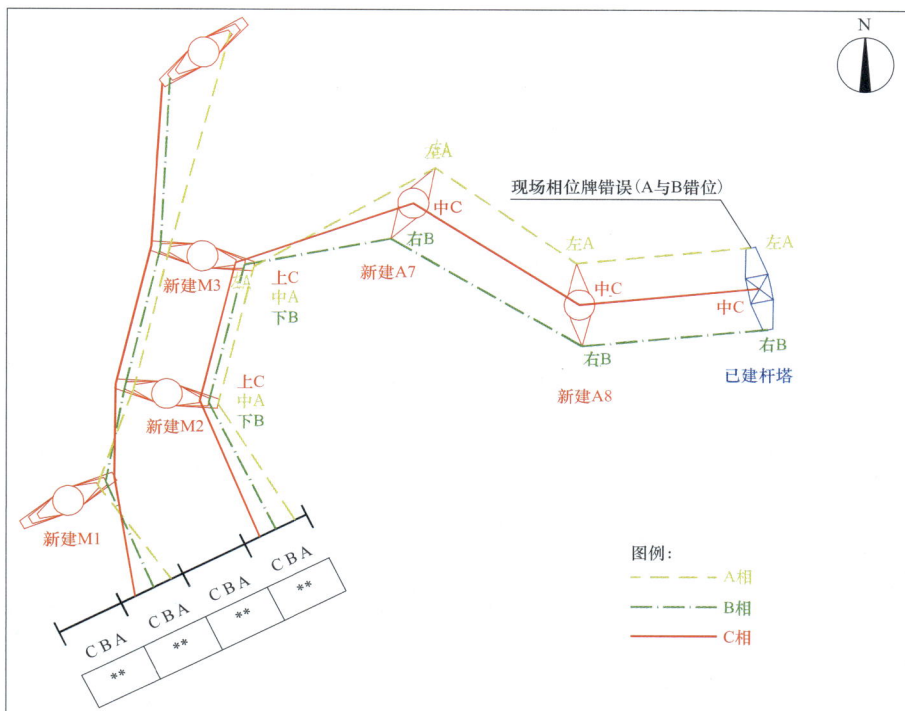

图12.1-1 导线相序布置示意图

5. 提升建议

在新建线路工程中，尤其是开断、改接等涉及老线路的，需要多方面核查相序，已建杆塔上的相序牌可能因为年代久远或疏于维护等原因存在与实际相序不符合的情况，这时设计人员需特别注意。

【案例2】不同电压等级出线未统筹考虑，方案优化不足

1. 案例背景

某220kV架空输电线路工程，线路长度约6.8km，全线双回路同塔架设。导线采用2×JL3/G1A-400/35钢芯高导电率铝绞线，地线采用2根72芯OPGW光缆。设计条件为基本风速25m/s、覆冰10mm。沿线地形比例平地占90%、河网占10%，交通情况一般。

2. 技术方案

（1）方案描述。该工程自拟建220kV变电站220kV出线间隔新建2条平行的同塔双回线路至开断点，构架至开断点需跨越1处省道，不可避免拆除省道两侧房屋。同时，该变电站远期出线两条110kV线路，同样需要跨越省道，考虑减少跨省道房屋拆迁，220kV线

路和110kV线路同廊布置，见图12.2-1。设计方案需拆除约1000m² 平房和2000m² 楼房。

图12.2-1　原跨省道设计方案

（2）存在问题。跨省道处方案不够优化，房屋拆除量过大，不仅导致投资增加，而且后期实施民事协调难度大。方案的经济性和易实施性不足。

3. 案例分析

（1）原因分析。新建架空线路未统筹出线规划，未对路径关键敏感点进行细化设计，导致方案经济性不足，实施难度增大。

（2）文件依据。国家电网有限公司企业标准《输变电工程初步设计内容深度规定　第6部分：220kV架空输电线路》（Q/GDW 10166.6—2016）3.3.1：对重要技术方案应进行多方案综合技术经济比较，提出推荐方案。

（3）隐患分析。跨越省道处，采用4条线路平行架设，省道两侧存在大量民房，均需要拆除，后期民事协调难度大，工程造价投资高。

4. 调整措施

鉴于上述情况，将2条220kV线路和2条110kV线路同塔架设，即新建2条平行220kV/110kV混压四回路。减少廊道宽度，从而减少省道跨越处的房屋拆迁量。调整后跨省道设计方案见图12.2-2。

图12.2-2　调整后跨省道设计方案

调整后的方案，在压缩了走廊宽度，减少约500m²平房和1000m²楼房房屋拆迁。

5.提升建议

线路工程在输电线路设计过程中，尤其走廊受限的敏感位置，应综合考虑不同电压等级线路统一规划，做到远近结合，采用混压架设方案，可以减少廊道宽度，不仅节约工程投资，而且降低实施阶段民事协调难度。

【案例3】现场踏勘深度不足

1.案例背景

某110kV双回架空线路工程，全线角钢塔架设，路径长度约25km；沿线地形主要为平地、河网，海拔为20～100m；基本风速为27m/s，设计覆冰厚度为10mm；导线采用1×JL/G1A-300/25钢芯铝绞线，地线采用两根OPGW光缆，全线位于d级污区；重要交叉跨越有铁路、高速公路、电力线路、输油管道等。

2.技术方案

（1）方案描述。初步设计路径详勘时，在新建线路路径周边发现输油管道标示牌，经调查该管道为可行性研究阶段路径遗漏的一条输油管道，原线路路径与管道交叉角度约为10°。原线路路径方案见图12.3-1。

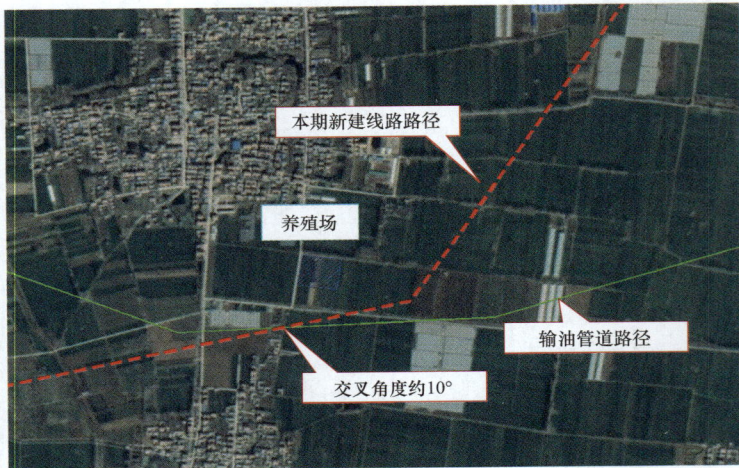

图12.3-1　原线路路径方案

（2）存在问题。输油管道敷设情况收资不全，管线交叉跨越调查不细致，遗漏一处输油管道，且未进行安全评估，不满足相关规范要求。

3.案例分析

（1）原因分析。线路选线时，由于农作物遮挡，未发现输油管线标示桩，对路径信息掌握不全面，沿线交叉跨越物分布等调查不充分。

（2）文件依据。

1）《输油管道设计规范》（GB 50253—2014）第4.1.7条：管道与架空输电线路平行敷设时，其距离应符合现行国家标准《66kV及以下架空电力线路设计规范》（GB 50061）及《110kV ～750kV架空输电线路设计规范》（GB 50545）的有关规定。管道与干扰源接地体的距离应符合现行国家标准《埋地钢质管道交流干扰防护技术标准》（GB/T 50698）的有关规定。

2）《埋地钢制管道交流干扰防护技术标准》（GB/T 50698—2011）第5.15条：埋地管道与高压交流输电线路的距离宜符合下列规定：

1.在开阔地区，埋地管道与高压交流输电线路杆塔基脚间控制的最小距离不宜小于杆塔高度。

2.在路径受限地区，埋地管道与交流输电系统的各种接地装置之间的最小水平距离一般情况下不宜小于表5.1.5的规定。在采取故障屏蔽、接地、隔离等防护措施后，表5.1.5规定的距离可适当减小。

表5.1.5 埋地管道与交流接地体的最小距离（m）

电压等级 kV	≤220	330	500
铁塔或电杆接地	5.0	6.0	7.5

第5.1.6条：管道与110kV及以上高压交流输电线路的交叉角度不宜小于55°。不能满足要求时，宜根据工程实际情况进行管道安全评估，结合防护措施，交叉角度可适当减小。

（3）隐患分析。线路与输油管道交叉角度较小，线路若长期运行时，对埋地钢制管道的交流干扰腐蚀可能超过管道承受能力，或导致发生管道漏油、爆炸等重大安全事故。

采取增加保护管道措施或调整路径，均导致投资增加、延误工期。

4.调整措施

根据现场测量及与管道所属公司收资后，明确了管道具体走向及位置，结合相关部门意见，优化调整了新建线路局部位置，调整后与管道交叉角约为70°，满足相关规范要求，同时路径方案也满足当地规划部门的要求，路径较之前增加了约0.2km。措施方案路径图见图12.3-2。

图12.3-2 措施方案路径图

5.提升建议

现场踏勘与多方收资相结合，全面掌握线路路径沿线信息；踏勘现场需细致，不能走马观花，应沿线仔细排查，获取准确的交叉跨越物资料，制定合理的跨越方案；学习各阶段设计深度规定，提高责任心。

【案例4】接地装置选择不当

1.案例背景

某110kV架空输电线路工程，线路长度约2.5km，全线双回路钢管杆架设。导线采用JL/G1A-300/25钢芯铝绞线，地线采用2根48芯OPGW光缆。设计条件为基本风速25m/s、覆冰10mm。沿线地形比例平地占90%、河网占10%，交通情况良好。

2.技术方案

（1）方案描述。新建钢管杆沿已建道路机非隔离带走线（3m宽绿化带）。

（2）存在问题。部分杆位位于路口，靠近机非隔离带（绿化带）边缘，采用的接地型式需要破坏道路。原设计接地型式见图12.4-1，部分杆位与绿化带位置关系图见图12.4-2。

3.案例分析

（1）原因分析。接地方式的选择未考虑到现场实际情况，对已建道路造成破坏，协调困难，工程造价提高。

（2）文件依据。GB 50545—2010中第7.0.16节规定：有地线的杆塔应接地。在雷季干燥时，每基杆塔不连地线的工频接地电阻，不宜大于表7.0.16规定的数值。土壤电阻率较低的地区，当杆塔的自然接地电阻不大于表7.0.16所列数值时，可不装设人工接地体。

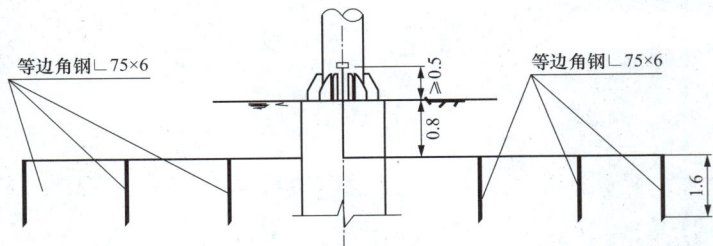

图12.4-1 原设计接地型式

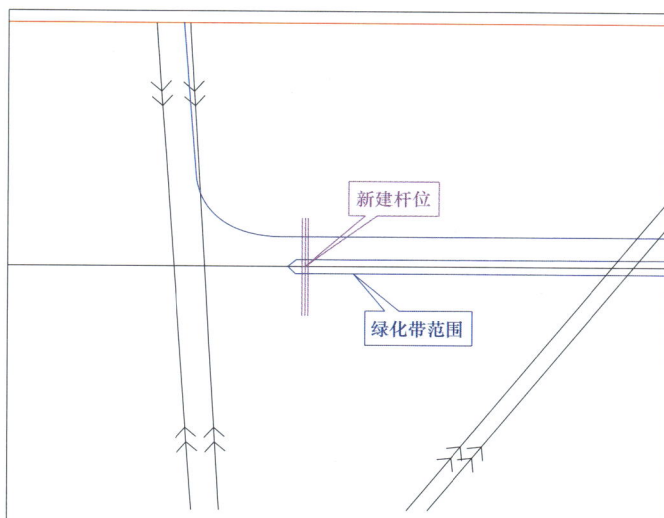

图 12.4-2　部分杆位与绿化带位置关系图

表 7.0.16　有地线的线路杆塔不连地线的工频接地电阻

土壤电阻率ρ（Ω·m）	ρ≤100	100＜ρ≤500	500＜ρ≤1000	1000＜ρ≤2000	ρ＞2000
工频接地电阻（Ω）	10	15	20	25	30

（3）隐患分析。部分钢管杆位于绿化带边缘，采用沿线路的水平接地敷设型式，需要对已建道路产生破坏，提高造价，同时耽误工期。

4.调整措施

增加垂直接地型式，防止破坏已建道路。调整后的垂直接地型式见图12.4-3。

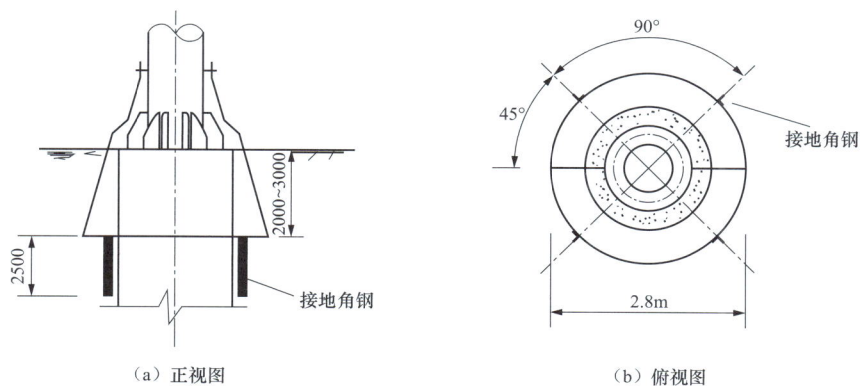

（a）正视图　　　　　　　　　　　（b）俯视图

图 12.4-3　调整后的垂直接地型式

5.提升建议

塔位选择充分考虑地形地质、塔基周边障碍物情况，尽量避开特殊区域，如坟墓、树苗、自然风俗区域、庙等；塔位选择兼顾施工便利性，尽量避免将塔位立于征地困难、青苗赔偿困难的位置；灵活应用相关规程、规范，设计过程中采用多种接地型式如常规环线、垂直接地、铜覆钢、石墨等特殊接地型式，满足要求。

【案例5】停电方案考虑不足

1.案例背景

某220kV架空输电线路工程，线路长度约33km，全线单回路角钢塔架设。导线采用2×JL3/G1A−400/50钢芯高导电率铝绞线，两根地线采用OPGW光缆。设计气象条件为基本风速29m/s、覆冰15mm。地形比例为山地79%，丘陵11%，平地10%。

2.技术方案

（1）方案描述。该工程同一耐张段内跨越两条已建110kV线路，这两条110kV线路为某已建110kV变电站全部进线，若同一耐张段跨越，需要同时停电，变电站需要全停。原设计方案见图12.5−1。

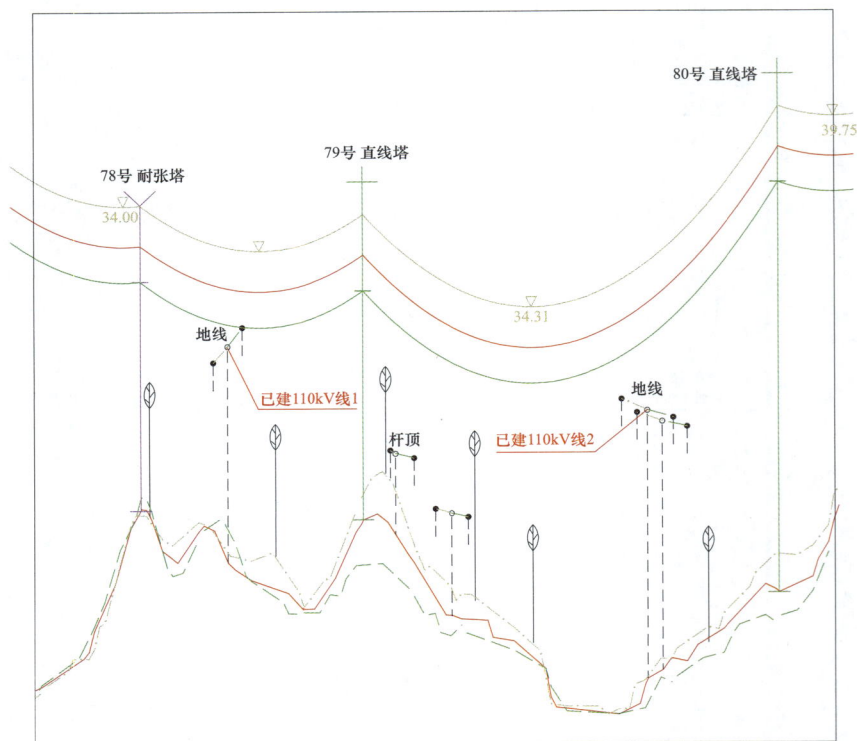

图12.5−1 原设计方案

（2）存在问题。原方案同一耐张段跨越两条110kV线路，110kV变电站需要全停，并且负荷无法转移，因此方案不具备可行性。

3.案例分析

（1）原因分析。设计人员未充分考虑110kV线路跨越施工，可能导致的变电站全停问题。

（2）文件依据：无。

（3）隐患分析。两条110kV线路同时跨越，同时停电，110kV变电站全停，方案不具可行性。

4.调整措施

调整为两个耐张段分别跨越两条110kV线路，施工过程中对110kV线路进行轮流停电施工，保证110kV变电站始终有一路电源进线。调整后的设计方案见图12.5-2。

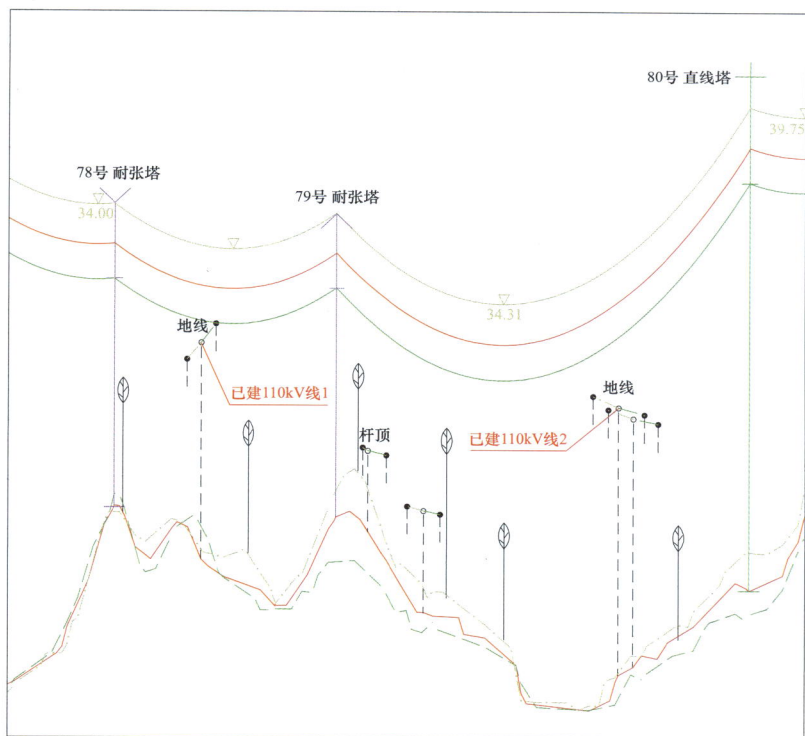

图12.5-2　调整后的设计方案

5.提升建议

对于已建线路的停电方案，应征求调度部门的意见，并且充分考虑后期现场施工的可行性。

【案例6】老线路下新建杆塔基础型式选择不合理

1.案例背景

某500kV改造线路工程，线路长度约5.3km，全线单回路角钢塔架设。导线采用4×JL3/G1A－630/45钢芯高导电率铝绞线，地线采用2根72芯OPGW光缆。设计条件为基本风速27m/s、覆冰10mm。沿线地形比例平地占50%、泥沼占50%，交通情况一般。

2.技术方案

（1）方案描述。全线地质条件很差，需采用灌注桩基础，新建塔位处老线路对地距离普遍在13m左右，供电公司运维检修部要求基础施工不能停电。

（2）存在问题。老线路不具备长期停电条件，因此要求基础施工阶段老线路不能停电，经施工单位反馈和现场查勘，使用旋挖钻机进行灌注桩基础施工时，老线路对旋挖钻机的安全距离不满足要求，导致原基础设计方案受现场环境限制不能实施。

3.案例分析

（1）原因分析。设计人员对各电压等级线路对施工机械所需的安全距离要求不熟练，导致设计方案不满足现场条件要求。

（2）文件依据。《国家电网有限公司电力建设安全工作规程　第2部分：线路》（Q/GDW 11957.2—2020）中第5.3.2.6条规定：作业人员或机械器具与带电线路及其他带电体的最小距离小于表1中的控制值，施工项目部应进行现场勘察，修订完善施工方案，并将修订后的施工方案提交运维单位备案。

表1　作业人员或机械器具与带电线路及其他带电体风险控制值

电压等级 kV	控制值 m	电压等级 kV	控制值 m
≤10	4.0	±50及以下	6.5
20～35	5.5	±400	12.6
66～110	6.5	±500	13.0
220	8.0	±660	15.5
330	9.0	±800	17.0
500	11.0	±1100	24.0
750	14.5		
1000	17.0		
流动式起重机、混凝土泵车、挖掘机等施工机械作业，应考虑施工机械回转半径对安全距离的影响。			
注：±400kV数据是按海拔3000m校正的。			

（3）隐患分析。在施工阶段如发现安全距离不满足机械器具所需要求，将导致设计方案无法实施，塔位需要重新选择，同时耽误工期。

4.调整措施

将新建杆塔距离靠近老塔附近，以提高老线路对新建杆塔基础施工的距离。

5.提升建议

在可研阶段编制停电计划，并及时与运检部门沟通，确保停电计划具备可行性。

老线路下立塔时，要求勘测专业提供塔位处老线的下导线高度，对于高度小于15m的塔位，避免灌注桩基础；若老线高度小于15m且无法采用灌注桩以外的基础型式，需要及时与电气人员沟通进行塔位调整，确保后期施工具备可行性。

【案例7】杆塔通用设计模块选用不合理

1.案例背景

某220kV线路新建工程，线路长度约15.4km，全线单回路角钢塔架设。导线采用2×JL3/G1A-300/25钢芯高导电率铝绞线，地线采用2根48芯OPGW光缆。设计条件为基本风速25m/s、覆冰10mm。沿线地形比例平地60%，河网20%，泥沼20%，交通情况一般。

2.技术方案

（1）方案描述。初步设计塔型推荐采用220-GB21D模块，模块导线为2×JL3/G1A-400/35。

（2）存在问题。《国家电网有限公司输变电工程通用设计 220kV输电线路杆塔分册（2022年版）》杆塔模块中满足单回路和导线2×JL3/G1A-300/25的对应杆塔模块有220-FB21D模块，而220-GB21D模块导线规格大于该工程实际的使用条件。

3.案例分析

（1）原因分析。未论述通用设计杆塔模块与该工程的实际条件符合性，缺少必要的结构校验内容。

工程设计条件与通用设计模块的基本风速、覆冰厚度组合相近时，未根据工程实际开展杆塔核算及必要的优化比选，选择更适用的通用设计杆塔。杆塔校验深度不够，对超条件铁塔不验算，以大代小。

（2）文件依据。根据《国家电网有限公司输变电工程通用设计 220kV输电线路杆塔分册（2022年版）》通用设计杆塔模块是否适用于工程建设，应进行充分地论证，避免"以大代小"情况的出现。根据深度规定要求，杆塔应根据工程实际情况优先选用通用设计模块，并进行适用性分析；采用通用设计杆塔模块的工程，应重点校验以下内容：

1）气象条件：设计风速、覆冰厚度、海拔、地形情况等；

2）电气条件：导、地线型号，电气间隙，地线保护角等；

3）杆塔规划：水平档距、垂直档距、代表档距、呼高范围等；

4）杆塔材料：构件材质、规格、螺栓型号等；

5）挂点型号、地脚螺栓型号等接口参数。

不能直接采用通用设计模块的工程，应综合考虑气象条件、地形条件、杆塔排位情况等因素，按照通用设计原则进行杆塔规划，并对以下内容进行说明：杆塔规划、荷载条件、杆塔选型。

（3）隐患分析。经测算相同条件下按220-FB21D单基塔重较220-GB21D模块可减轻3%~5%。若该工程采用220-GB21D模块进行初步设计塔重估算，将导致初步设计铁塔估算工程量偏大，同时基础工程量也将相应偏大，从而增加工程投资。

4.调整措施

设计单位根据风速覆冰等条件开展杆塔荷载验算，重新核算塔材工程量。若没有适宜通用设计模块，应依据通用设计原则重新设计杆塔。

5.提升建议

应从工程实际条件开展通用设计模块比选，若通用设计模块与工程实际条件差异较小时，设计单位应根据风速覆冰等条件开展杆塔使用条件折算，核算塔材工程量；差异较大时，则应依据通用设计原则重新设计杆塔。

【案例8】跨河杆塔未考虑基础防渗处理

1.案例背景

某110kV线路新建工程，线路长度约18.9km，全线双回路角钢塔、双回路钢管杆架设。导线采用JL/G1A-300/25钢芯铝绞线，地线采用2根24芯OPGW光缆。设计条件为基本风速27m/s、覆冰10mm。沿线地形比例平地30%，河网55%，丘陵15%，交通情况一般。

2.技术方案

（1）方案描述。该工程25～26号塔以"直—耐"方式跨越水阳江，55～58号塔以"直—耐—耐—耐"方式跨越水阳江和宛溪河，基础均采用灌注桩基础。水阳江为长江一级支流，发源于皖浙交界的天目山，在宁国以上分东、中、西津河三支，在河沥溪附近汇合，经宣城通过南漪湖调蓄后过新河庄、水阳镇、花津等地，在当涂太平口入长江，干流长273km，流域面积为10385km^2。

（2）存在问题。洪评评审会议于2019年9月27日在武汉长江水利委员会建管局召开，与会专家提出所有涉河杆位需做防渗处理，同时由于57号塔位于水阳江与宛溪河交叉口处，该塔还应做防冲刷处理（即防洪护坝），而此时工程已进入施工阶段，造成新增防洪护坝费、防渗处理措施费增加约80万元。

3.案例分析

（1）原因分析。工程前期设计人员只计列了防洪评价费用，未考虑防渗处理费用，导致增加防洪护坝费、防渗处理费用80万元，费用需要从工程其他部分来分摊。

（2）文件依据。根据《堤防工程设计规范》（GB 50286—2013），在各计算工况下，各计算断面的最大水力坡降均位于堤防填土层（素填土），均小于堤防填土层的允许渗透坡降0.35。工程后计算所得的最大渗透坡降较工程前略微增大。综合来看，工程所跨越堤防满足渗流稳定要求。考虑到工程后计算渗透坡降较工程前略有增加，为确保堤防渗流稳定，需对堤内近堤塔基进行防渗处理。同时57号塔位于宛溪河与水阳江交汇处，且塔基距弯道凹岸迎流顶冲区域较近，工程建设对局部河势稳定有影响，建议对塔基附近岸坡进行防护。

（3）隐患分析。根据工程设计方案、河段特性，为减小工程建设对堤防、河势的影响，并减小洪水对工程自身安全的影响，需进行防治补救措施，防治补救措施与主体工程同步施工、验收。

4.调整措施

按要求进行防治补救措施。

5.提升建议

在今后的项目实施过程中，应避免在河道滩地上立塔，实在无法避开的，应提前咨询河道管理部门，在取得明确意见的情况下开展防洪影响评价，明确相关费用后，将其足额列支到工程造价上，避免后期出现费用不足（漏项）的情况。

【案例9】基础型式选择不合理

1.案例背景

某110kV架空线路工程，新建110kV线路路径长约18.6km，双回路。导线采用 $2 \times 300mm^2$ 截面的钢芯高导电率铝绞线，地线采用2根48芯OPGW光缆。设计气象条件为基本风速25m/s、覆冰10mm。沿线地形比例为平地占60%，河网40%，交通情况良好。

2.技术方案

（1）方案描述。该110kV线路路径距离长江距离较近，线路所经区域部分段为典型沿江地质（以粉细砂和淤泥质土为主），设计推荐基础采用钢筋混凝土板柱基础和钻孔灌注桩基础。

（2）存在问题。该线路位于部分区段地质条件差，采用了钻孔灌注桩基础，但部分杆塔基础尺寸大，导致工程量增大，未考虑采用小型承台桩基础，对部分基础工量进行优化。

3.案例分析

（1）原因分析。未对基础型式进行技术经济比较。

（2）文件依据。

1）《线路基础全过程技术监督精益化管理实施细则》（规划可研阶段）序号1，监督要点1：结合工程特点和沿线主要地质水文情况，提出推荐的主要基础型式。

2）《输变电工程可行性研究内容深度规定》（DL/T 5448—2012）第3.5.3.4条：结合工程特点和沿线主要地质情况，提出推荐的主要基础型式。

（3）隐患分析。灌注桩基础可有效地解决粉细砂、淤泥质土等不利因素的影响，但当基础尺寸较大工程量也随之增加，导致工程投资增加，不利于节约材料和费用。

4.调整措施

对于转角度数大的耐张塔基础采用承台桩基础的型式，优化桩径和埋深，既保证基础的安全性，也能降低工程量。

5.提升建议

灌注桩基础可有效地解决粉细砂、淤泥质土等不利因素的影响，但当基础尺寸较大时应采取方案优化的措施，减小基础工程量，例如在基础下压力较大时，可采用承台的型式增加承载力，从而降低桩基础的尺寸，从而达到节省材料的目的。

【案例10】机械化施工基础设计优化

1.案例背景

某110kV线路新建工程，线路长度约18.7km，全线单、双回路角钢塔和双回路钢管杆混合架设。导线采用JL3/G1A－300/25钢芯高导电率铝绞线，地线采用2根48芯OPGW光缆。设计条件为基本风速27m/s、覆冰10mm。沿线地形比例河网10%、泥沼20%、平地30%、丘陵40%，交通情况一般。

2.技术方案

（1）方案描述。该工程地形主要为平丘，全线基础施工采用机械化施工，基于现有的主要机械化装备，对灌注桩基础、挖孔桩基础进行优化设计。

（2）存在问题。桩基础桩径尺寸过多，增加更换钻机钻头产生的施工及运输费用，不利于机械化施工效率的提高。挖孔桩基础如采用带扩大头的设计方式，目前带扩底钻头的机械设备还不成熟，将导致施工困难。

3.案例分析

（1）原因分析。设计人员在进行基础设计形成了一定的习惯，没有充分考虑机械化施工对基础尺寸的要求。

（2）文件依据。《输电线路全过程机械化施工技术　设计分册》中要求：优化输电线路设计方法，工程设计为机械化施工创造便利条件，基础、杆塔、导线、金具方案先进适用，基础选型、接地形式有利于机械化施工。施工工艺与施工装备和设计技术相匹配，针对性强，系统完整，工程施工质量优良。施工装备机械化、自动化程度高，技术先进，应用灵活，安全高效，创新形成体积小、质量轻、功能集成、组合灵活、便于转场的专用装备。

（3）隐患分析。部分基础型式在设计时如不进行尺寸优化，将影响机械化施工的实施效率，甚至是不具备机械化施工的条件。

4.调整措施

桩基础的桩径与施工机械的性能要求密切相关，桩径越大，所需掏挖扭矩也越大，将造成设备大型化，因此桩基础不宜像人工开挖设置成任意桩径，而需要确定适用于工程的合理桩径，减少施工设备的投入。同时计算时对桩径进行归并，减少桩径模数，在桩径满足桩侧土强度、地面位移及基础配筋的情况下，则通过调整桩长来满足挖孔桩基础的上拔和下压承载力，尽量减少更换钻机钻头产生的施工及运输费用。

挖孔桩基础采用不扩底方式，孔径与孔深注意与设备的钻进能力相匹配，孔径级差取0.2m，必要时可采用多桩基础。同时尽量减少进入中等风化硬质岩层深度。

5.提升建议

机械化施工将设计和施工紧密地结合在一起，设计要从施工装备方面综合考虑确定相应的设计原则，所选用的基础型式不仅要考虑地质条件和基础自身受力要求，还要结合现场的交通条件、植被、民事赔偿、设备性能及地形等因素，最大限度地发挥机械设备的优势。

第13章 电缆线路案例

【案例1】交叉互联接地方式错误

1.案例背景

某110kV电缆工程,利用新建电缆排管4km,利用已建电缆通道2km,存在新旧电缆对接。电缆接地方式为交叉互联接地。

2.技术方案

(1)方案描述。原110kV接地方案示意图和实物图分别见图13.1-1和图13.1-2。

(2)存在问题。交叉互联接地连接方式错误,AC相接反。

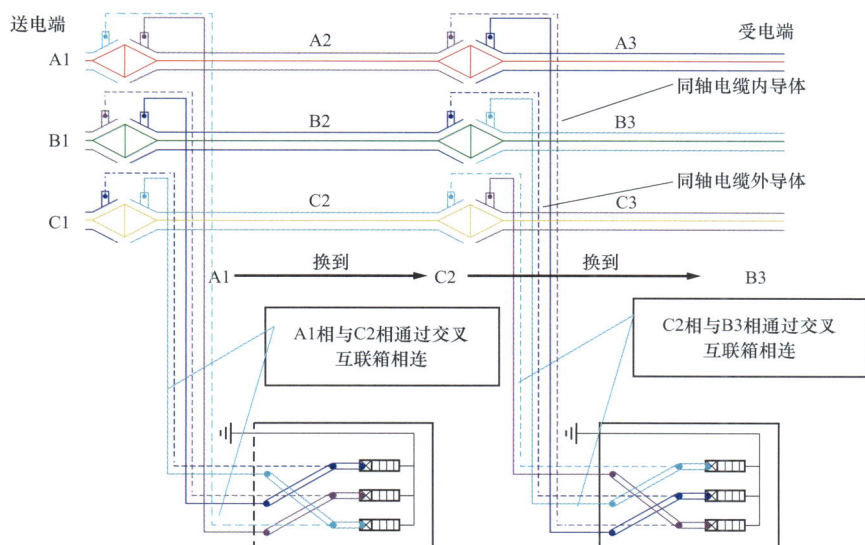

图13.1-1 原110kV接地方案示意图

3.案例分析

（1）原因分析。新旧电缆对接中，由于同一个交叉互联段中，前后两组绝缘头厂家不一致，且安装时间先后差距较大，容易出现交叉互联接地方式错误。

（2）文件依据。《国家电网有限公司十八项电网重大反事故措施（2018年修订版）》13.1.2.7：金属护层采取交叉互联方式时，应逐相进行导通测试，确保连接方式正确。金属护层对地绝缘电阻应试验合格，过电压限制元件在安装前应检测合格。

（3）隐患分析。交叉互联箱同轴电缆缠绕的相色带与电缆相序颜色不一致，AC两相接反，导致交叉互联方式错乱，进而导致接地环流异常。

4.调整措施

通过逐相导通测试，正确接线。调整后接线实物图见图13.1－3。

图13.1－2　接地方案实物图　　　　图13.1－3　调整后接线实物图

5.提升建议

对于新旧电缆对接，同个交叉互联段两组绝缘接头安装时间差别较大的，绝缘接头安装前须严格核对同轴电缆内外芯对应情况并做好记录。督促并见证试验单位按照交接试验要求做好交叉互联系统试验。验收时，严格按照设计图纸，对电缆工井中电缆排布相序、绝缘接头同轴电缆接线情况进行核对。

【案例2】长电缆分段方案细化比选不足

1.案例背景

某110kV工程，沿省道采用电缆，电缆长度约3km。

2.技术方案

（1）方案描述。该工程原送审方案电缆分为4段，每段约760m，采用一端保护接地、一端直接接地方式。原接地方案示意见图13.2-1。

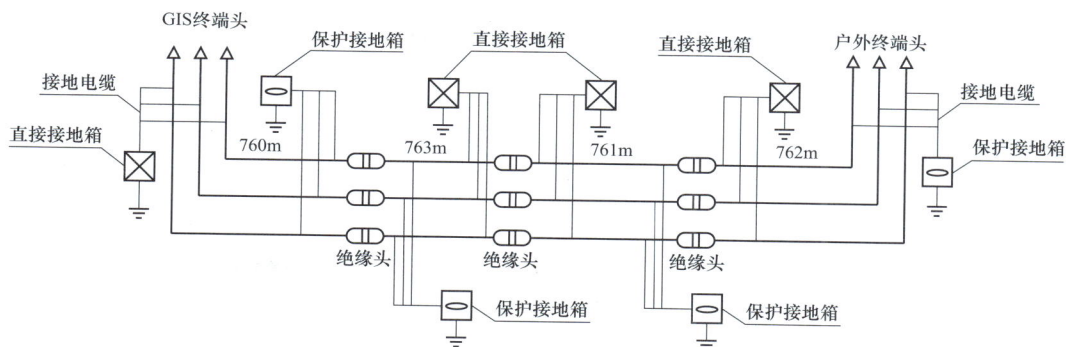

图13.2-1 原接地方案示意

（2）存在问题。提供的方案缺少根据工程实际减少电缆接头比选。电缆分段长度过长，接地方式不适宜。

3.案例分析

（1）原因分析。交叉互联接地的每个单元内将电缆划分为3个长度相近的区段，即该接地方式的电缆分段总数为3的倍数。原方案盲目减少电缆分段及接头数量，长电缆未采取交叉互联接地，导致电缆感应电动势过大。

（2）文件依据。《国家电网有限公司十八项电网重大反事故措施（2018年修订版）》13.1.1.9：合理安排电缆段长，尽量减少电缆接头的数量，严禁在变电站电缆夹层、出站沟道、竖井和50m及以下桥架等区域布置电力电缆接头。110（66）kV电缆非开挖定向钻拖拉管两端工作井不宜布置电力电缆接头。《电力工程电缆设计标准》（GB 50217—2018）4.1.11：交流单芯电力电缆金属套上应至少在一端直接接地，在任一非直接接地端的正常感应电势最大值应符合下列规定：

1. 未采取能有效防止人员任意接触金属套的安全措施时，不得大于50V；

2. 除本条第一款规定的情况外，不得大于300V。

（3）隐患分析。长电缆分段方案不合理不仅会降低经济性，同时也可能造成电缆感应电势超出规程限制要求，引发电缆烧毁、运行人员触电等事故。

4.调整措施

经评审讨论，调整为交叉互联接地，分为2个单元，电缆分段总数为6段。交叉互联接地示意见图13.2-2。

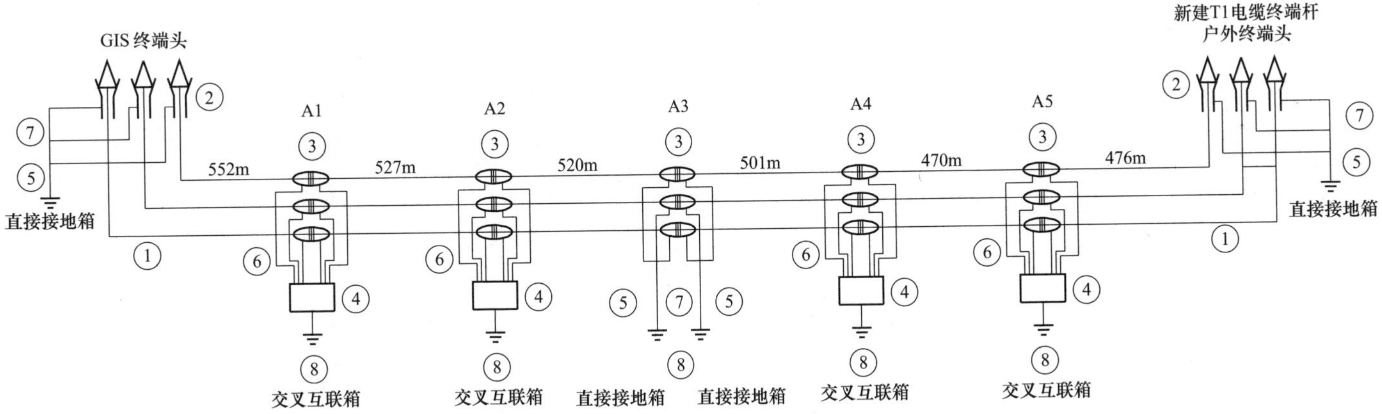

图13.2-2 交叉互联接地示意

5.提升建议

针对长电缆线路分段设置，设计方案需结合工程实际路径、敷设方式、施工工艺等对分段长度及接地方式比选优化，合理减少电缆接头，减少运行风险点，节约投资。

【案例3】双回路电缆布置在同一侧

1.案例背景

某220kV双仓电缆隧道，规模包含八回路220kV，四回路110kV电缆。

2.技术方案

（1）方案描述。双仓隧道共布置八回路220kV电缆，其中本期四回路，远期四回路。A1、A2双回路布置在左仓左侧，B1、B2双回路布置在右仓右侧。电缆布置示意图见图13.3-1。

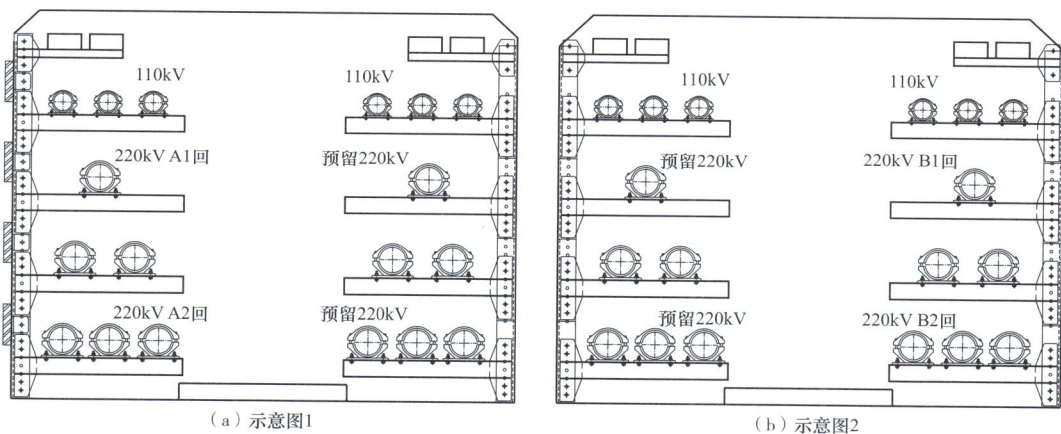

（a）示意图1　（b）示意图2

图13.3-1　电缆布置示意图

（2）存在问题。原同名双回路电缆布置方式，不满足规程要求。

3.案例分析

（1）原因分析。由于双仓隧道在分叉段汇成单仓，且电缆规模大，为减少电缆交叉，将同名电缆置于同一侧，疏忽遗漏了反措条文。

（2）文件依据。《国家电网有限公司十八项电网重大反事故措施（2018年修订版）》13.2.1.2：变电站内同一电源的110（66）kV及以上电压等级电缆线路同通道敷设时应两侧布置。同一通道内不同电压等级的电缆，应按照电压等级的高低从下向上排列，分层敷设在电缆支架上。

（3）隐患分析。一路电缆启动时会对另一路电缆产生影响，可能会导致另一路电缆跳闸。

4. 调整措施

隧道内同名双回路电缆布置在两侧。针对电缆交叉处，增加通道净高，局部设置为明沟，为人员通行、操作预留空间。调整后电缆布置示意图见图13.3－2。

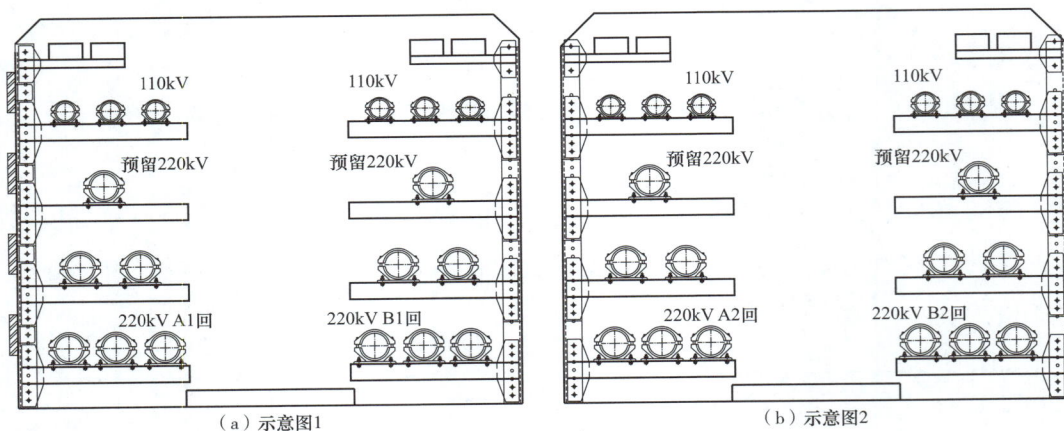

（a）示意图1　　　　　　　　　　　　　　　　（b）示意图2

图13.3－2　调整后电缆布置示意图

5. 提升建议

同名双回路电缆布置布置在通道两侧，保证电缆的安全运行。

【案例4】电缆隧道断面设置不合理

1. 案例背景

某110kV电缆线路工程，长约1.5km，区间内含双回路、四回路电缆沟。

2. 技术方案

（1）方案描述。双回路电缆沟断面净尺寸1.6m×1.9m，四回路电缆沟为双仓，每个仓断面净尺寸1.2m×1.9m。电缆沟断面图见图13.4－1。

（2）存在问题。四回路电缆沟设置双仓断面必要性不足。

3. 案例分析

（1）原因分析。两条双回路电缆沟汇入四回路电缆沟时，采用双仓四回路断面电缆走线明确，方便运维。但该方案与通用设计不符，投资增加。

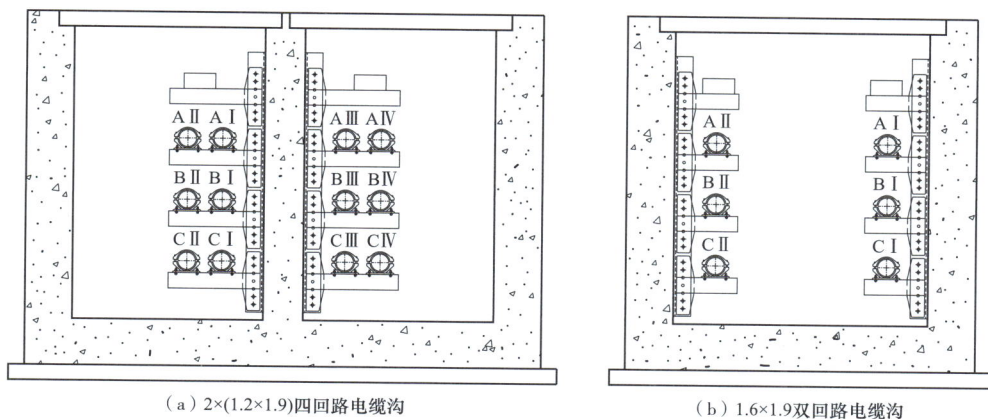

（a）2×(1.2×1.9)四回路电缆沟　　　　　　　（b）1.6×1.9双回路电缆沟

图13.4－1　电缆沟断面图

（2）文件依据。《城市电力电缆线路初步设计内容深度规定》（DL/T 5405—2021）4.3.3：电缆线路路径多方案的技术经济比较应从路径长度、通道规模、结构形式、建设方式等技术指标、工程材料量、投资差额等方面进行论证，比较后提出推荐方案。

（3）隐患分析。原方案造价较高。

4.调整措施

调整为单仓四回路断面，净尺寸2.0m×1.9m，节约了工程造价。调整后四回路电缆沟断面图见图13.4－2。

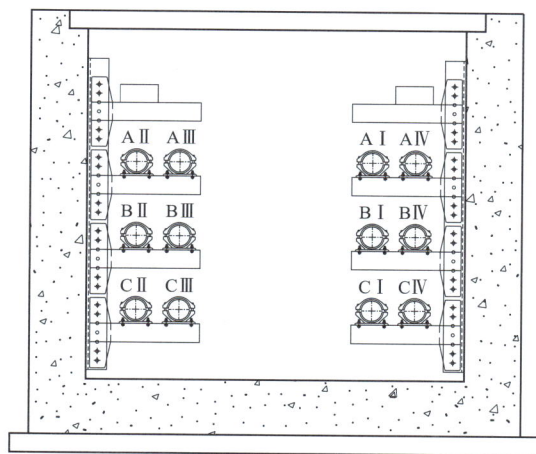

图13.4－2　调整后四回路电缆沟断面图

5.提升建议

电缆线路断面宜参照通用设计。

【案例5】电缆过河方案不优

1.案例背景

某110kV电缆线路工程，长约2km。电缆路径与现状河道交叉，河深约5m。

2.技术方案

（1）方案描述，采用DN1200顶管过河，区间长约80m，两岸顶管工作井深约9m，顶管穿河最小覆盖层厚度为2.5m。电缆通过排管接入两端顶管工作井。顶管过河方案示意图见图13.5－1。

（2）存在问题。过河方案造价较高，未经优选。

3.案例分析

（1）原因分析。河道深度较大，顶管方案未经过多方案比选，经济性不佳。

（2）文件依据。《城市电力电缆线路初步设计内容深度规定》（DL/T 5405—2021）4.3.3：电缆线路路径多方案的技术经济比较应从路径长度、通道规模、结构形式、建设方式等技术指标、工程材料量、投资差额等方面进行论证，比较后提出推荐方案。

（3）隐患分析。方案造价较高；顶管井内电缆垂直敷设，运维不便。

4.调整措施

与水利部门积极沟通后，由于该河道为非通航河道，方案调整为电缆桥架，节约了工程造价，降低了施工难度。桥架过河方案示意图见图13.5－2。

5.提升建议

电缆线路穿越河流、道路等障碍物时，应进行多方案比选。

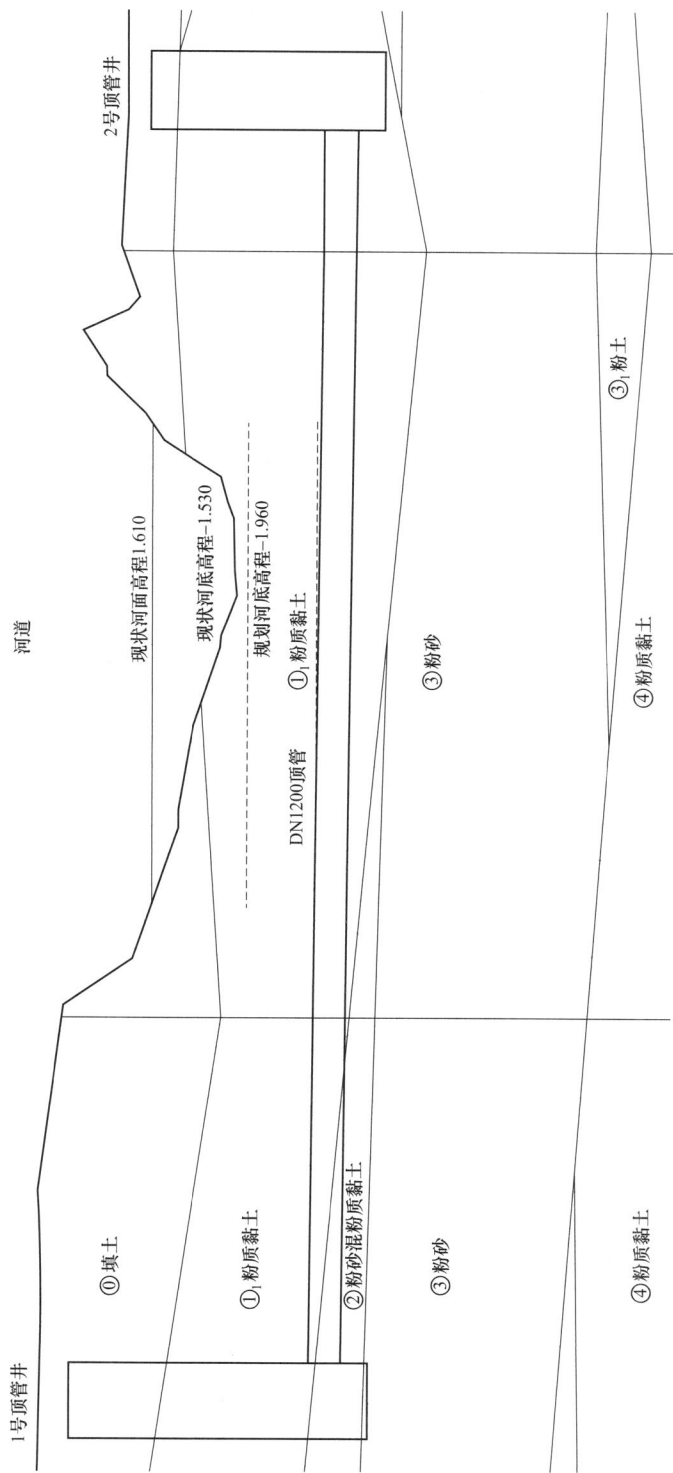

图13.5-1 顶管过河方案示意图

电缆桥架

河道

现状河面高程1.610

现状河底高程-1.530

规划河底高程-1.960

①₁粉质黏土

③粉砂

③₁粉土

④粉质黏土

①填土

①₁粉质黏土

②粉砂混粉质黏土

③粉砂

④粉质黏土

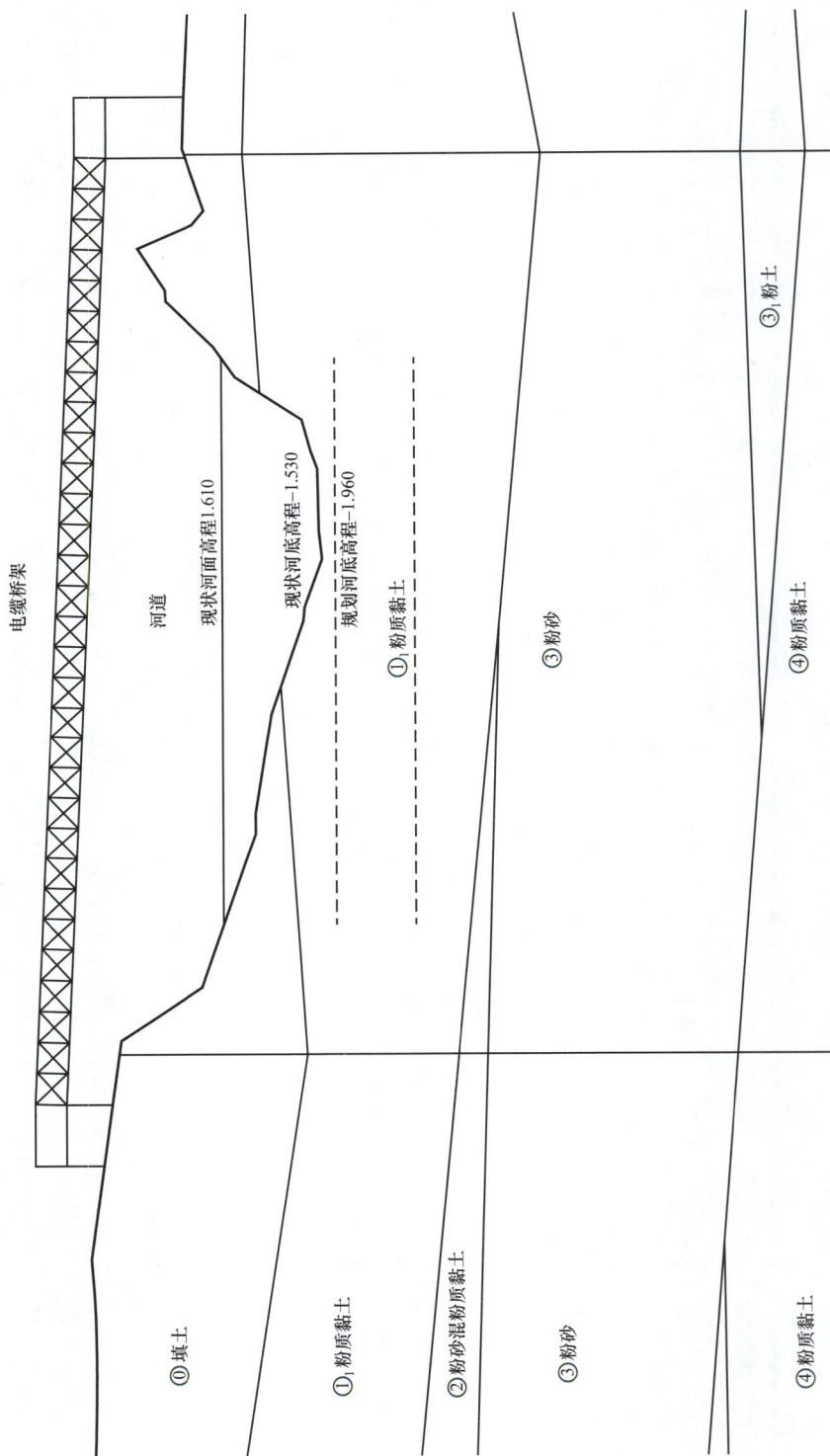

图13.5-2 桥架过河方案示意图

【案例6】架空线下结构布置不合理

1.案例背景

某双回路220kV电缆隧道，线位位于变电站西侧围墙外绿化带内。电缆通道西侧为DN1000主供水管，东侧为变电站围墙，通道宽约17m。隧道需下穿诸多220kV架空出线，线高距地约14m。

2.技术方案

（1）方案描述。电缆从站内最南侧间隔出线后，进入接线井和顶管井3号，再由顶管向北延伸。顶管井3号位于220kV架空出线正下方，施工时为保持安全距离需停电作业。顶管井3号平面净尺寸为7m×8m，采用明挖施工，钻孔灌注桩围护，双排高压旋喷桩止水帷幕。原电缆隧道布置图见图13.6-1。

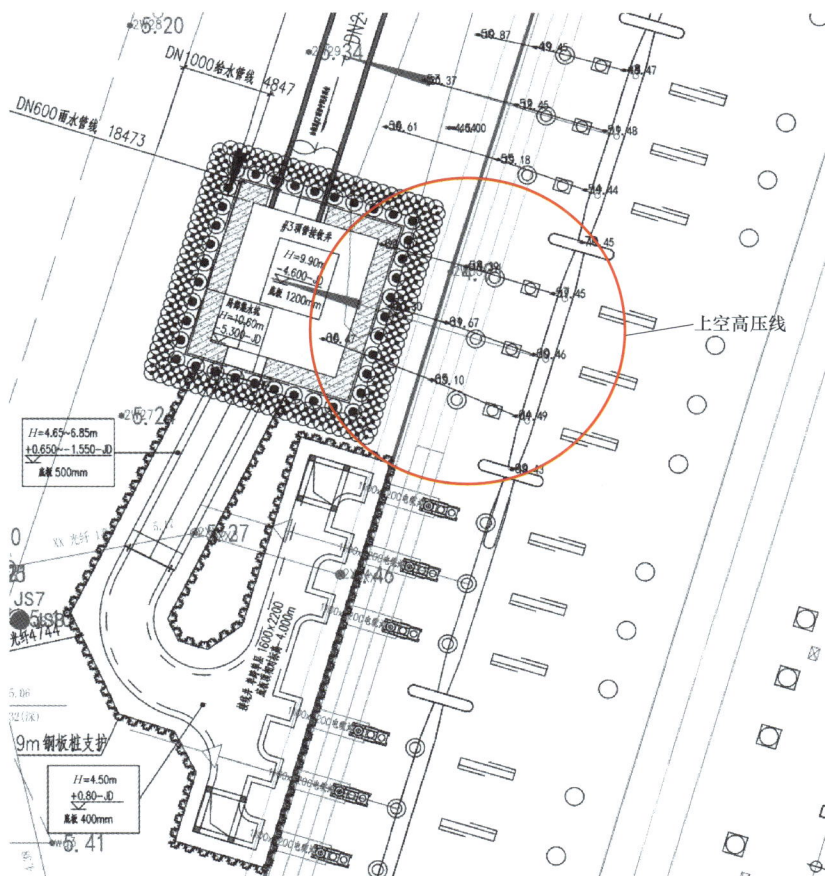

图13.6-1 原电缆隧道布置图

（2）存在问题。顶管井3号上方架空线为重要用户线路，施工期间无法停电，不满足安全距离。

3.案例分析

（1）原因分析。电缆通道宽度仅17m，较为局促。为避让西侧DN1000水管，将顶管井3号布置在架空线下，按顶管机吊装时停电施工考虑，未考虑线路无法停电施工的可能性。

（2）文件依据。《电力安全工作规程 电力线路部分》（GB 26859—2011）9.7.3：在电力设备附近进行起重作业时，起重机械臂架、吊具、辅具、钢丝绳及吊物等与架空输电线及其他带电体的最小安全距离应符合规定。220kV架空线最小安全距离为6m。

（3）隐患分析。220kV架空线最小安全距离不满足，将产生严重的后果。

4.调整措施

为避让架空出线，将顶管井3号向南移动。顶管井3号移动后，距离DN1000主供水管仅3m，在水管侧增设一道钢板桩保护。调整后电缆隧道布置图见图13.6－2。

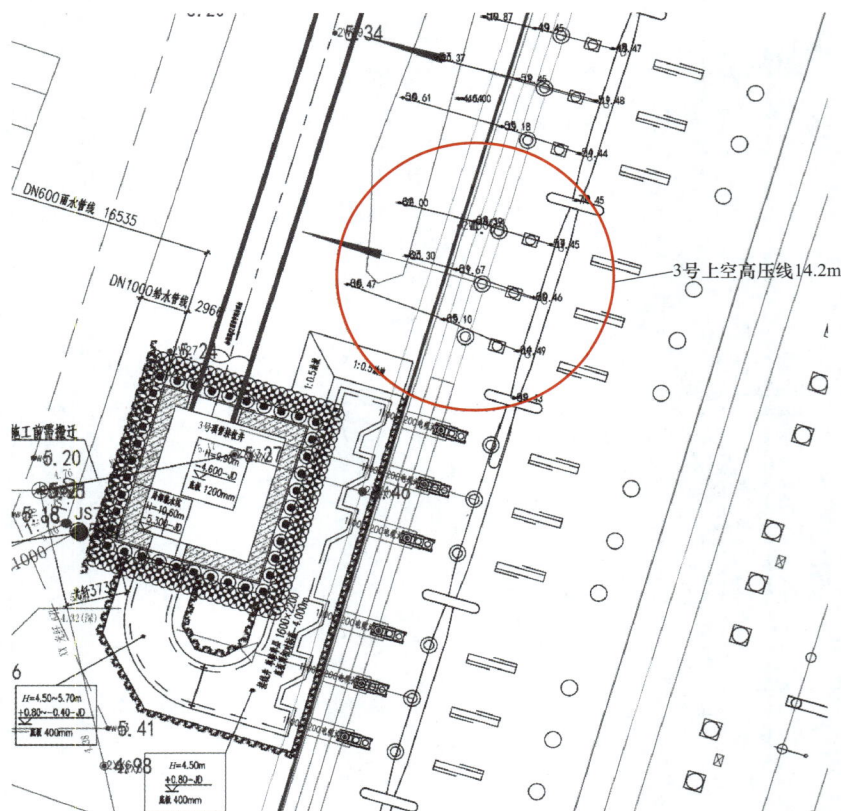

图13.6－2 调整后电缆隧道布置图

5. 提升建议

电缆线路工程临近或交叉现状架空线时，优先采取避让方式。无法避让时，尽量停电施工。如需带电施工，应充分考虑施工机械所需高度，保持足够的安全距离。

【案例7】隧道下穿高速公路方案覆土厚度不足

1. 案例背景

某六回路220kV隧道，长约1.5km，需从高速公路之下、地铁隧道之上进行穿越，地铁隧道以上覆土仅15.2m，竖向空间局促。

2. 技术方案

（1）方案描述。隧道采用DN3500顶管下穿高速公路，顶管外径4.2m。顶管与地铁隧道保护距离按4.2m考虑，则顶管穿越高速公路处的覆土深度为5.8～6.7m。顶管方案示意图见图13.7-1。

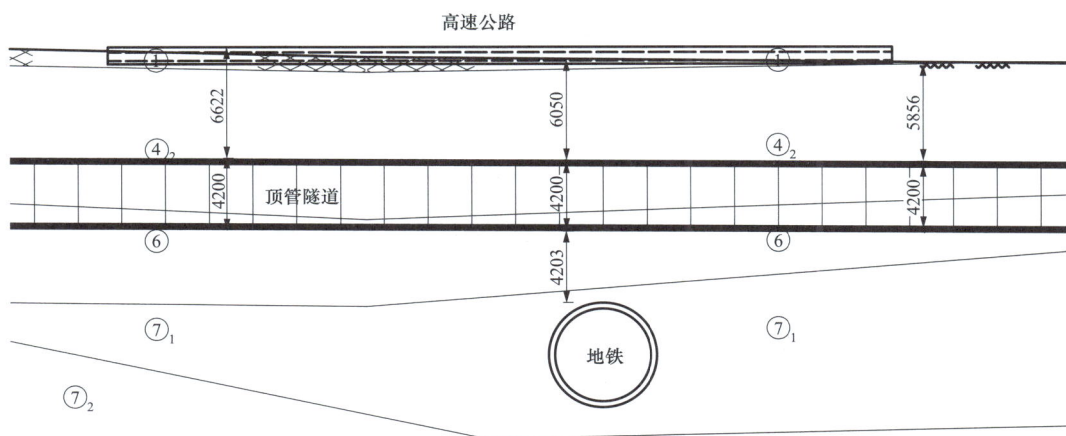

图13.7-1　顶管方案示意图

（2）存在问题。顶管覆土深度受限，地面沉降过大未能满足主管部门要求。

3. 案例分析

（1）原因分析。顶管隧道夹在高速公路和地铁隧道之间，覆土深度受限，且顶管施工对上部土层的影响较大。

（2）文件依据。《顶管工程设计标准》（DG/TJ 08-2268—2019）5.1.3：穿越铁路、公路、堤防或其他重要设施时，管道上部覆土厚度应遵守铁路、公路、堤防或其他设施的相关安全规定；

13.0.4：顶管造成的地面沉降量不应超过下列规定：公路，＋10mm～－20mm；顶管穿越铁路、地铁及其他对沉降敏感的地下设施时，累计沉降量尚应符合有关部门的规定。

（3）隐患分析。顶管施工引起高速公路沉降过大，可能导致路面下沉、开裂，引起重大交通事故。

4. 调整措施

方案调整为DN3500小直径盾构隧道，盾构掘进对周围土体的扰动更小，对隧道覆土深度的要求更低。隧道整体上抬0.5m，同时减少两端工作井深度，减少投资。盾构方案示意图见图13.7－2。

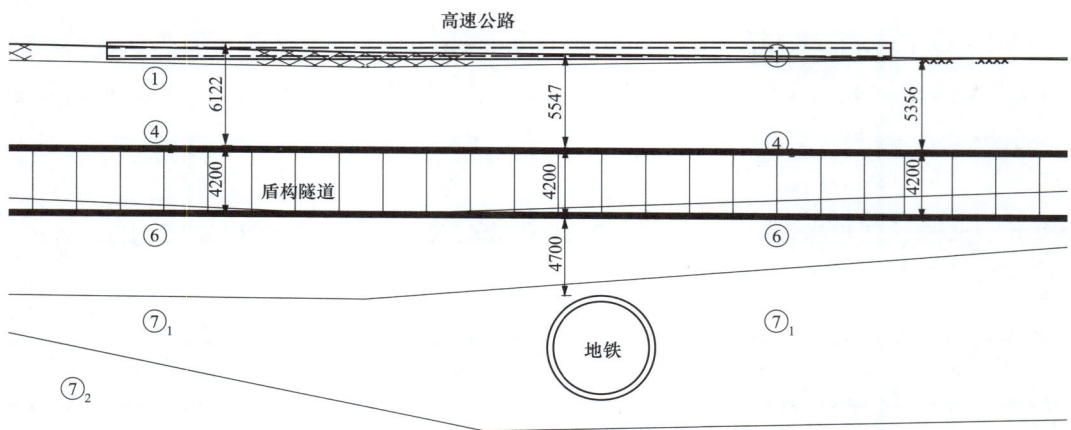

图13.7－2　盾构方案示意图

5. 提升建议

隧道穿越公路、铁路、地铁、重要管线、堤坝等敏感设施时，应充分考虑对其的不利影响，与有关单位积极沟通，并取得主管部门的书面意见。

【案例8】深基坑支护方案不合理

1. 案例背景

某四回路220kV电缆隧道，总长约0.8km，采用明开挖工法。某区间段位于河边绿化带内，埋深约5.5m，基坑底1m以下为微风化岩石层。

2.技术方案

（1）方案描述。基坑深5.5m，毗邻河道，地下水位高，且2-1粉土层渗透系数较大，采用钢板桩支护兼做止水帷幕。电缆隧道地层示意图见图13.8-1。

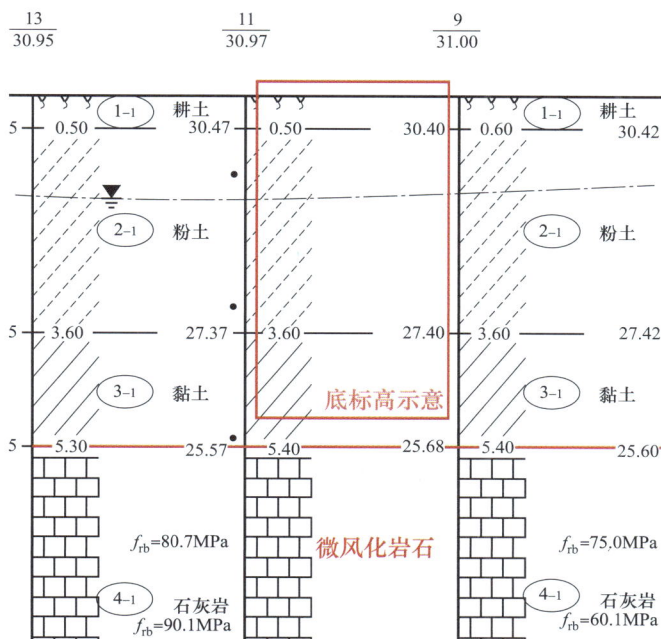

图13.8-1 电缆隧道地层示意图

（2）存在问题。钢板桩支护不满足基坑稳定要求。

3.案例分析

（1）原因分析。钢板桩打入微风化岩层时施工困难，进入岩层长度不足以作为嵌固端，不满足基坑稳定要求。

（2）文件依据。《建筑基坑支护技术规程》（JGJ 120—2012）4.2.1：悬臂式支挡结构的嵌固深度应符合稳定性的要求。

（3）隐患分析。基坑嵌固稳定性不满足，可能引起基坑倾覆坍塌，造成严重后果。

4.调整措施

案更改为水泥土重力式围护墙，采用ϕ700@500mm双轴搅拌桩，桩长6m，水泥掺量15%，墙宽4.2m。水泥土重力墙可兼作止水帷幕。水泥土重力式围护墙方案示意图见图13.8-2。

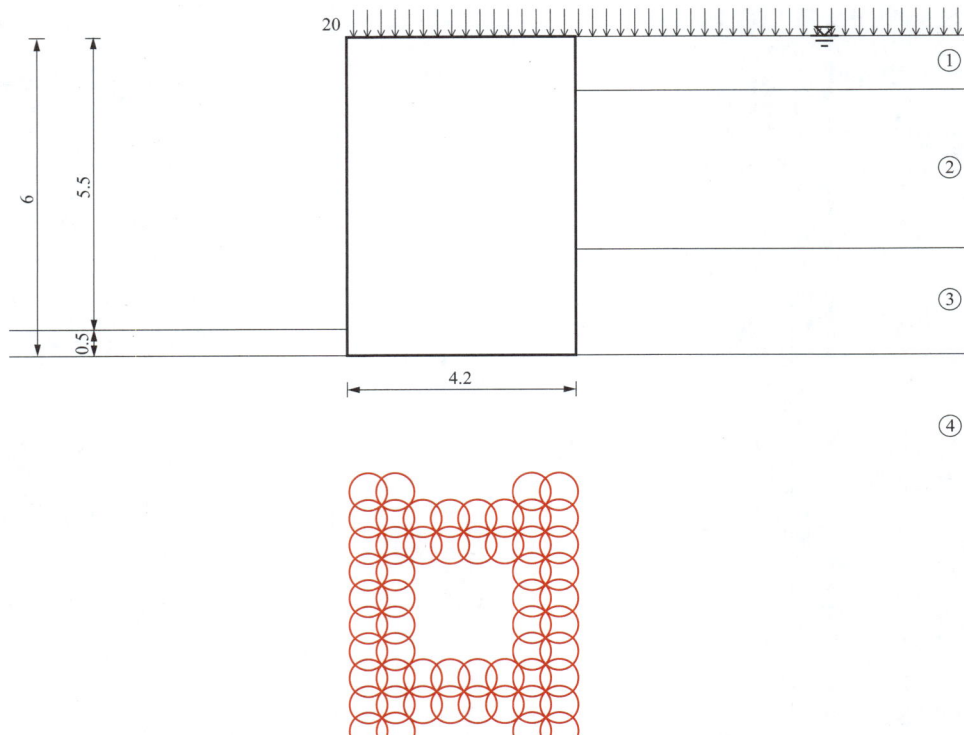

图13.8-2　水泥土重力式围护墙方案示意图

5.提升建议

支护桩应用时，应考虑地层的适用性。

【案例9】隧道通风方案不合理

1.案例背景

某220kV电力通廊，长约2.85km，位于城市主干道绿化带内。通廊采用明挖双仓隧道，单仓净尺寸3.0m×2.4m，每个仓内电缆规模为四回路220kV，双回路110kV。

2.技术方案

（1）方案描述。通风方案采用机械通风，每隔200m在隧道上方设置通风井，风井内置轴流风机，全线共16个通风井。每个通风井露出地面2m高。原通风方案示意图见图13.9-1。

（2）存在问题。露出地面通风井数量太多，影响城市景观，征地范围大，规划部门提出反对意见。

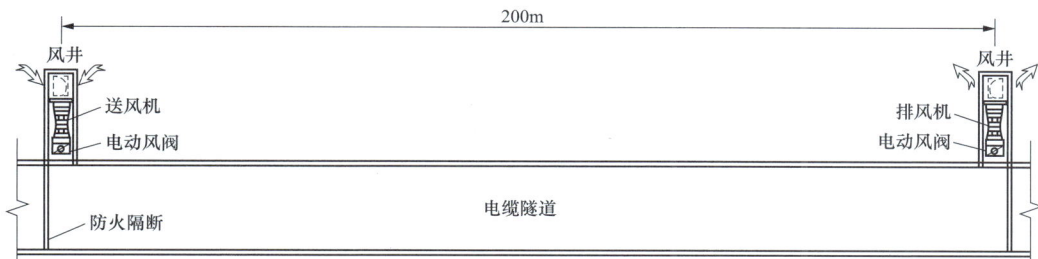

图13.9-1 原通风方案示意图

3. 案例分析

（1）原因分析。隧道上方开通风井，配置轴流风机的方式造价较低，但对大规模、长距离隧道不适宜。

（2）文件依据。《电力电缆隧道设计规程》（DL/T 5484—2013）9.1.6：地面风亭应与周边环境协调布置，并满足城市规划的要求。

（3）隐患分析。原方案轴流风机数量多，噪声大，地面通风井与周边环境不协调。

4. 调整措施

调整后全线共设置4个地下风机房，间距约700m。每个风机房内设置4台卧式离心风机。风机房与配电间统筹布置，造价与原方案接近。调整后通风方案示意图见图13.9-2。

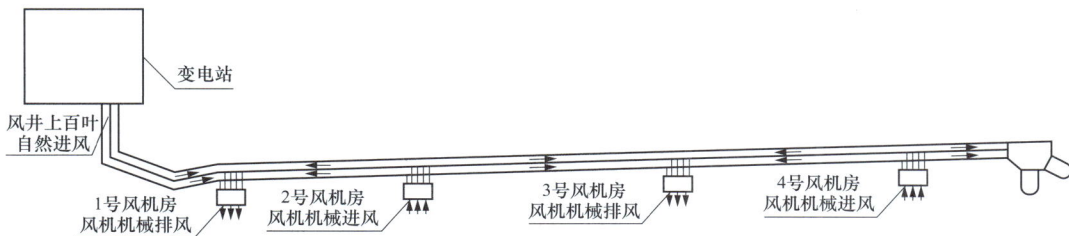

图13.9-2 调整后通风方案示意图

5. 提升建议

通风方案应结合土建方案、城市规划、其他附属设施等统筹考虑。

【案例10】综合管廊辅助电气划分界面不清晰

1. 案例背景

某综合管廊，长约2km，前期已约定电力舱电气部分由电力公司出资，电力舱土建及通风、照明、排水、消防等用电设施由政府出资。土建和电气安装按计划间隔约1年。

2. 技术方案

（1）方案描述。电力舱供电系统分为2个供电分区，每个供电分区均由2路独立的10kV电源，通过10/0.4kV箱式变电站接入电力舱配电间。配电系统包含400V中央配电屏、动力电缆、检修箱、配电箱及线缆、用电设施。其中配电箱包含照明动力配电箱、A型应急照明配电箱、消防专用配电箱。

（2）存在问题。根据前期出资划分，配电系统中配电箱及线缆、用电设施这两项属于政府出资的通风、照明、排水、消防范畴，其余动力部分为电力公司出资。但是土建验收时，中央配电屏、动力电缆等尚未实施，引起验收不便。

3. 案例分析

（1）原因分析。前期约定时政府出资部分未考虑配电系统的动力部分，施工时土建和电气安装也未紧密结合。

（2）文件依据。《城市综合管廊工程技术规范》（GB 50838—2015）3.0.6：综合管廊应统一规划、设计、施工和维护，并应满足管线的使用和运营维护要求。

（3）隐患分析。前期出资约定不够细致周到，后期可能引起计划变动或费用纠纷。

4. 调整措施

未更改出资划分，提前实施电气安装，确保电力舱顺利验收。

5. 提升建议

多方出资的电缆线路，其划分界面应当清晰、明确。

附　录

附录 A 名词释义

"六精四化"：精益求精抓安全、精雕细刻提质量、精准管控保进度、精打细算控造价、精耕细作抓技术、精心培育强队伍；持续深化电网建设标准化、全面推进电网建设绿色化、创新推进电网建设模块化、大力推进电网建设智能化。

"设计五化"：标准化、优化、深化、差异化、成果转化。

附录B 通用设计方案组合

通用设计方案组合见表B-1。

表B-1 通用设计方案组合

序号	通用设计方案编号	省公司实施方案编号	建设规模（远期，包含主变压器、出线、无功）	接线型式	总平面及配电装置	用地内片地面积（hm²）/总建筑面积（m²）	土建主要技术
1	500-B-4	AH-500-B-4	主变压器：2/4×1000MVA；出线：500kV 4/8回，220kV 10/16回，35kV电容2/8×60Mvar、35kV电抗2/8×60Mvar	500kV：本期及远期一个半断路器接线；220kV：本期及远期双母线双分段接线，35kV：本期及远期单母线单元制接线，设总回路断路器	全户外布置：500kV：户外HGIS，架空出线；220kV：户外HGIS，架空出线；35kV：支撑式管形母线、一字中型布置	4.4520/1598	装配式建筑物：外墙采用铝镁锰板、纤维水泥复合墙板或者一体化集成墙板，内墙采用纤维水泥复合板；屋面板采用钢筋桁架楼承板；围墙：围墙柱为H型钢柱，一体化纤维水泥集成板，一体化纤维水泥集成板；装配式构筑物：预制建筑物散水

263

序号	通用设计方案编号	省公司实施方案编号	建设规模（远期，包含主变压器、出线、无功）	接线型式	总平面及配电装置	围墙内占地面积（hm²）/总建筑面积（m²）	主要主建技术
2	220-A2-3（10）	AH-220-A2-3（10）	主变压器：2/3×240MVA；出线：220kV 4/8回，110kV 24/36回，10kV 14回；10kV电容8×8Mvar/12×8Mvar；10kV电抗2×10Mvar/3×10Mvar	220kV：本期及远期双母线单分段接线；110kV：本期及远期双母线单分段；10kV：本期单母线分段接线，远期单母线四分段接线	全户内一幢楼布置：配电装置楼：1层布置主变压器，220、110、10kV配电装置，电容器、电抗器，接地站用变压器及二次设备；220kV：户内GIS，电缆出线；110kV：户内GIS，电缆出线；10kV：户内开关柜双列布置	0.8066/5273	装配式建筑物：外墙采用铝镁锰板、纤维水泥复合板或者一体化集成墙板，内墙采用纤维水泥复合板；屋面楼板采用钢筋桁架楼承板；围墙：围墙柱为H型钢柱，一体化纤维水泥集成板；装配式构筑物：预制建筑物散水
3	220-A2-3（35）	AH-220-A2-3（35）	主变压器：2/3×240MVA；出线：220kV 4/8回，110kV 16/24回，35kV 16/24回；35kV电容4×15Mvar/6×15Mvar；35kV电抗2×10Mvar/3×10Mvar	220kV：本期及远期双母线单分段接线；110kV：本期及远期双母线单分段；35kV：本期单母线分段接线，远期单母线四分段接线	全户内一幢楼布置：配电装置楼：1层布置主变压器，220、110、35kV配电装置，电容器、电抗器，接地站用变压器，二层布置电容器及二次设备；220kV：户内GIS，电缆出线；110kV：户内GIS，电缆出线；35kV：户内开关柜双列布置	0.8138/6325	装配式建筑物：外墙采用铝镁锰板、纤维水泥复合板或者一体化集成墙板，内墙采用纤维水泥复合板；屋面楼板采用钢筋桁架楼承板；围墙：围墙柱为H型钢柱，一体化纤维水泥集成板；装配式构筑物：预制建筑物散水

序号	通用设计方案编号	省公司实施方案编号	建设规模（远期，包含主变压器、出线、无功）	接线型式	总平面及配电装置	顶端内占地面积（hm²）/总建筑面积（m²）	主建主要技术
4	220－A3－1	AH－220－A3－1	变压器：3×240MVA；出线：220kV 8回；110kV 14回；35kV 18回。无功：35kV电容3×2×15 Mvar；35kV电抗3×10Mvar	220kV：双母线单分段；110kV：双母线单分段；35kV：单母线三分段型式；	两栋楼平行布置，半户内站。220kV：户内GIS，架空/电缆混合出线；110kV：户内GIS，架空/电缆混合出线；35kV：开关柜，电缆出线	0.8629/4079	全站生产建筑物采用钢框架结构；建筑物外墙采用纤维水泥复合墙板，内夹发泡混凝土一体化铝镁锰复合墙板，或一体化纤维水泥板夹发泡混凝土一体化复合墙板；隔墙采用纤维水泥复合墙板；屋面板采用钢筋桁架楼承板。间墙采用装配式墙。主变压器防火墙采用钢筋混凝土现浇框架＋大砌块或钢筋混凝土一体化复合墙板等型式。消防泵房采用上下布置，消防泵采用两用一备长轴深井泵。主变压器采用水喷雾灭火装置；电缆竖井及电缆隧道采用超细干粉灭火装置

序号	通用设计方案编号	省公司实施方案编号	建设规模（远期，包含主变压器、出线、无功）	接线型式	总平面及配电装置	围墙内占地面积（hm²）/总建筑面积（m²）	土建主要技术
5	220-A3-2	AH-220-A3-2	主变压器：3×240MVA；出线：220kV 8回；110kV 14回；10kV 36回。无功：10kV电容3×4×8Mvar；10kV电抗3×10Mvar。	220kV：双母线单分段；110kV：双母线单分段；10kV：单母线三分段	两栋楼平行布置，半户内站。220kV：户内GIS，架空/电缆混合出线；110kV：户内GIS，架空/电缆混合出线；10kV：开关柜，电缆出线	0.7943/3410	全站生产建筑物采用钢框架结构；建筑物外墙采用钢纤维水泥板夹发泡混凝土一体化铝锰复合墙板或采用纤维水泥板夹发泡混凝土一体化复合墙板；屋面板采用钢筋桁架楼承板。内隔墙采用装配式围墙混凝土现浇框架+大砌块或钢筋混凝土现浇框架一体化复合墙等型式。消防泵房采用上下布置，消防泵两用一备长轴深井泵。主变压器采用水喷雾灭火装置，电缆夹层及电缆隧道采用超细干粉灭火装置
6	220-B-2	AH-220-B-2（35/10）	变压器：3×240MVA；出线：220kV 8回；110kV 14回；35kV 12回（35kV 30回）。无功：35kV电容3×3×10Mvar（10kV电容3×4×10Mvar）	220kV：双母线单分段；110kV：双母线接线；35kV：单母线分段+单元制接线（10kV：单母线三分段）	220、110kV及主变压器场地平行布置。220kV：户外悬吊式管形母线，HGIS双列布置；110kV：户外悬吊式管形母线，HGIS单列布置；35kV（10kV）户内开关柜单列布置	2.0202/1202（1.9404/1163）	全站生产建筑物采用钢框架结构；建筑物外墙采用钢纤维水泥复合墙板或采用一体化铝锰镁水泥复合墙板，内隔墙采用纤维水泥复合墙板；屋面混凝土采用钢筋桁架楼承板。围墙采用装配式围墙。消防泵房采用上下布置，消防泵配置长轴深井泵。主变压器采用水喷雾灭火装置

序号	通用设计方案编号	省公司实施方案编号	建设规模（远期，包含主变压器、出线、无功）	接线型式	总平面及配电装置	围墙内占地面积（hm²）/总建筑面积（m²）	土建主要技术
7	110−A2−6	AH−110−A2−6	主变压器：3×500MVA；出线：110kV 2/4回，10kV 28/42回；每台主变压器低压侧配置电容器6组，共计3×（4000kvar+5000kvar）	110kV：本期及远期单母线分段接线；10kV：本期单母线三分段接线，远期单母线四分段接线	全户内布置；110kV：户内GIS；10kV：户内开关柜双列布置	0.4091/1215	建筑物结构型式为单层钢框架结构；建筑物外墙采用一体化纤维水泥集成墙板，内隔墙采用纤维面板宜采用钢筋桁架楼承板；围墙采用装配式实体围墙
8	110−A3−4	AH−110−A3−4	主变压器：3×50MVA；出线：110kV 2/4回，35kV 6/6回，10kV 16/30回；每台主变压器低压侧配置电容器2组，共计3×（4000kvar+5000kvar）	110kV：本期及远期单母线分段接线；35kV：本期及远期单母线分段接线；10kV：本期单母线分段接线，远期单母线三分段接线	半户内布置；110kV：户内GIS；35kV：户内金属铠装开式开关柜单列布置；10kV：户内开关柜双列布置	0.3575/1318	建筑物结构型式为钢框架结构；建筑物外墙采用一体化纤维水泥集成墙板，内隔墙采用纤维水泥复合墙板，屋面采用钢筋桁架楼承板；围墙采用装配式实体围墙
9	35−E3−1	AH−35−E3−1	主变压器：2×20MVA；出线：35kV 4回，10kV 16回；每台主变压器低压侧配置电容器2组，共计2×（1000kvar+2000kvar）	35kV：本期及远期单母线分段接线；35kV：本期及远期单母线分段接线	半户内布置；35kV：户外金属铠装移开式开关柜；10kV：户外金属铠装中置式开关柜	0.24765/430	装配式建筑物：采用全栓接结构；装饰、装修一体化墙板；钢筋桁架楼承板；围墙：钢柱+装饰一体化轻质复合墙板；装配式构筑物：预制建筑物散水、预制电缆沟盖板

附录 C 常见问题清单

常见问题清单见表 C-1。

表 C-1 常见问题清单

序号	专业	问题类型	问题分级	问题描述	备注
1	变电一次	设计深度不足	一般	初步设计说明文件缺少互感器形式等要求，防雷接地章节未明确变电站土壤电阻率和腐蚀性情况	
2	变电一次	技术标准执行不到位	一般	主接地网截面选择过大，缺乏计算依据	
3	变电一次	通用设备执行不到位	一般	主变压器基础、设备参数不满足通用设备"四统一"要求	
4	变电一次	未执行前期审批文件	一般	远期装设 3×4 组并联电容器和 2 组并联电抗器，未执行初步设计评审意见	
5	变电一次	设计深度不足	一般	缺少屋外配电装置间隔断面图缺跨放线表	
6	变电一次	设计深度不足	一般	主变压器安装图未表示外形尺寸、基础尺寸，光电缆埋管等重要信息不满足要求	
7	变电一次	设计深度不足	严重	第二回站用电源采用站外T接线路，未开展站用电系统可靠性论证，存在安全隐患	
8	变电一次	设计深度不足	一般	施工图缺少 110kV 气室分隔图、等电位地网置图	

序号	专业	问题类型	问题分级	问题描述	备注
9	变电一次	未执行前期审批文件	一般	接地变压器、消弧线圈选型未执行初步设计评审意见，且未履行相关手续	
10	变电一次	通用设备执行不到位	一般	66kV断路器、10kV分段同隔TA、10kV TV柜设备参数未执行通用设备要求，未履行沟通汇报程序	
11	变电一次	技术标准执行不到位	一般	工作接地未设置专门敷设的接地导	
12	变电一次	技术标准执行不到位	一般	站内悬垂串绝缘子片数少于耐张串绝缘子片数	
13	变电一次	设计深度不足	一般	缺少接地电阻等相关设计参数，接地设计深度不足	
14	变电一次	设计深度不足	一般	初步设计说明书中缺少绝缘子串的型式和片数选择校验部分内容，不满足《国家电网有限公司输变电工程初步设计内容深度规定 第9部分：330kV～750kV智能变电站》（Q/GDW 10166.9—2017）第6.3.3条"说明电气设备的爬电比距和绝缘子串的型式、片数选择"要求	
15	变电一次	技术标准执行不到位	一般	该工程为半户内GIS变电站，初步设计文件、初步设计图纸，依据《交流电气装置的接地设计规范》（GB/T 50065—2011）中附录E，主接地网选用50×5mm²的紫铜带根数，考虑腐蚀后，经计算接地网载面不小于35mm²。设计精度过大	
16	变电一次	设计深度不足	一般	初步设计报告中，未对高阻抗主变压器的选择进行对比论述，不满足《国家电网有限公司输变电工程初步设计内容深度规定 第8部分：220kV智能变电站》（Q/GDW 10166.8—2017）第6.2.2条"说明导体和主变电气设备的选择原则和依据"的要求	
17	变电一次	设计深度不足	一般	初步设计图纸缺少全站直击雷保护范围部分内容，不满足《国家电网有限公司输变电工程初步设计内容深度规定 第2部分：110（66）kV智能变电站》（Q/GDW 10166.2—2017）第6.8.1条"电气一次部分图纸目次含全站直击雷保护范围"要求，初步设计部分图纸缺少绝缘子串的爬电比距和绝缘子串的型式和片数选择"要求，设计深度不足	
18	变电一次	设计深度不足	一般	初步设计说明中，10kV侧采用接地变压器消弧线圈成套装置，消弧线圈容量为315kVA；材料表及主接线图中，10kV侧采用接地变压器消弧线圈并小电阻成套装置，消弧线圈容量为630kVA，小电阻为10Ω。设计说明、材料表、主接线描述不一致	

序号	专业	问题类型	问题分级	问题描述	备注
19	变电一次	设计深度不足	一般	该工程初步设计文件中二次等电位接地网选用40mm×5mm铜排，根据《变电站接地网技术规范》(Q/GDW 10278—2021)第5.6.1条"装设保护和控制装置的屏柜面下设置的等电位接地网截面宜用截面积不小于100 mm²的接地铜排连接成首可靠连接的环网"，二次等电位接地网截面选择过大，未提供相关设计依据，提高设计标准	
20	变电一次	未执行前期审批文件	一般	《接地装置施工图》(D0303-01、02)图中，接地体采用18圆钢，与初步设计评审意见"接地体采用中12圆钢"不一致，且施工图设计说明书中未说明原因	
21	变电一次	技术标准执行不到位	一般	初步设计文件中主接地网选用60mm×8mm的热镀锌扁钢，考虑腐蚀后，主接地网最终有效截面为269.56mm²。设计单位根据《交流电气装置的接地设计规范》(GB/T 50065—2011)中附录E进行计算，主接地网截面不小于45.22 mm²，主接地网截面选择远大于计算结果，设计裕度过大	
22	变电一次	设计深度不足	一般	该工程海拔为3700m，初步设计，施工图文件中最小安全净距按海拔4000m修正，110kV配电装置修正后的最小安全净距A₁值为1250mm。施工图《110kV出线间隔断面图》(D0102-05)、《110kV VGIS套管至端体间最小安全净距A₁值，不满足《110kV主变间隔断面图》(D0102-06)中，未标注110kV VGIS套管至端体初步设计内容深度规定。《国家电网有限公司输变电工程初步设计内容深度规定》(Q/GDW 10166.2—2017)第5.3.2.2条"应标注各种必要的安全净距"要求，设计深度不足	
23	变电一次	技术标准执行不到位	严重	220kV变电站110kV间隔扩建工程，围墙与接地端的带电部分距离D值(2900mm)不满足要求，但绝缘子上部分的本体法兰实际上电带，设计单位在设计时，仅认为接线端子为带电部分	
24	变电一次	技术标准执行不到位	严重	避雷器压力释放口朝向本间隔向电压互感器或相邻间隔，避雷器排气通道口不得朝向巡检通道，违反一单一册"(18版编号B-D1-000S-SD-12)"避雷器压力释放口朝向本间隔向电压互感器或相邻间隔，避雷器排气通道口不得朝向巡检通道"要求	
25	变电一次	技术标准执行不到位	一般	相邻的两组电容器带电部分之间安全净距不满足规范中"平行的不同时停电检修的无遮栏带电部分之间或分之间距离"要求，造成一组电容器检修，相邻电容器需停电，扩大停电范围。未执行《3～110kV高压配电装置设计规范》(GB 50060—2008)表5.1.1平行的不同时停电检修的无遮栏带电部分之间距离D值要求	
26	变电一次	技术标准执行不到位	一般	主变压器与电容器间距离不满足防火安全距离要求，同时未设置防火墙，未执行《火力发电厂与变电站设计防火标准》(GB 50229—2019)11.1.5条"变电站内建(构)筑物及设备的防火间距要求"	
27	变电一次	技术标准执行不到位	一般	避雷器计数器未采用专门敷设的接地线直接接地。主变压器35、10kV进线安装图中35、10kV避雷器未采用专门敷设的接地线接地	

序号	专业	问题类型	问题分级	问题描述	备注
28	变电二次	技术标准执行不到位	严重	消防系统电源电缆、控制电缆采用阻燃电缆，未采用耐火电缆	
29	变电二次	技术标准执行不到位	严重	双重化配置的两套保护装置的电源取自同一段直流母线	
30	变电二次	技术标准执行不到位	一般	电流互感器计量绕组容量为15VA，不满足规范要求（额定二次电流为1A的电流互感器额定二次负荷不超过5VA）	
31	变电二次	未执行初步设计审批文件	一般	110kV采用保护、测控装置独立配置，未执行初步设计评审意见	
32	变电二次	未执行初步设计审批文件	一般	仅配置1台Ⅱ区网关机、1台保信子站装置，未执行初步设计评审意见	
33	变电二次	设计深度不足	一般	未按照工程实际情况进行直流电源负荷计算	
34	变电二次	未执行初步设计审批文件	一般	独立式防误主机配置未执行初步设计评审意见	
35	变电二次	设计深度不足	一般	卷册内容和图纸不完整，设计深度不足施工图设计文件中，缺少公用测控柜面布置、二次设备配置图	
36	变电二次	设计深度不足	一般	电缆清册中缺少消防报警相关电缆材料量	
37	变电二次	技术标准执行不到位	一般	互感器二次侧未按要求接地	
38	变电二次	设计深度不足	一般	缺少级差配合计算	
39	变电二次	技术标准执行不到位	一般	故障录波装置未对站用直流系统母线对地电压进行录波	
40	变电二次	设计深度不足	一般	初步设计设计文件中，未提供UPS负荷统计表；施工图设计文件中，缺少对初步设计评审意见的执行情况、主要设备选型号、标准化成果应用目录等相关内容	

序号	专业	问题类型	问题分级	问题描述	备注
41	变电二次	未执行初步设计文件	一般	电流互感器二次绕组容量未执行初步设计评审意见	
42	变电二次	未执行初步设计文件	一般	110kV 故障录波配置未执行初步设计评审意见	
43	变电二次	技术标准执行不到位	一般	二次设备室屏位布置同距不满足规范要求	
44	变电二次	设计深度不足	一般	火灾报警系统卷册缺少消防设备材料清册	
45	变电二次	技术标准执行不到位	一般	直流空开下级配置熔断器，难以实现保护的"选择性"	
46	变电二次	技术标准执行不到位	一般	10kV 母线 TV 二次中性点多点接地	
47	变电二次	通用设备执行不到位	严重	智能汇控柜尺寸不满足通用设备的宽度和深度要求（通用设备宽度要求为1000mm或1200mm，深度要求为900mm）	
48	变电二次	通用设计执行不到位	严重	电缆沟尺寸不符合《国网基建部关于下发变电工程通用设计通用设备应用目录（2021年版）的通知》（基建技术〔2021〕2号）中对电缆沟标准宽度的要求，宽度存在600、1200、1000等非标准尺寸	
49	变电二次	技术标准执行不到位	严重	电缆沟出变电站围墙处未设置防火封堵，不满足《电力工程电缆设计标准》（GB 50217—2018）7.0.2在电缆沟、隧道及桥架中的下列部位，宜设置防火墙或阻火段：4）电缆沟、隧道及桥架至控制室或配电装置室的入口，厂区围墙处	
50	变电二次	技术标准执行不到位	一般	初步设计中光至传输设备按双套配置，未执行《电力通信网规划设计技术导则》（Q/GDW 11358—2019）9.2.9及附录A。工程设计提高了配置标准，未见下文字性文件	
51	变电土建	设计深度不足	一般	初步设计文件中，缺少供水系统图或给排水及消防管线总平面图	
52	变电土建	设计深度不足	一般	配电装置楼外围护墙体保温层未经热工计算选用75mm厚岩棉板	
53	变电土建	设计深度不足	一般	未根据勘报告考虑合理支护措施，造成因地下水过高产生变更	

序号	专业	问题类型	问题分级	问题描述	备注
54	变电土建	设计深度不足	一般	电气平面图均未包含围墙、道路、出线电缆沟等内容，出线电缆沟与墙体电部分之间距离是否满足要求，未校验设备运输与避雷器带电部分之间距离，保护用电流电压回路图，缺少结构计算等	
55	变电土建	设计深度不足	一般	施工图中，缺少消防水泵头的流量系数	
56	变电土建	设计深度不足	一般	缺少护坡施工图	
57	变电土建	设计深度不足	一般	施工图设计文件中，缺少消防水池剖面图和墙体各部位（墙板、窗口、檐口等）节点详图	
58	变电土建	设计深度不足	一般	事故油池与配电装置楼距离未标注，缺少关键尺寸	
59	变电土建	设计深度不足	一般	初步设计图纸《配电装置楼±0.00m平面布置图》中，部分门窗无型号。不满足《变电工程初步设计内容深度规定》（DL/T 5452—2012）第6.2.2条"应明确建筑室内外装修标准：如楼地面、内外墙面、顶棚、屋面防水等级和材料的选择及做法，门窗选型等"要求	
60	变电土建	设计深度不足	严重	施工图缺少《征地图》《施工图总说明》，不满足《国家电网有限公司输变电工程施工图设计内容深度规定 第1部分：110（66）kV智能变电站》要求，施工图严重漏项	
61	变电土建	设计深度不足	一般	初步设计文件中，未见消防泵房平、立、剖面图，且未见相关说明。不满足《国家电网公司输变电工程初步设计内容深度规定》（Q/GDW 10166.8—2017）第8部分：220kV智能变电站》第8.5.1条"土建部分图纸应含辅助建筑物平、立、剖面图"的要求	
62	变电土建	设计深度不足	一般	该工程采用自来水管供水方案，初步设计文件中未明确供水干管水量与水压，不满足《国家电网有限公司输变电工程初步设计内容深度规定》（Q/GDW 10166.2—2017）10.1条"自来水管网供水时，应说明供水干管的方位、接管管径，能提供的水量与水压"的要求	
63	变电土建	设计深度不足	一般	施工图设计阶段，《辅助用房建筑图》（TO202—03）未标注门窗编号，不满足《35kV智能变电站施工图设计内容深度规定》（Q/GDW 11605—2016）第7.4.2.2条"标出各层门窗设计编号"的要求	
64	变电土建	设计深度不足	一般	初步设计图纸内容不完整，缺少110kV及主变压器构架透视图，不满足《国家电网有限公司输变电工程初步设计内容深度规定 第2部分：110（66）kV智能变电站》8.5.1条"土建部分设计内容深度应包括各电压等级构架透视图"的深度要求	

序号	专业	问题类型	问题分级	问题描述	备注
65	变电土建	设计深度不足	一般	初步设计未见站区总体规划图不符合《国家电网有限公司输变电工程初步设计内容深度规定 第2部分：110（66）kV 智能变电站》（Q/GDW 10166.2—2017）第8.5.1条 "应包括站区总体规划图" 的深度要求	
66	变电土建	设计深度不足	一般	施工图未见建筑物采暖通风图，综合配电室建筑图不满足《国家电网有限公司输变电工程施工图设计内容深度规定 第1部分：110（66）kV GIS配电装置室建筑图《Q/GDW 10381.1—2017》第4.2.2条 "'拓建筑物建筑施工图，采暖通风和空气调节系统" 等图纸的深度的要求	
67	变电土建	设计深度不足	一般	施工图图阶段，土建总说明及卷册目录中危大工程安全措施缺失。违反《危险性较大的分部分项工程安全管理规定》（住建部〔2018〕37号令）第二章第六条 "设计单位应在设计文件中注明涉及危大工程的重点部位和环节，提出保障工程周边环境安全和工程施工安全的意见，必要时进行专项设计"	
68	变电土建	设计深度不足	一般	初步设计阶段，《主控综合楼一层平面布置图》（T01-04）未标注尺寸，不满足《国家电网有限公司输变电工程初步设计内容深度规定 第2部分：110（66）kV 智能变电站》（Q/GDW 10166.2—2017）第8.5.2条 "建筑平面图应标注定位尺寸和总尺寸" 的要求	
69	变电土建	设计深度不足	一般	施工图图阶段，土建总说明及卷册目录中危大工程安全措施缺失。违反《危险性较大的分部分项工程安全管理规定》（住建部〔2018〕37号令）第二章第六条 "设计单位应在设计文件中注明涉及危大工程的重点部位和环节，提出保障工程周边环境安全和工程施工安全的意见，必要时进行专项设计"	
70	变电土建	设计深度不足	一般	初步设计文本描述缺少部分岩土物理力学性质指标，违反《国家电网有限公司输变电工程初步设计内容深度规定》（Q/GDW 10166.2—2017）中4.2.5条关于工程地质和水文地质的描述要求，勘探点位不足。消防泵房及水池下部采用水泥土搅拌桩，地基处理方案未进行比选，且岩土勘测数据缺少桩基计算的相关参数，搅拌桩方案论证及描述不清晰（未说明桩直径、长度、持力层）	
71	变电土建	设计深度不足	一般	站内未设置永久基准点，不满足《建筑变形测量规范》（JGJ 8—2016）第5.2.1条 "沉降观测应设置沉降基准点"，不便于远期沉降观测	
72	变电土建	设计深度不足	一般	电缆沟伸缩缝设置不合理，多设缝增加了施工工序，渗漏风险，降低了施工进度，不利于现场实施	

续表

序号	专业	问题类型	问题分级	问题描述	备注
73	变电土建	技术标准执行不到位	严重	事故油池与蓄水池和消防泵房间距不足5m，未见任何防火措施	
74	变电土建	技术标准执行不到位	严重	110kV配电装置楼设计了2个出口，其中楼北侧的疏散楼梯面向设备间，不满足规范中对安全出口的要求	
75	变电土建	技术标准执行不到位	严重	消防器材小室未考虑设置保温通风设施，影响干粉灭火器在特殊温度条件下的正常使用	
76	变电土建	技术标准执行不到位	严重	变电站室内消火栓布置间距大于30m，存在安全隐患。变电站《消防给水及消火栓系统技术规范》（GB 50974—2014）的要求。规范第7.4.2条：室内消火栓的配置应符合下列要求：应配置公称直径65有内衬里的消防水带，长度不宜超过25m；第7.4.10条：消火栓按2支消防水枪的2股充实水柱布置的建筑物，消火栓布置间距不应大于30m	
77	变电土建	技术标准执行不到位	一般	勘探孔布置不满足要求	
78	变电土建	技术标准执行不到位	严重	户外电气设备之间的防火间距小于规范规定	
79	变电土建	技术标准执行不到位	一般	事故油池未见油水分离措施	
80	变电土建	技术标准执行不到位	严重	配电装置室与生产辅助用房防火间距不足	
81	变电土建	技术标准执行不到位	严重	消防溢流水位设置不符合标准	
82	变电土建	技术标准执行不到位	一般	消防最高报警水位设置不符合标准	
83	变电土建	技术标准执行不到位	一般	消防水泵房未设置电动起重设备	

序号	专业	问题类型	问题分级	问题描述	备注
84	变电土建	技术标准执行不到位	一般	消防泵房楼梯疏散宽度不满足要求	
85	变电土建	技术标准执行不到位	严重	事故储油池与油浸变压器间距不满足防火间距要求	
86	变电土建	技术标准执行不到位	一般	初步设计说明书中，建筑室内、外消火栓用水，消防水池有效容量648m³；主变压器喷水雾消防用水，消防水池有效容量201.6m³。设计给出消防水池总有效容积为849.6m³，为二者叠加。未执行《消防给水及消火栓系统技术规范》（GB 50974—201）4第3.1.2条第2款"两座及以上建筑合用消防给水系统时，应按其中一座设计流量最大者确定"要求，未提供相关设计依据	
87	变电土建	技术标准执行不到位	一般	施工图《一层暖通空调平面图》中，35/10kV配电装置室出风机布置在北侧，进风百叶布置在东侧，房间西南角存在通风死角。不满足《民用建筑供暖通风与空气调节设计规范》（GB 50736）第6.3.1条"机械送风系统进风口位置，应避免进风、排风短路"要求	
88	变电土建	技术标准执行不到位	严重	施工图中，电缆层的百叶窗（为普通铝合金百叶窗）与地上一层消防救援窗的开窗间距为950mm，不满足《建筑设计防火规范》（GB 50016—2014）（2018年版）第6.2.5条（强制性条款）：除本规范另有规定外，建筑外墙上、下层开口之间应设置高度不小于1.2m的实体墙，且无防火挑檐要求	
89	变电土建	技术标准执行不到位	严重	初步设计图纸中，110kV配电装置楼二层平面布置图中楼梯间的疏散门向建筑物内部开启，不满足《建筑设计防火规范》（GB 50016—2014）（2018年版）第6.4.11条（强制性条款）"民用建筑和厂房的疏散门，应采用向疏散方向开启的平开门"要求。施工图已修改门的开启方向	
90	变电土建	技术标准执行不到位	一般	施工图中，疏散楼梯的外窗距离主入口门洞距离为475mm，疏散楼梯存在烟火侵袭可能。不满足《建筑设计防火规范》（GB 50016—2014）（2018年版）第6.4.1.1条，楼梯间外墙上与门窗洞口与两侧的门、窗、洞口最近边缘的水平距离不应小于1m	
91	变电土建	技术标准执行不到位	一般	《消防泵房采暖通风图》施工图图中，未见百叶进风口，且风机设置在顶部，地下一层存在通风死角。不满足《民用建筑供暖通风与空气调节设计规范》（GB 50736）第6.3.1条"机械送风系统进风口位置，应避免进风、排风短路"要求	
92	变电土建	技术标准执行不到位	一般	初步设计中，10、35kV配电装置室面积大于250m²，只设置了一个安全出口，不满足《火力发电厂与变电站设计防火标准》（GB 50229—2019）第11.2.5条"建筑面积超过250m²的配电室、通信机房、配电装置室、电容器室、阀厅、户内直流场、电缆夹层，其疏散门不宜少于2个"的要求	

序号	专业	问题类型	问题分级	问题描述	备注
93	变电土建	技术标准执行不到位	一般	施工图《配电装置室暖通平面布置图》中，蓄电池室未见进风口。不满足《民用建筑供暖通风与空气调节设计规范》(GB 50736)第6.3.1条"机械送风系统进风口位置，应避免进风、排风短路"要求，影响散热效率	
94	变电土建	技术标准执行不到位	一般	初步设计说明书中，建（筑）物火灾危险性分类及耐火等级表将配电装置定义为丙类；施工图中，配电装置室火灾危险性为丁类，并在站内设置地下消防水池。超出《火力发电厂与变电站设计防火标准》(GB 50229—2019)第11.1.1条中"无含油电气设备配电装置室火灾危险性类别应均为戊类"的要求，未提供相应支撑材料	
95	变电土建	技术标准执行不到位	一般	初步设计的总平面及竖向布置图中，道路、广场一体化设计，与警卫室无明确分界，不满足《220kV～750kV变电站设计技术规程》(DL/T 5218—2012)第4.2.6条"建筑物到道路边距最小间距1.5m"要求，易造成设备运输发生碰撞	
96	变电土建	技术标准执行不到位	一般	初步设计图纸中，220kV出线构架爬梯少配置4个，造成中间同隔出线无法检修；主变压器构架设防火爬梯上人爬梯多配置2个	
97	变电土建	技术标准执行不到位	一般	《500kV构架施工图设计总说明》(T0402-01)中，钢材牌号为Q345，不满足《低合金高强度结构钢》(GB/T 1591—2018)的要求，应为Q355	
98	变电土建	技术标准执行不到位	一般	出风孔布置在西侧，进风孔布置在北侧，房间东南角存在通风死角。不满足《民用建筑供暖通风与空气调节设计规范》(GB 50736—2012)第6.3.1条"机械送风系统进风口位置，应避免进风、排风短路"的要求	
99	变电土建	技术标准执行不到位	严重	初步设计评审意见、施工图评审意见中站址设计标高，与初步设计评审意见不一致	
100	变电土建	技术标准执行不到位	严重	事故油池未设置伸顶通气管，无法有效实现地下水工构筑物的空气流通，在检修时存在一定的安全隐患	
101	变电土建	技术标准执行不到位	一般	施工图设计GIS各间隔基础采用独立基础，未按初步设计评审意见要求采用板式基础，容易造成不均匀沉降，存在一定的安全隐患	
102	变电土建	技术标准执行不到位	一般	施工图评审意见中变电站出线方区边坡采用悬臂式钢筋混凝土挡土墙，实际出图未见挡土墙施工图，未履行施工图评审意见要求，施工图阶段设计深度不足	

序号	专业	问题类型	问题分级	问题描述	备注
103	变电土建	技术标准执行不到位	严重	环氧涂层地面的燃烧性能等级为B1级，不符合《建筑内部装修设计防火规范》（GB 50222—2017）第4.0.9条"消防水泵房、机械加压送风排烟机房、固定灭火系统钢瓶间、配电室、变压器室、储油间、通风和空调机房等，内部所有装修均应采用A级装修材料"的要求	
104	变电土建	技术标准执行不到位	严重	根据《建筑与市政工程防水通用规范》（GB 55030—2022）第4.1.1条要求"平室面一级防水做法不应少于3道"，不满足规范要求	
105	变电土建	技术标准执行不到位	一般	电缆沟最下层支架距沟底垂直净距不满足规范的要求	
106	变电土建	未执行前期审批文件	一般	初步设计评审意见中明确"场地雨水采用有组织方式，排至站外道路边沟"。施工图中，变电雨水采用散排方案，未执行初步设计评审意见。	
107	变电土建	未执行前期审批文件	一般	施工图方案为"站址给水水源由下水乡自来水管网提供"，初步设计评审意见中水源方案采用"深井取水"，水源方案不一致	
108	变电土建	未执行前期审批文件	严重	施工图设计阶段，因规划部门绿线调整，变电站东侧围墙位置调整，导致站区布置长度缩减2.9m，工程用地面积、道路面积、户外地坪面积等均发生变化，未履行相关手续。	
109	变电土建	通用设计执行不到位	一般	站内电缆沟断面尺寸与通用设计不一致，且论述原图不合理	
110	变电土建	通用设备执行不到位	一般	主变压器基础支墩尺寸与通用设备不一致	
111	变电土建	未执行前期审批文件	一般	灯具、空调、摄像机支架等小型基础及建筑物散水等小型构件未采用标准化成品预制构件，不符合《国网基建部关于发布基建技术应用目录使用的通知》（基建技术〔2022〕14号）中推荐应用类技术新开展设计的工程适用尽用的要求	
112	架空线路电气	技术标准执行不到位	一般	35kV线路地线覆冰超标准设计。35kV地线按增加5mm覆冰设计提高了设计标准	
113	架空线路结构	技术标准执行不到位	严重	未说明重要线路杆塔结构体型系数的设计依据	

序号	专业	问题类型	问题分级	问题描述	备注
114	架空线路电气	设计深度不足	一般	未按要求开展导线选型比选	
115	架空线路结构	设计深度不足	一般	新设计杆塔无情况说明	
116	架空线路电气、结构	设计深度不足	一般	缺少"环境保护与水土保持""主要设备材料表"章节内容	
117	架空线路电气	设计深度不足	一般	缺少输电线路单相接地零序电流曲线图	
118	架空线路电气	设计深度不足	一般	施工图说明书中未描述通用设计应用情况，线路路径章节缺少变电站出线、路径协议等内容	
119	架空线路电气	设计深度不足	一般	线路改造利用旧塔未见校核相关阐述	
120	架空线路电气	设计深度不足	一般	未开展高土壤电阻率地区基本塔型的耐雷水平计算	
121	架空线路电气	设计深度不足	一般	全高超过40m有地线的杆塔未见耐雷水平校验	
122	架空线路电气	设计深度不足	一般	施工图设计文件中，分支塔采用通用设计且未见论述原因	
123	架空线路结构	未执行初步设计审批文件	一般	初步设计机械钻孔桩基础采用C30级混凝土，施工图钻孔桩基础采用C25级混凝土，施工图设计与初步设计评审意见要求不一致，未见相关论述	
124	架空线路电气	设计深度不足	一般	该工程采用OPGW，且未说明原因	
125	架空线路电气	未执行初步设计审批文件	一般	接地装置设计未执行前期审批文件	
126	架空线路电气、结构	技术标准执行不到位	一般	未按规范要求开展工程量合理性分析	
127	架空线路电气、结构	技术标准执行不到位	严重	1级舞动区未按相关标准考虑防舞措施	
128	架空线路电气、结构	设计深度不足	一般	缺少"批复的初步设计评审意见的执行情况""主要技术经济指标""通用设计应用情况"等章节内容，杆塔、基础内容过于简单，对改接点、T接点情况和方案描述不充分	

序号	专业	问题类型	问题分级	问题描述	备注
129	架空线路电气	设计深度不足	一般	线路工程接地型式选择不合理	
130	架空线路电气	未执行初步设计审批文件	严重	未执行初步设计审批文件明确的设计气象条件，也未开展专题论述	
131	架空线路结构	通用设计执行不到位	一般	未采用杆塔通用设计，未进行杆塔相关设计说明，且未履行沟通汇报程序	
132	架空线路结构	设计深度不足	一般	杆塔加装避雷针，未对塔体结构进行校核验算	
133	架空线路电气	技术标准执行不到位	一般	杆塔号、地线横担不满足最小水平偏移要求	
134	架空线路电气	未执行初步设计审批文件	一般	绝缘配置与初步设计评审意见不一致	
135	架空线路结构	技术标准执行不到位	一般	跨越河流段杆塔未考虑洪水冲刷、漂浮物撞击影响	
136	架空线路电气	设计深度不足	一般	施工图说明书及附图不满足施工图设计内容深度规定	
137	架空线路电气	未执行初步设计审批文件	严重	施工图设计两条线路均按重要线路设计，与初步设计评审意见不一致	
138	架空线路电气	设计深度不足	一般	卷册内容和图纸不完整，设计深度不足。施工图设计文件中，缺少在线监测装置安装的相关内容	
139	架空线路结构	未执行初步设计审批文件	一般	基础造型未执行初步设计评审意见	
140	架空线路结构	技术标准执行不到位	一般	未开展杆塔结构重要性系数差异化取值	
141	架空线路结构	技术标准执行不到位	一般	铁塔构件制孔要求不满足规程规范	
142	架空线路结构	技术标准执行不到位	一般	地脚螺栓未注明性能等级	

序号	专业	问题类型	问题分级	问题描述	备注
143	架空线路电气	设计深度不足	一般	缺少停电过渡方案，设计深度不足	
144	架空线路电气	设计深度不足	一般	初步设计文件中，导线型号未采用年费用最小法与节能导线进行经济技术比选	
145	架空线路电气	技术标准执行不到位	一般	避雷器配置不满足规范要求	
146	架空线路电气	设计深度不足	一般	施工图说明书中未论述硫酸根离子防腐蚀措施	
147	架空线路结构	未执行前期审批文件	一般	施工图中基础未按地勘报告结论选择经济适宜的基础型式，且未执行初步设计评审意见	
148	架空线路结构	技术标准执行不到位	一般	施工图中钢材选用已废止的Q345材质，不满足规范要求	
149	架空线路电气	技术标准执行不到位	一般	2级舞动区金具安全系数取值及双帽螺栓防松的防舞措施未落实	
150	架空线路结构	设计深度不足	一般	各阶段对应防盗螺栓设置高度不统一，且铁塔结构图中部分地脚螺栓采用非标准规格	
151	架空线路结构	设计深度不足	一般	施工图图纸未体现基础设计必要参数	
152	架空线路电气	设计深度不足	一般	工程防台风设计说明书描述前后不一致	
153	架空线路结构	未执行前期审批文件	一般	铁塔材料材质要求跟施工图评审意见不符，且防卸螺栓高度仅在初步设计和施工图说明书中表述，未在铁线塔结构图中体现	
154	架空线路电气	设计深度不足	一般	初步设计阶段设计风速取值论证不充分	
155	架空线路结构	未执行前期审批文件	一般	施工图阶段接地体型号规格与初步设计评审意见不一致	
156	架空线路电气	设计深度不足	一般	施工图缺少孤立档架线表	
157	架空线路结构	设计深度不足	一般	施工图总说明书与分卷册，钢材牌号不一	
158	架空线路电气	设计深度不足	一般	施工图缺少连续倾斜档线夹安装位置调整表	

序号	专业	问题类型	问题分级	问题描述	备注
159	架空线路电气	设计深度不足	一般	施工图中缺少跳线安装图	
160	架空线路结构	设计深度不足	一般	部分人工掏挖基础未设计护壁	
161	架空线路电气	设计深度不足	一般	挂点孔径名与金具螺栓不匹配	
162	架空线路电气	设计深度不足	一般	初步设计说明书附图缺少导地线机械特性曲线表	
163	架空线路电气	设计深度不足	一般	初步设计说明书缺少沿线树种自然生长高度数据	
164	架空线路结构	设计深度不足	一般	塔基图与基础图地脚螺栓规格不一致	
165	架空线路电气	未执行前期审批文件	一般	施工图说明书防舞内容与初步设计评审意见不一致	
166	架空线路电气	未执行前期审批文件	一般	施工图中局部路段安装相间间隔棒，未执行初步设计评审意见	
167	架空线路结构	技术标准执行不到位	一般	基础钢筋间距不满足设计规范要求	
168	架空线路电气	技术标准执行不到位	严重	机电施工图应力弧垂等力学计算，安装气象工况气温应为-10℃，图纸中为0℃	
169	架空线路结构	设计深度不足	一般	施工图初阶段岩土工程勘察报告未逐基塔测量土壤电阻率	
170	架空线路结构	设计深度不足	严重	地勘报告与现场实际情况严重不符	
171	架空线路结构	未执行前期审批文件	严重	基础混凝土标号未执行初步设计意见	
172	架空线路电气	设计深度不足	严重	初步设计阶段停电过渡方案考虑深度不足	
173	架空线路结构	未执行前期审批文件	一般	杆塔模块存在以大代小，未执行初步设计评审意见	
174	架空线路电气	未执行前期审批文件	严重	地线保护角未执行初步设计评审意见和施工图评审意见	

序号	专业	问题类型	问题分级	问题描述	备注
175	架空线路电气	技术标准执行不到位	一般	地脚螺栓尺寸间距未执行《输电线路杆塔制图和构造规定》（DL/T 5442—2020）要求	
176	架空线路电气	技术标准执行不到位	一般	三跨地线悬垂采用单串，未执行十八项反措要求	
177	架空线路电气	设计深度不足	一般	110kV构架导线挂线孔轴向与构架用耐张串联塔金具螺栓轴向不一致	
178	架空线路结构	设计深度不足	一般	基础明细表中未体现地质情况	
179	架空线路结构	设计深度不足	严重	未见老旧杆塔校验情况说明	
180	架空线路结构	未执行前期审批文件	一般	杆塔模块与初步设计评审意见、施工图审查意见不一致	
181	架空线路结构	设计深度不足	一般	地脚螺栓钢材材质不一致	
182	架空线路电气、结构	设计深度不足	一般	施工图阶段机械化施工设计深度不足，存在设计策划缺失或直接套用初步设计阶段方案的情况	
183	电缆线路	通用设计执行不到位	严重	电缆沟尺寸不符合《国网基建部关于发布输变电工程通用设计通用设备应用目录（2021年版）的通知》[基建技术〔2021〕2号] 中对电缆沟标准宽度的要求，宽度存在600、1200、1000mm等非标准尺寸	
184	电缆线路	技术标准执行不到位	严重	35kV出线电缆沟支架按200mm设计，不满足《电力工程电缆设计标准》（GB 50217—2018）表5.5.2电缆支架、梯架或托盘的层间距离最小值要求的300mm（35kV 3芯）间距	
185	电缆线路	技术标准执行不到位	一般	材料清册中光缆和电缆槽盒尺寸均采用280×200mm，电缆支架间距为200mm，不满足《电力工程电缆设计标准》（GB 50217—2018）表5.5.2电缆支架、梯架或托盘的层间距离的最小值要求的"槽盒与上层间距80mm的要求"	
186	电缆线路	技术标准执行不到位	一般	电缆沟最下层支架距沟底50mm，不满足《电力工程电缆设计标准》（GB 50217—2018）5.5.3-2条最下层支架、梯架或托盘距沟底垂直净距不宜小于100mm	
187	电缆线路	技术标准执行不到位	严重	电缆沟出变电站用围墙处未设置防火封堵，不满足《电力工程电缆设计标准》（GB 50217—2018）7.0.2在电缆沟、隧道及架空桥架中的下列部位，宜设置防火墙或阻火段：4）电缆沟、隧道及架空配电室或配电屏至控制室或配电装置的入口、厂区围墙处	

序号	专业	问题类型	问题分级	问题描述	备注
188	电缆线路	技术标准执行不到位	严重	火灾报警回路未采用耐火电缆,违反《消防设施通用规范》(GB 55036—2022)12.0.16条"火灾自动报警系统的供电线路、消防联动控制线路应采用耐火线缆,消防设备应采用能不低于B2级的耐火铜芯电线电缆"	
189	电缆线路	设计深度不足	一般	不满足《国家电网公司输变电工程施工图设计内容深度规定》(Q/GDW 10381.2—2016)4.3.3条"电缆线路纵断面图应满足以下要求:a)应按比例绘制;b)应标明电缆线路邻近的主要障碍物的位置、管线、河道、管道、摩碍物的主要位置,高程和名称;c)应附设计说明,图例等"的深度要求。	
190	电缆线路	设计深度不足	一般	电缆沟中相序布置由左到右为B、A、C,与盘井、排管中相序布置以及相序布置示意图不一致。电缆出线相序标注错误	
191	电缆线路	设计深度不足	一般	施工图设计中,缺少电缆在排管中的敷设断面图纸,电缆相位不明确	
192	电缆线路	设计深度不足	一般	施工图文件设计交底和施工会检卷册不完整,缺少《电缆平断面定位图及工井明细表》	
193	电缆线路	设计深度不足	一般	电缆沟伸缩缝设置不合理,多设缝增加了施工工序、渗漏风险,不利于现场实施	
194	电缆线路	设计深度不足	一般	新建电缆平台位于110kV架空线正下方,初步设计阶段设计图评审单位审定,设计方案调整为灌注桩基础,施工图设计阶段采用大开挖施工,项目施工阶段,110kV架空线二次停电困难,并且老线路不满足带电情况下与灌注桩的净空距离要求,电缆平台基础变更为大开挖基础。施工图设计方案不合理,未考虑现场施工条件	
195	电缆线路	设计深度不足	一般	该工程电缆敷设在现状电缆隧道中,初步设计说明书中缺少对现状电缆构筑物调查的描述。不满足《输变电工程初步设计内容深度规定》(Q/GDW 1016.3—2016)第4.4.1条 第3部分:电力电缆线路 第4.4.1条"电力电缆敷设层,电缆通道土建概况,电缆通道沿线周边地面,地下建(构)筑物等建设环境情况"的要求	
196	电缆线路	设计深度不足	一般	未说明工作井型式与数量,不满足《输变电工程初步设计内容深度规定》(Q/GDW 10166.3—2016)第4.2.2条"应说明电缆线路数量,以及变电站预留的进出线通道情况"第3部分:电力电缆线路 第4.2.2条"应说明工作井型式与数量、尺寸及工作井的型式结构的设计质量问题。	

注:
1. 严重Ⅰ级问题:违反技术标准强制性条文;设计原因导致工程安全;设计原因启动调试不成功;设计原因引起重大设计变更。线;设计原因导致工程安全;设计原因引起重大设计变更。
2. 严重Ⅱ级问题:设计原因导致工程安全;质量一般隐患;因设计深度不足,擅自超标准设计,未执行前期审批文件等引起工程投资超限规定调整;说明书缺失或图纸、说明书内容缺失;图纸或说明书内容前后不一致;设计文件重要参数前后不一致;设计文件重要参数缺失;未执行前期审批重重漏须。
3. 一般Ⅰ级问题:超标准设计目未充分论证必要性;设计目未应用通用设计、通用设备目未履行设计、通用设备目未履行设计变更程序;未应用通用设计、通用设备及目未履行设计变更。
4. 一般Ⅱ级问题:除严重Ⅰ级问题,严重Ⅱ级问题,一般Ⅰ级问题以外的设计质量问题。